U0626358

普通高等教育人工智能创新型系列教材

人工智能控制技术

高学辉　王树波　陈　强　白星振　**编著**

机 械 工 业 出 版 社

本书讲述基于人工智能的控制技术，主要介绍了神经网络控制、模糊逻辑控制和进化算法控制。全书分为两部分，共 10 章。第 1 部分为基础篇，包括第 1~6 章，讲述基础理论。第 1 章绪论讲述人工智能和控制论的基础；第 2~4 章是神经网络控制部分，主要讲述神经网络理论基础、典型神经网络、神经网络自适应控制、强化学习和深度强化学习的内容；第 5 章讲述模糊控制；第 6 章讲述进化算法。第 2 部分是实用篇，包括第 7~10 章，以机械臂、无人机、五子棋和图像优化处理等为例，具体说明了第 1 部分内容的应用。书中每章均附有习题。

为加快推进党的二十大精神进教材，本书深入挖掘科学研究和科学成果取得过程背后的"两弹一星"精神、载人航天精神、科学家精神等，并以二维码的形式进行教学指引。

本书可作为人工智能、自动化、电气工程及其自动化、智能控制等相关专业的本科课程教材，也可以作为相关工程技术人员的专业参考书。

图书在版编目（CIP）数据

人工智能控制技术/高学辉等编著. —北京：机械工业出版社，2024.5

普通高等教育人工智能创新型系列教材

ISBN 978-7-111-75725-2

Ⅰ. ①人… Ⅱ. ①高… Ⅲ. ①人工智能–高等学校–教材

Ⅳ. ①TP18

中国国家版本馆 CIP 数据核字（2024）第 087951 号

机械工业出版社（北京市百万庄大街22号　邮政编码100037）
策划编辑：刘琴琴　　　　　责任编辑：刘琴琴　赵晓峰
责任校对：高凯月　张　薇　封面设计：王　旭
责任印制：单爱军
保定市中画美凯印刷有限公司印刷
2024年7月第1版第1次印刷
184mm×260mm・17.5印张・393千字
标准书号：ISBN 978-7-111-75725-2
定价：59.00 元

电话服务　　　　　　　　　　网络服务
客服电话：010-88361066　　机 工 官 网：www.cmpbook.com
　　　　　010-88379833　　机 工 官 博：weibo.com/cmp1952
　　　　　010-68326294　　金 书 网：www.golden-book.com
封底无防伪标均为盗版　　机工教育服务网：www.cmpedu.com

前言

PREFACE

随着人工智能技术的发展，其适用范围越来越广，并逐步渗透到生活中的方方面面，从而改变人类现有的生活方式。在人工智能的发展中，智能控制是非常重要的内容且具有不可或缺的作用，例如机器人的动作、无人机的飞行、无人汽车的驾驶等都离不开智能控制，因此人工智能控制技术是人工智能、自动化、电气工程及其自动化等专业的重要课程。

传统的控制建立在反馈的基础上，研究系统的传递函数模型或状态空间模型，从而设计控制器将系统控制在期望的情况下。随着控制研究的进展，最优控制、自适应控制、自抗扰控制、滑模控制、自校正控制、预测控制等逐渐成为主体，研究对象系统也不仅仅局限于线性系统，非线性系统逐渐成为研究的主要对象。神经网络、模糊逻辑的发展为控制研究提供了新的活力，非线性系统自适应模糊控制、自适应神经网络控制、自适应动态规划等是目前研究的主要内容。模糊控制、神经网络控制已经是智能控制的范畴，同时智能控制还包括基于遗传算法、粒子群算法等进化算法的内容。人工智能的快速发展使得强化学习、深度强化学习得到了极大发展，这些都是建立在神经网络的基础上的，可以归结到神经网络控制（本书第1章对学习与控制术语做了说明）的内容。因此从总体来看，人工智能控制技术可以分为三个部分：神经网络控制、模糊逻辑控制和进化算法控制。

根据以上内容，全书分为两部分，共10章。第1部分为基础篇，共6章，第1章绪论，介绍人工智能和控制论的基础；第2~4章属于神经网络控制部分，介绍了神经网络理论基础、典型神经网络、神经网络自适应控制、强化学习和深度强化学习的内容；第5章模糊控制，介绍了模糊控制数学原理、模糊控制原理及设计和自适应模糊控制等内容；第6章进化算法，介绍了遗传算法、粒子群算法和蚁群算法三种典型进化算法。第2部分是实用篇，第7章机械臂控制实例，介绍了神经网络和自适应模糊控制机械臂实例；第8章无人机三维最优路径规划实例，介绍了采用强化学习规划无人机最优路径的实例；第9章五子棋自动对弈实例，介绍了深度强化学习实现五子棋自动对弈的例子；第10章图像优化处理实例，介绍了粒子群和遗传算法实现图像分割的实例。全书章节逻辑关系如图所示（点画线框内内容可根据学时选学）。

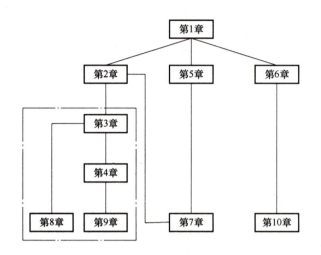

为加快推进党的二十大精神进教材，本书相应内容融合了"两弹一星"精神、载人航天精神、科学家精神等，以二维码的形式进行教学指引。在融入过程中注重内容和方法的统一，避免了浮于表面，流于形式，硬融入的问题。在第1章讲述控制系统的发展历史时融入了自动控制的奠基人之一我国科学家钱学森的事迹；在第2章神经网络控制中融入了我国科学家坚忍不拔、努力奋斗的例子；在第3章强化学习中融入了在奇异摄动控制中做出重大贡献的我国科学家郭永怀的事迹；在第7章机械臂控制实例中融入了我国空间站机械臂的例子等。这些内容切实落实了党的二十大报告中"实施科教兴国战略"的精神，为培育创新文化、弘扬科学家精神、涵养优良学风、营造创新氛围做出贡献。

本书由山东科技大学高学辉副教授、昆明理工大学王树波教授、浙江工业大学陈强教授和山东科技大学白星振教授编著，全书由高学辉统稿。昆明理工大学的那靖教授审阅了全书并给出了宝贵意见，在此表示感谢。感谢万裕、刘震、王剑昊、吕昊、岳文龙等研究生在文字录入、校正和图片编辑等方面所给予的帮助。由于编著者水平有限，书中难免存在缺点和错误，欢迎读者批评指正。

编著者

目录

CONTENTS

前言

第1部分 基 础 篇

第 1 部分

基 础 篇

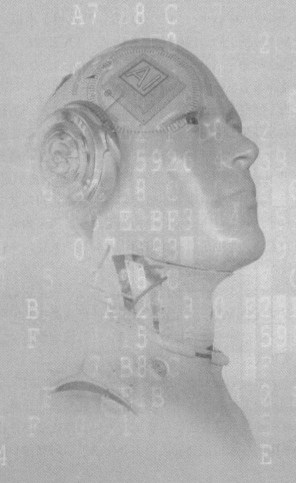

## 第 1 章

绪　论

本章主要介绍了人工智能控制技术的概况，包括人工智能控制技术的发展历史、面临的难题以及人工智能控制的主要内容，同时讲述了三种学习算法并说明了学习和控制术语的异同。为了方便没有学习过自动控制原理等内容的人员，本章还简单介绍了自动控制的基础内容。

1.1　人工智能控制技术概述

1.1.1　人工智能的定义及智能控制

人工智能（Artificial Intelligence，AI）是研究、开发用于模拟、延伸和扩展人的智能的理论、方法、技术及应用系统的一门新的技术科学。"人工智能"一词最初是在 1956 年美国计算机协会组织的达特茅斯（Dartmouth）会议上提出的。自此，研究者们发展了众多理论和原理，人工智能的概念也随之发展。

由于智能概念的不确定，人工智能的概念一直没有一个统一的标准。美国斯坦福大学人工智能研究中心尼尔逊（Nelson）教授对人工智能下了这样一个定义：人工智能是关于知识的学科——怎样表示知识以及怎样获得知识并使用知识的科学；而美国麻省理工学院的温斯顿（Winston）教授则认为：人工智能就是研究如何使计算机去做过去只有人才能做的智能工作。诸如此类的定义基本都反映了人工智能学科的基本思想和基本内容，即人工智能是研究人类智能活动的规律，构造具有一定智能的人工系统。研究如何让计算机去完成以往需要人的智力才能胜任的工作，也就是研究如何应用计算机的软硬件来模拟人类某些智能行为的基本理论、方法和技术。

对于人工智能，尽管学术界有许多种说法和定义方式，但它们的本质都是一致的。至于智能控制，从人工智能诞生的那一天起就是人工智能研究的核心问题。智能控制是研究怎么样利用机器模仿人脑从事推理规划、设计、思考、学习等思维活动，自动或智能地解决传统上被认为需要由专家才能处理的复杂问题。

人工智能是一个大学科的通称，它所覆盖的研究领域非常广，涉及的研究内容非常丰富。人工智能是一门知识工程学，以知识为对象，研究知识的获取、知识的表示方法和知识的使用。而人工智能控制技术是人工智能实现智能化，替代或部分替代人类处理复杂问题的核心研究内容。智能控制技术根据其发展历史分化出了学习和控制两个大的方向，本书内容针对两个方向都进行了介绍，并且给出两个方向表述的异同和应用。

1.1.2　人工智能控制技术的发展历史

人工智能控制技术的发展历史可以分为三个阶段：萌芽阶段、成长阶段、快速发展阶段。

1. 萌芽阶段

任何一门学科的发展都不是孤立的，是随着与之相关联的一些学科的发展而成长起来的。人工智能控制的发展是在控制论和人工智能两大学科发展基础上建立发展出来的。20世纪40年代建立的控制论和20世纪50年代出现的人工智能理论取得了长足进步，逐步融入了数理逻辑、计算机、信息论、心理学、神经生理学等内容。

20世纪50年代，以传递函数和复频率法为代表的单变量系统控制理论逐步发展起来，并且成功地用在雷达及火力控制系统上，形成了今天所说的"经典控制理论"；1956年以前，英国数学家图灵（Turing）为现代人工智能做了大量开拓性的贡献；1960年，以卡尔曼（Kalman）为代表的学者提出了基于状态空间法的控制理论逐步形成了"现代控制理论"的内容；而1961年以后，人工智能的内容涉及知识工程、自然语言理解等方面。人们研究人工智能的方法也分为结构模拟派和功能模拟派，分别从脑的结构和脑的功能入手进行研究。也正是在此时期，应用人工智能实现控制的萌芽产生，比如单神经元模型、模糊逻辑等，或者从另一角度说，模糊和神经网络从一开始产生就汇聚了人工智能和控制论两大特征，是在两个学科的基础上发展出来的。这也是目前模糊和神经网络在智能控制中占据主导地位的基础。

2. 成长阶段

1980年后，人工智能控制的研究进入了成长阶段。1984年，奥斯特罗姆（Astrom）首次直接将人工智能的专家系统技术引入到控制系统，明确地提出了建立专家控制的新概念。自此以后，我国、美国和欧洲等学者开始把人工智能、控制论、信息论、运筹学等结合起来，构造出应用于不同领域的智能控制系统，有效地促进了智能控制的进一步发展。与此同时，人工神经网络的研究也由于人工智能的兴起而再度掀起了热潮，新结构的提出解决了神经网络无法处理异或运算等问题，神经网络的研究进入了第二个高峰时期；模糊理论也从最初的马丹尼（Mamdani）模型发展到 T-S 模型，极大地拓展了应用范围，迅速应用于家电、汽车以及工业系统的控制中。这些标志着智能控制已从萌芽阶段进入成长阶段，智能控制也逐步进入应用。

3. 快速发展阶段

从20世纪90年代开始，人工智能的发展进入了新阶段，开始逐步向多技术、多方法的综合集成与多学科、多领域的综合应用型发展。人工智能系统开始采用多种人工智能语言、多种知识表示方法、多种推理机制和多种控制策略相结合的方式，并开始运用各种开发工具和开发环境。控制的发展同样进入新阶段，复杂非线性系统的自适应控制、神经网络控制、模糊控制、滑模控制以及自抗扰控制等都有了极大的发展；神经网络和模糊的万能逼近性也已经解决，构筑神经网络和模糊逻辑的数学基础基本完成。智能控制也随着人工智能和控制理论的发展逐步分化为学习和控制两个方向，复杂多智能体协同控制、深度强化学习等逐渐发展，使得智能控制进入如今的快速发展阶段，但是由于研究对象的复杂性和研究要求的高精确性，仍有许多问题亟待解决。

1.1.3 人工智能控制发展面临的难题

人工智能学科自1956年诞生至今已在多个领域取得了相当的进展，特别是感知与认知、深度学习等在近年来得益于计算机硬件的进步和云计算的兴起而飞速发展。因此智能控制技术也随之向前迈进了一大步，原来侧重于控制的情况转化为控制和学习并重。基于强化学习的最优控制等新技术越来越占据重要地位，而深度学习又给智能控制注入了新的活力，发展了新的方向，在图像识别、游戏、多智能体协同控制等方面有了广泛的应用。但是从智能控制的发展的过程看，仍然面临不少难题，主要有以下几个方面。

1. 计算博弈的困难

博弈是自然界的一种普遍现象，它表现在对自然界事物的对策或智力竞争上。博弈不仅存在于下棋之中，而且存在于政治、经济、军事和生物的斗智和竞争之中。尽管"阿尔法狗"智能围棋战胜人类后，又发展成为了更加强大的"阿尔法狗·零"人工智能程序，但是对于复杂的军事博弈或人类社会博弈来说，仍远远不够。目前主要采用的深度强化学习算法，严重依赖于超级计算机或云计算，使得其在某些应用场景中受限。因此计算博弈仍然需要进一步深入研究，特别是基于博弈论的智能控制更需要引起更多关注。

2. 理论不够成熟

人工智能控制理论从诞生发展到现在，已经从最初的"经典控制论"发展到最优控制、模糊逻辑控制、专家智能控制、神经网络控制、自适应控制、自抗扰控制等若干分支理论。但是与经典控制理论相比，人工智能控制理论的发展呈现出不同的理论算法，并建立了各自的理论体系，往不同方向不断发展，也出现了不同的方向互相融合的情况。但由于智能控制多研究复杂的非线性系统，因此难以建立包括各种理论的统一的体系。这就决定了很多人工智能控制理论在某些特定的方面必然存在一定的局限性，需要进一步研究构建智能控制理论的基础框架。

3. 模式识别与智能控制的困惑

虽然使用计算机进行模式识别的研究与开发已取得大量成果，部分已成为产品投入实际应用，但是它的理论和方法与人的感官识别机制是全然不同的。人的识别手段、形象思维能力，以及联想创新能力远远胜过任何计算机，但目前对人类的模式识别底层工作方式尚不十分清楚，更无从应用于计算机。计算机模式识别的原理和人类完全迥异，必然也会导致不同的道路。而强化学习的应用虽然看起来与人类行为类似，但同样依靠的是计算机的算力，与传统意义上人类的智能相去甚远。正因为如此，智能控制在结构机理上也必然与人类的智能控制完全不同，必然会造成这样的困惑：是从人类的生理出发研究生物智能还是从计算机算法出发研究芯片智能的问题。当然可以对这两个方向都进行研究，最后实现的路径和结果也必然完全不同。

1.1.4　人工智能控制的主要内容

人工智能控制主要包括控制和学习两大内容，从控制的角度看，人工智能控制主要有神经网络控制、模糊控制以及进化控制算法；从学习的角度看，主要包括强化学习和深度强化学习。

1. 神经网络控制

20 世纪 50 年代初，基于无监督学习规则的神经网络模型被提出，并很快应用于控制算法，10 年后结合监督学习规则的神经网络被提出。1980 年后提出了反向传播神经网络（Back Propagation Neural Network，BPNN）结构，从此神经网络控制逐渐跟自适应控制等结合在一起，成为目前智能控制的主要方法。由于神经网络的万能逼近性在 1990 年前后被证明，并且在非线性逼近中占有独特的优势，使得神经网络在模式识别、状态观测、系统辨识以及非线性控制等多个方面被广泛应用，成为非线性控制中重要的手段。

2. 模糊控制

模糊控制的基础是 1960 年前后被提出的模糊逻辑，1970 年后被应用于蒸汽机的控制中，20 世纪 70 年代和 20 世纪 80 年代先后发展出马丹尼（Mamdani）模糊模型和 T-S 模糊模型，到 1990 年模糊逻辑的万能逼近性也被证明，至此模糊控制的数学基础基本完备。从此模糊逻辑成为另一个重要的非线性函数逼近器，广泛应用于系统辨识、状态观测和非线性控制中。

3. 进化控制算法

进化控制算法是指遗传算法、粒子群算法等模仿自然界某些现象而实现的进化控制算法。这些算法各不相同，原理迥异，但都是基于自然现象发展而来，虽然大部分尚处在研究发展中，理论体系仍不完备，但是算法有效，体现出一定的智能性，属于智能控制的一个重要分支。

除此之外，从学习角度看强化学习和深度强化学习占据着绝对的主导地位，将在下节详细说明。

1.2　学习算法概述

学习是人工智能的重要特征，早在 1949 年神经网络开始兴起时提出的赫布（Hebb）学习规则就属于无监督学习规则。随着研究的深入，监督学习规则、自适应学习规则和强化学习规则先后被提出并应用，成为人工智能控制的重要组成部分。从控制角度来说，无监督学习、监督学习和自适应学习都可以找到大量应用。本书将单独从学习的角度论述无监督学习、监督学习和强化学习，而将自适应学习放在自适应控制中讲述。

1.2.1　无监督学习

无监督学习应用于神经网络、智能控制、模式识别等多个方面。神经网络中最典型的无监督学习是 Hebb 学习，其在神经网络中根据神经元连接间的激活水平调节神经网络的权值，类似于控制系统的开环控制。在模式识别中如果缺乏足够的先验知识，难以人工标注类别，因此希望通过计算机完成或至少提供一些帮助。根据类别未知（未被标记）的训练样本来解决模式识别中的各种问题，被称为无监督学习。

Hebb 学习规则与"条件反射"的机理一致，并且已经被神经细胞学说证实。巴甫洛夫（Pavlov）的条件反射实验：每次给狗喂食前先响铃，长时间后狗会将铃声和食物建立起联系；等狗建立联系后，如果只响铃不给食物，狗也会流口水。受到条件反射实验的启发，加拿大生理、心理学家赫布（Hebb）认为在同一时间被激发的神经元，它们之间的联系会强化。比如铃声响时激发一个神经元，同一时间食物出现激发另一个神经元，则这两个在同一时间激发的神经元之间的联系就会强化，从而记住这两件事之间的联系；反之，如果这两件事总是不同时激发，则它们之间的联系会逐渐弱化。赫布由此提出了神经网络的无监督赫布学习规则（Hebbian Learning Rule）。

赫布学习规则可以表示为如下形式：

$$W_{ij}(t+1) = W_{ij}(t) + \alpha C_i C_j \tag{1-1}$$

式中，$W_{ij}(t)$ 表示 t 时刻神经元 i 到 j 的连接权值；α 表示学习速率，取正值；C_i，C_j 分别是神经元 i 和神经元 j 的激活水平。例如当神经元 i 和神经元 j 同时被激活时，C_i，C_j 均为正，权值增大；当神经元 i 和神经元 j 一个为激活状态，一个为抑制状态时，C_i，C_j 一正一负，所以 $\alpha C_i C_j$ 为负，权值减小。

在模式识别等应用中，常用的无监督学习算法主要有主成分分析（Principal Component Analysis，PCA）方法、等距映射方法、局部线性嵌入方法、拉普拉斯特征映射方法、黑塞局部线性嵌入方法和局部切空间排列方法等。从原理上来说 PCA 等数据降维算法也适用于深度学习，但是这些方法复杂度较高，且算法目标太明确，使得抽象后的低维数据中没有次要信息，从而造成数据丢失，所以现在深度学习中的无监督学习方法通常采用较为简单的算法和直观的评价标准。

在深度学习中采用的无监督学习主要分为两类：一类是确定型的自编码方法及其改进算法，其目标主要是能够从抽象后的数据中尽量无损地恢复原有数据；另一类是概率型的受限玻尔兹曼机及其改进算法，其目标是使受限玻尔兹曼机达到稳定状态时原数据出现的概率最大。

确定型无监督学习算法主要有自编码、稀疏自编码、降噪自编码等算法。自编码可以看作一个特殊的 3 层 BP 神经网络，特殊性体现在需要使得自编码网络的输入和输出尽可能近似，即尽可能使得编码无损（能够从编码中还原出原来的信息）。稀疏自编码虽可以学习一个相等函数，使得可见层数据和经过编码解码后的数据尽可能相等，但是其鲁棒性较差，尤其是当测试样本和训练样本概率分布相差较大时，效果较差。降噪自编码对算法进行了改进，提高了鲁棒性。

概率型无监督学习的典型代表就是限制玻尔兹曼机，限制玻尔兹曼机是玻尔兹曼机的一个简化版本，可以方便地从可见层数据推算出隐含层的激活状态。

1.2.2 监督学习

监督学习在 20 世纪 60 年代的神经网络权值更新算法中就已经提出，有代表性的是 δ 学习规则，同样在分类中监督学习是指利用一组已知类别的样本调整分类器的参数，使其达到所要求性能的过程，因此也被称为监督训练或有教师学习。

δ 学习规则属于监督学习规则，要根据神经元的输出情况指导权值的更新，与无监督的 Hebb 学习规则相比，其进化方向更加明确，或者说优化目标和当前输出确定了进化方向。

δ 学习规则可以表示为如下形式：

$$W_{ij}(t+1) = W_{ij}(t) + \alpha(p_i - y_i)C_i \tag{1-2}$$

式中，W_{ij}，α，C_i 与式（1-1）定义相同；p_i 表示 i 神经元的目标值（期望值）；y_i 表示 i 神经元的实际输出值。

在模式识别和分类中，监督学习是从标记的训练数据来推断一个功能的机器学习任务。训练数据包括一套训练实例，每个实例都是由一个输入对象（通常为矢量）和一个期望的输出值（也称为监督信号）组成。监督学习算法是在期望输出影响下分析该训练数据，并产生一个推断的功能可以用于映射出新的实例。

监督学习需要注意的第一个问题就是偏差和方差之间的权衡。假设有几种不同但同样好地监督学习演算数据集，可能会存在这样的情况：在某些数据集中有非常小的误差，而另一些则具有更好的方差，此时就需要权衡偏差和方差在学习算法中的作用。一般来说，较低的学习算法偏差必须"灵活"，这样就可以很好地匹配数据；但如果学习算法过于灵活，它必然具有很高的方差。因此权衡偏差和方差是监督学习需要注意的第一个问题。

监督学习需要注意的第二个问题是训练数据相对于"真正的"功能（分类或回归函数）的复杂度的量。如果真正的功能简单，则小数据量就可以取得预期效果；如果真功能非常复杂，则需要的数据量就会急剧增加。因此根据实际功能如何确定数据也是要考虑的重要问题。

监督学习需要注意的另一个问题是输入空间的维数。如果输入特征向量具有非常高的维数，学习将十分困难。因此，高的输入维数通常需要调整分类器使其方差低而偏差高，在实际应用中有效降低输入维数会大大提高监督学习的效果。

1.2.3 强化学习

强化学习（Reinforcement Learning，RL），又称再励学习、评价学习或增强学习，是机器学习的范式和方法论之一，用于描述和解决智能体在与环境的交互过程中通过学习策略以达成回报最大化或实现特定目标的问题。强化学习也是神经网络重要的学习规则之一。

强化学习从动物学习、参数扰动自适应控制等理论发展而来，以智能体"试错"的方式进行学习，其基本原理如下：如果智能体的某个行为策略导致环境正的奖赏（强化信号），那么智能体以后产生这个行为策略的趋势便会加强，智能体的目标是在每个离散状态发现最优策略以使期望的奖赏和最大。强化学习把学习看作试探评价过程，智能体选择一个动作用于环境，环境接收该动作后状态发生变化，同时产生一个强化信号（奖或惩）反馈给智能体，智能体根据强化信号和环境当前状态再选择下一个动作，选择的原则是使受到正强化（奖）的概率增大。选择的动作不仅影响立即强化值，而且影响环境下一时刻的状态及最终的强化值。

强化学习的常见模型是标准的马尔可夫决策过程，可分为基于模式强化学习和无模式强化学习，或者从另外的角度可以分为主动强化学习和被动强化学习。强化学习的变体包括逆向强化学习、阶层强化学习和部分可观测系统的强化学习，求解强化学习问题所使用的算法可分为策略搜索算法和值函数搜索算法两类。深度学习模型可以在强化学习中得到使用，形成深度强化学习。

强化学习理论受到行为主义心理学启发，侧重在线学习并试图在探索—利用间保持平衡。不同于无监督学习和监督学习，强化学习不要求预先给定任何数据，而是通过接收环境对动作的奖励（反馈）获得学习信息并更新模型参数。强化学习问题在控制论、信息论和博弈论等领域都得到讨论和应用，可以解释有限理性条件下的平衡态、设计推荐系统和机器人交互系统。一些复杂的强化学习算法在一定程度上具备解决复杂问题的通用智能，如在围棋和电子游戏中达到或超过人类水平。

强化学习与监督学习的不同主要表现在强化信号上，强化学习对产生动作的好坏进行评价，而不是告诉强化学习系统如何产生正确的动作。由于外部环境提供的信息很少，强化学习系统必须靠自身的经历进行学习，不断在行动—评价的环境中获得知识，改进行动方案以适应环境。强化学习系统学习的目标是动态地调整参数，以达到强化信号最大。若强化信号和动作信号已知，则可以直接使用监督学习算法。若强化信号与智能体产生的动作信号没有明确的函数形式描述，则需要使用某种随机单元，以便智能体在可能动作空间中进行搜索并发现正确的动作。

一般来说，每一个自主体由两个神经网络模块组成，即行动网络和评估网络。行动网络是根据当前的状态决定下一个时刻施加到环境上去的最好动作。强化学习算法允许它的输出节点进行随机搜索，当接收到来自评估网络的内部强化信号后，行动网络的输出节点即可有效地完成随机搜索并且大大地提高选择好的动作的可能性，同时可以在线训练整个行动网络。

用一个辅助网络来为环境建模，评估网络根据当前的状态和模拟环境用于预测量值的外部强化信号，这样它可单步和多步预报当前由行动网络施加到环境上的动作强化信号，可以提前向动作网络提供有关将候选动作的强化信号，以及更多的奖惩信息（内部强化信号），以减少不确定性并提高学习速度。

1.3 自动控制基础

1.3.1 控制系统的发展历史

"两弹一星"功勋
科学家：钱学森

中国航天事业奠基人、国家杰出贡献科学家、两弹一星功勋奖章获得者钱学森是控制论的奠基人之一，他与美国科学家维纳（Wiener）在 20 世纪 40 年代分别出版了《工程控制论》和《控制论》，为控制论奠定了基础。

自动控制理论的发展至今已有 100 多年历史。随着工业和现代科学技术飞速发展，各个领域中自动控制系统对控制精度、响应速度、系统稳定性与适应能力的要求越来越高，应用范围也更加广泛。特别是 20 世纪 80 年代以来，计算机的更新换代和计算技术的高速发展，推动了控制理论研究的深入，并使理论研究进入了新的发展阶段。纵观控制理论发展史，通常可以分为三个阶段。

1. "经典控制理论" 阶段

20 世纪 50 年代前后的控制理论也被称为 "自动调节原理"。它的主要研究系统为线性定常系统，被控对象也几乎全部是单输入-单输出系统。经典控制理论所采用的算法通常是以传递函数、频率特性、根轨迹分布为基础的波特图法和根轨迹法，包括劳斯-赫尔维茨代数判据、奈奎斯特稳定性判据与希望对数频率特性综合等。在经典控制理论中，对于非线性系统主要采用描述函数分析和一般不超过两个变量的相平面分析法。

2. "现代控制理论" 阶段

20 世纪 60 年代末，由于航天飞行器等空间技术开发的需要而发展起来的现代控制理论，主要用来研究多输入-多输出被控对象，系统可以是线性或非线性的、定常或时变的。其用一阶微分方程组（状态方程）代替经典理论中的高阶微分方程式来描述系统，并且把系统中各个变量均取为时间 t 的函数，因而属于时域分析方法，区别于经典理论中的频域法，更有利于用计算机进行运算。此外，状态变量的选取不一定是系统实际的物理量，也可以是抽象后的数学描述的变量，因而具有很大自由度，扩展了建模的内容，降低了建模的难度。这些都是状态空间表示法的优点所在。现代控制理论研究的范畴很广，主要包括以下内容。

1）系统运动状态的描述（即系统数学模型的建立）和能控制性、能观测性的分析。

2）李雅普诺夫稳定性理论（直接法）和李雅普诺夫函数。它的特点是可以在不求出状态方程解的情况下，确定任意阶非线性系统和（或）时变系统的稳定性理论。

3）建立在统计函数理论上，应用相关函数的系统动态特性测量方法（即系统识别）和卡尔曼滤波理论。卡尔曼滤波是利用系统在时间上的转移关系所获得的一套适合于计算机运算的递推公式，属于时域法，有别于早期频域法中的维纳霍夫滤波理论。

4）改变系统的控制量，使系统按某一最佳运行方式进行，实现系统性能指标泛函最小的 "系统最优控制"。1961 年苏联学者庞特里亚金发表的极小值原理和 1957 年贝尔曼根据哈密顿-雅可比方程提出动态规划最佳原理，分别对连续系统和离散系统的最优控制理论的发展起到了重要作用。

5）随着对自动控制系统控制性能需求的不断提高，人们不仅希望系统能在环境条件有大范围变化时，仍能保证系统最佳运行状态（即确定性自适应控制），而且还希望系统在环境条件改变并不确定的情况下也能实现最佳控制（不确定性自适应控制）的系统自适应控制研究。20 世纪 70 年代初，瑞典奥斯特罗姆（Astrom）教授和法国朗道（Landau）教授在这方面做出了贡献。

3. "大系统理论"和"智能控制理论"阶段

上述两个阶段控制理论的发展与应用,对于存在数学模型的自动控制系统领域发挥了非常大的作用,并取得令人满意的控制效果。但是对于那些难以建立数学模型的被控对象,往往显得无能为力。另外,由于计算机技术的快速发展,包含有人类思维的复杂操作由计算机替代的领域不断增加,这在广义自动化,特别是在大规模系统的控制中,具有人工智能的智能控制将越来越重要。人工智能的发展促进了自动控制理论向着智能控制方向发展,而智能控制和具有智能化的自动控制系统又是人工智能的一个具有广泛应用前景的研究领域。

20 世纪 70 年代末开始的对大系统理论和智能控制理论的研究与应用,是现代控制理论在深度上和广度上的开拓,因此受到各方的极大关注,并在专家系统、神经网络和模糊控制、递阶控制等方面取得了可喜的进展。20 世纪 80 年代,控制理论发展的特点之一是很大程度上受到来自相近领域的影响,具有代表性的是神经网络和模糊逻辑在控制领域的广泛应用,它们均属于智能控制范畴。智能控制具有如下两个特点。

1) 以某种方法将专家或熟练操作人员的知识应用于推理或指导,来引导问题求解过程,使之具备智能性。

2) 对外界环境和系统过程进行理解、判断、预测和规划,采用符号信息处理、启发式程序设计、知识表示和自学习、推理与决策等智能化技术,实现未知问题的智能化求解。

因此,可以认为智能控制是智能化、信息化和自动控制系统的深度结合,必将把自动控制理论推向一个更深化的崭新阶段,并将取得蓬勃发展和完善的应用效果。

1.3.2 控制系统模型

数学模型有多种形式,经典控制论中,有时域的微分方程和差分方程、复频域的传递函数和脉冲传递函数以及频率域的频率特性。除此之外还有数学模型的图形表示方式结构图与信号流图等。下面简要说明控制系统模型。

1. 时域下状态方程

微分方程或微分方程组(状态方程)是描述系统动力学或运动规律的基本模型形式,目前绝大多数系统模型都用状态方程描述。研究系统的动力学模型或运动方程的步骤可简要归纳如下:

1) 分析系统工作原理与结构组成,确定系统的输入量和输出量。

2) 依据所遵循的科学规律,列写相应的微分方程或微分方程组。

3) 如有必要,消去中间变量,求出仅含输入、输出变量的系统微分方程。

一般来说,大多数的实际系统都存在一定的非线性,但大部分非线性系统的微分方程难以求得解析解,因此将非线性方程线性化对于解决实际问题具有十分重要的意义。进行线性化的主要思想是,在预期工作点(通常是稳定状态点)附近,用通过该点的切线代替近似代替原来的曲线。常用到的数学方法是在该工作点附近进行泰勒级数展开。值得注意的是,并不是所有的非线性微分方程都能线性化,如像继电器特性这种本质非线性系统,在数学上不连续,也就不可导,即不满足泰勒展开条件。线性化的条件有以下两点:

1）信号在工作点附近变化微量。

2）信号在工作点附近能满足泰勒展开条件。

控制系统的状态方程是时域动态数学模型，求解状态方程可得系统在输入量和初始条件作用下的输出响应。随着计算机技术的进步和发展，很多无法求得解析解的状态方程可以用数值解法通过计算机容易实现。因此，用状态方程描述的时域下的动力学方程或运动方程模型越来越重要。

2. 复频域下传递函数模型

用拉普拉斯变换法求解线性微分方程，是将微分方程的求解转化为代数方程的求解，使计算大为简便，由此引入复频域的数学模型——传递函数。传递函数将系统的输入量、输出量与系统分隔开来，仅仅与系统的结构和参数有关，这样非常便于研究结构或参数变化对系统性能的影响。经典控制理论中广泛应用的频率法和根轨迹法，就是以传递函数为基础建立起来的。传递函数是经典控制理论中最基本和最重要的概念。

线性定常系统的传递函数定义为，零初始条件下，系统输出量的拉普拉斯变换与输入量的拉普拉斯变换之比。设线性定常系统由下述 n 阶线性常微分方程描述：

$$a_n \frac{\mathrm{d}^n c(t)}{\mathrm{d}t^n} + a_{n-1} \frac{\mathrm{d}^{n-1} c(t)}{\mathrm{d}t^{n-1}} + \cdots + a_1 \frac{\mathrm{d}c(t)}{\mathrm{d}t} + a_0 c(t) = b_m \frac{\mathrm{d}^m r(t)}{\mathrm{d}t^m} +$$

$$b_{m-1} \frac{\mathrm{d}^{m-1} r(t)}{\mathrm{d}t^{m-1}} + \cdots + b_1 \frac{\mathrm{d}r(t)}{\mathrm{d}t} + b_0 r(t) \tag{1-3}$$

式中，$c(t)$ 是系统的输出量；$r(t)$ 是系统的输入量；a_0，a_1，$\cdots$，a_n 及 b_0，b_1，$\cdots$，b_n 是与系统结构和参数有关的常数系数。输入、输出量的各阶导数在 $t=0$ 时的值均为零，即零初始条件，则对上式两边分别求拉普拉斯变换，并令 $C(s) = \xi[c(t)]$，$R(s) = \xi[r(t)]$，可得

$$(a_n s^n + a_{n-1} s^{n-1} + \cdots + a_1 s + a_0) C(s) = (b_m s^m + b_{m-1} s^{m-1} + \cdots + b_1 s + b_0) R(s) \tag{1-4}$$

由定义得系统传递函数为

$$G(s) = \frac{C(s)}{R(s)} = \frac{b_m s^m + b_{m-1} s^{m-1} + \cdots + b_1 s + b_0}{a_n s^n + a_{n-1} s^{n-1} + \cdots + a_1 s + a_0} \tag{1-5}$$

式（1-5）的分母称为系统的特征多项式。传递函数具有以下性质：

1）传递函数是经过拉普拉斯变换得到的，拉普拉斯变换是一种线性运算，因此传递函数只适用于线性定常系统。它是复变量 s 的有理真分式函数，具有复变函数的所有性质，满足 $n \geq m$ 且所有系数均为实数。

2）传递函数只取决于系统或元件的结构和参数，与输入量的形式无关，也不反映系统内部的任何信息，其仅仅表达系统输出量与输入量之间的关系。

3）传递函数只表达特定的两个量（输入量和输出量）之间的关系，当系统的输入量或输出量的选取发生改变时，其传递函数也将发生变化，但分母保持不变。

4）传递函数是在零初始条件下得到的，因此得到的响应是零状态响应，当系统的初始状态不为零时，要另外考虑。

5）传递函数与状态方程有相通性，可以在状态方程和传递函数之间转换。

3. 动态结构图

控制系统一般由多个环节组合而成，每一个环节都有自己的输入量、输出量以及传递函数，由方程组求系统的传递函数，相当于线性方程组联立求解，如果系统组成环节较多，中间变量也较多，计算将较为复杂。控制系统的结构图是描述系统各部分之间或各子系统之间信号传递关系的数学图形，它表示了系统中各变量之间的因果关系以及对各变量所进行的运算，是控制理论中描述复杂系统的一种简便方法，也是控制系统数学模型的图形表达方式。从结构图能够直观地看出每一个环节在系统中的功能以及各环节输入量、输出量之间的定量关系。控制系统结构图的基本组成单元有以下 4 种，如图 1-1 所示。

1）信号线。信号线是带有箭头的直线，箭头表示信号的流向，在直线旁标记信号的时间函数或象函数，如图 1-1a 所示。

2）引出点（或测量点）。引出点表示信号引出或测量的位置，从同一位置引出的信号在数值和物理性质方面完全相同，如图 1-1b 所示。

3）比较点（或综合点）。比较点表示对两个及以上的信号进行加减运算，"+" 号表示信号相加，"−" 号表示相减，"+" 号可以省略不写，如图 1-1c 所示。

4）方框（或环节）。方框表示对前后两个信号进行的数学变换，方框中写入环节或系统的传递函数，如图 1-1d 所示。显然，方框的输出量等于方框的输入量与传递函数的乘积。

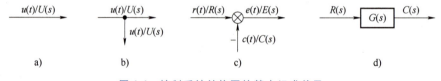

图 1-1 控制系统结构图的基本组成单元

控制系统结构图的建立步骤如下：

1）分析系统的工作原理与结构组成，确定系统的输入量和输出量。

2）建立系统各元件的微分方程并进行拉普拉斯变换，求取各环节的传递函数并绘制各环节框图。

3）从输入量开始，按照信号的传递方向（输入在左边，输出在右边）用信号线依次将各方框连接起来，就得到系统的结构图。

4. 信号流图

信号流图是另一种表示控制系统结构的数学模型。与结构图不同的是，信号流图基本符号少，便于绘制，而且可以利用梅逊公式直接求出系统的传递函数。但是信号流图只适用于线性系统，而结构图不仅适用于线性系统，还可用于非线性系统。

信号流图是由节点和支路组成的一种信号传递网络图，可以由微分方程组绘制，也可以由结构图转化而来。图 1-2 所示为信号流图，将结构图中的输入量、输出量变为节点，以小圆圈表示连接两个节点的定向线段，称为支路；将结构图中的方框去掉，传递函数标在支路的旁边表示支路增益，支路增益表示结构图中两个变量的因果关系，因此相当于乘法器。

由此可见结构图转换为信号流图的规则：将系统的输入量、输出量以及中间变量转化为节点；引出点转化为节点；综合点后的变量转化为节点；去掉方框，将方框的输入量和输出量连起来形成支路；方框中的传递函数标在支路旁边，即为支路增益。在信号流图中，常使用以下名词术语：

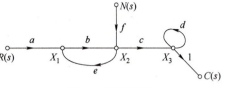

图 1-2　信号流图

1）源节点（或输入节点）。只有输出支路的节点称为源节点，如图 1-2 中的 $R(s)$ 和 $N(s)$。它一般表示系统的输入量。

2）阱节点（或输出节点）。只有输入支路的节点称为阱节点，如图 1-2 中的 $C(s)$。它一般表示系统的输出量。

3）混合节点。既有输入支路又有输出支路的节点称为混合节点，如图 1-2 中的 X_1、X_2、X_3。它一般表示系统的中间变量。

4）前向通道。信号从源节点到阱节点传递时，每一个节点只通过一次通道，称为前向通道。前向通道上各支路增益之乘积，称为前向通道总增益，一般用 P 表示。在图 1-2 中，对于源节点 $R(s)$ 和阱节点 $C(s)$，有一条前向通道，是 $R(s) \rightarrow X_1 \rightarrow X_2 \rightarrow X_3 \rightarrow C(s)$，其前向通路总增益为 $P_R = abc$；对于源节点 $N(s)$ 和阱节点 $C(s)$，前向通道是 $N(s) \rightarrow X_2 \rightarrow X_3 \rightarrow C(s)$，其前向通路总增益为 $P_N = fc$。

5）单回路。如果回路的起点和终点在同一节点，而且信号通过每一个节点不多于一次的闭合通路称为单独回路，简称回路；如果从一个节点开始，只经过一个支路又回到该节点的，称为自回路。回路中所有支路增益之乘积叫回路增益，用 L_a 表示。在图 1-2 中共有两个回路，$L_1 = be$，$L_2 = d$。

6）不接触回路。如果一信号流图有多个回路，而回路之间没有公共节点，这种回路叫不接触回路。在信号流图中可以有两个或两个以上不接触回路。在图 1-2 中，有一对不接触回路，$L_1 L_2 = bed$。

1.3.3　控制方法概述

所谓自动控制就是在没有人直接参与的情况下，利用外加设备或装置（称控制装置或控制器），使机器、设备或生产过程（统称被控对象）的某个工作状态或参数（即被控量）自动地按照预定的规律运行，例如无人驾驶的飞机按预定轨迹飞行、人造地球卫星可以准确地进入预定轨道运行并回收、以及能自动地实现生产或生活所需的某一功能的所有物理部件的集合等，这些都可以称为自动控制系统。其中被控制的机器、设备或生产过程被称为被控对象，被控制的某工作状态或参数称为被控制量或输出量。

自动控制的方式有闭环控制方式、开环控制方式和复合控制方式。

1. 闭环控制方式

闭环控制（又称反馈控制）是应用最广泛的一种控制方式，是自然界所遵循的基本工作方式。其控制装置与被控对象之间，不但有顺向作用，而且有反向作用。从信号的流动方向来看，系统不仅存在从输入量向输出量的正向信号流动，还存在从输出量向输入量的反向信号流动，信号可形成一个闭合回路。

　　系统工作时，当前的输出量由检测装置感知形成反馈量，并传递给控制装置；控制装置将反馈量与代表控制目标的输入量进行比较，根据误差运算出控制指令；被控对象接收到控制装置的控制指令后进行响应，输出量朝着减小差距的方向发展；只要误差存在，系统就会自动地进行调节，直到误差消失或小于某一设定值为止。因此，闭环控制的机理是检测偏差、纠正偏差。例如，取书的过程就是一个闭环控制的过程，如图1-3所示。书的位置是整个自动控制过程要达到的目标，是系统的输入量，手是整个自动控制过程要控制的对象，即被控对象，而手的位置是被控制量（又称输出量）。取书时，眼睛作为检测装置，首先判断出书的位置与

手的位置之间的差距，这个差距称为偏差（误差）；大脑是控制装置，根据偏差的大小，经过运算发出指令，控制手臂向着减小偏差的方向移动，直至手到达书的位置时消除偏差，结束取书过程。

图1-3　取书闭环控制系统

　　又例如直流电动机转速控制系统，如图1-4所示。在直流电动机转速闭环控制系统中，目标转速用电位器R_r的输出电压U_r控制，并作为系统的输入量，送到电压放大器输入端；直流电动机的转速是系统的输出量，由直流测速发电机检测装置TG及分压电位器R_f获得，生成与电动机转速呈线性关系的反馈电压U_f送到电压放大器的输入端；由于U_r和U_f是反极性连接的，有$\Delta u = U_r - U_f$，经电压放大、功率放大之后生成U_a作为直流电动机的电枢电压，直流电动机在电枢电压的作用下转动。这是一个有差系统，电枢电压U_a的大小与Δu呈线性关系，只有当Δu不为零时，U_a才能不为零，电动机才能转动。由于U_a是误差Δu放大得到的，因此仍然是根据反馈的误差的函数闭环控制系统。图1-5是直流电动机转速闭环控制系统的框图。

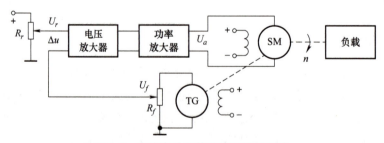

图1-4　直流电动机转速闭环控制系统

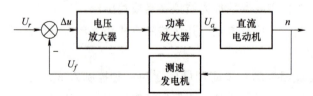

图1-5　直流电动机转速闭环控制系统

闭环控制系统由于设置了检测装置，将输出量的当前值及时地反馈给控制器，控制器可以根据输出量与输入量之间的偏差随时调整控制量，以实现减小偏差的目的。因此，闭环控制系统的控制精度较高，抗干扰的能力较强；但检测装置的使用，增加了系统结构的复杂度和经济成本，同时由于系统中信号形成了闭合回路，因此需要控制系统稳定。当控制系统的控制精度要求不是很高的时候，可以采用开环控制方式。

2. 开环控制方式

开环控制（又称前馈控制）是指系统的控制装置与被控对象之间只有前向作用，没有反向作用的控制过程。开环控制系统由于未使用检测装置，所以结构简单，成本大大降低。但相对于闭环系统而言，开环控制精度和抗干扰性能要差。基于以上特点，开环控制方式适用于系统各组成部件性能及相互关系稳定、控制精度要求不高、工作过程中干扰小或可以预先补偿的系统。开环控制有两种模式：一种是按给定值控制模式，另一种是按扰动控制模式。两种模式也可以结合起来在一个系统中同时使用。

图 1-6 是按给定值控制的开环控制系统，控制器直接根据给定量（又称输入量）的大小，向被控对象发出指令，被控对象进行响应，形成一个与输入量相对应的输出量，控制精度完全取决于所使用的各元部件的精度。在实际的生产和生活中，存在

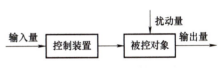

图 1-6 按给定值控制的开环控制系统

很多使用按给定值控制模式的开环控制系统。例如常用的洗衣机就是一个开环控制系统，在洗涤程序中，只是对洗衣过程的每个步骤，如浸泡、洗涤、漂洗、甩干等做出了定时控制，对最后的洗衣效果如衣服的清洁程度、甩干程度等并没有进行检测与控制。再如经济型数控车床的进给系统也是开环控制系统，其结构如图 1-7 所示。

图 1-7 经济型数控车床进给系统

在机床加工过程中，加工程序作为指令送入数控系统（现在多为可编程逻辑控制器），数控系统对指令进行解码和运算，形成 x 轴或 y 轴的控制脉冲序列，经相应轴的步进（伺服）电动机驱动器进行功率放大后，控制对应轴的步进（伺服）电动机运转；再通过精密传动机构（一般将角位移转化为直线位移），带动工作台进行加工。从控制信号的传递来看，只有前向没有反向，数控系统发出控制脉冲，不检测步进（伺服）电动机的转速。系统采用了开环控制方式，但由于采用了精密传动机构（如滚珠丝杠），可以在工作过程中不丢失脉冲的同时仍能达到比较高的加工精度。

按扰动控制是开环控制的另一种模式，其结构如图 1-8 所示。系统的外部作用量是扰动量，系统根据

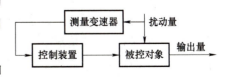

图 1-8 按扰动控制的开环控制系统结构

扰动量的大小进行补偿，以减小扰动量对输出的影响。但前提是扰动量要能够直接或间接地被测量。这种控制方式一般不单独使用，经常作为系统抗干扰能力提高的一种手段，与闭环控制系统或按给定值控制的开环控制系统结合使用。

3. 复合控制方式

将开环控制和闭环控制有机地结合起来的控制方式叫复合控制方式，或者说将前馈控制和反馈控制结合起来的控制方式叫复合控制方式。考虑到开环控制的两种模式，复合控制也存在两种结构模式，如图 1-9 和图 1-10 所示。

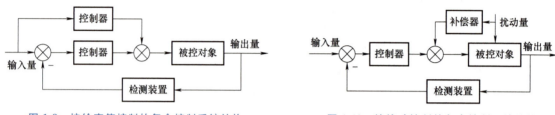

图 1-9　按给定值控制的复合控制系统结构　　　　图 1-10　按扰动控制的复合控制系统结构

图 1-9 所示的复合控制系统是将按给定值控制的开环控制与闭环控制相结合构成的，图 1-10 所示的复合控制系统由按扰动控制的开环控制与闭环控制相结合构成。不管哪种复合控制其性能都好于单独的开环或闭环控制系统，但因结构比单独的开环或闭环系统更加复杂，因此设计难度以及成本都将增加。

1.3.4　控制系统的稳定性

1. 稳定的概念

系统稳定性有不同的定义，比如从输入输出角度可以叫作输入输出稳定，从能量的角度可以叫作渐近稳定等。在此不再详细讨论每种不同定义稳定性的特点和适用范围，仅对控制系统中应用最广泛的李雅普诺夫稳定进行说明。

俄国学者李雅普诺夫（A. M. Lyapunov）在 1882 年对系统的稳定性提出了严密的定义，描述如下。

用 $\|x-x_0\| \leqslant R$ 表示以平衡状态 x_0 为球心、R 为半径的球形区域，其中 $\|x-x_0\|$ 为欧几里得范数。设 $U(\delta)$ 是包含满 $\|x_a-x_0\| \leqslant \delta$ 的所有点的区域，$U(\theta)$ 是对所有 t 包含满足 $\|\varphi(t; x_a, t_a)-x_0\| \leqslant \theta$ 的所有点的区域，如果对每一个 $U(\theta)$，存在一个 $U(\delta)$，使得 $t \to \infty$ 时，从 $U(\delta)$ 出发的轨迹不脱离 $U(\theta)$，则称系统在平衡状态 x_0 是李雅普诺夫意义稳定的。如果系统在平衡状态 x_0 是李雅普诺夫意义下稳定的，且在 $t \to \infty$ 时，从 $U(\delta)$ 出发的任意一条轨迹都不脱离 $U(\theta)$ 且收敛于 x_0，则称系统在平衡状态 x_0 是渐近稳定的。

渐近稳定收敛在平衡点，比李雅普诺夫意义稳定条件更强，但是实际应用时仍然需要确定渐近稳定的范围。一般情况下，只存在唯一平衡点的渐近稳定系统称为大范围渐近稳定系统；存在多个平衡点的渐近稳定系统仅仅是每个平衡点邻域的渐近稳定，称为小范围渐近稳定系统。

系统在扰动（如电源、负载波动）作用下偏离了原来的平衡位置，当扰动消除后，系统仍能回到原来的平衡位置，则称系统是稳定的；系统不能回到原来的平衡位置甚至偏离平衡位置越来越远，则称系统不稳定，如设备的熄火、超温、超压、超速等，均属于不稳定的现象。上述对于扰动引起的偏差的大小没有做任何限制。如果不论系统受到的扰动引起的偏差有多大，系统都会回到原来的平衡位置，则称这样的系统为大范围稳定系统；如果系统受到扰动引起的偏差必须小于某一范围，系统才能回到原来的平衡位置，则称这样的系统为小范围稳定系统，也称为小偏差稳定或局部稳定。由于实际系统往往存在非线性，一般都是建立在"小偏差"线性化的基础上的，因此研究"小偏差"的稳定性也非常具有实际意义。

根据自动控制原理等课程内容可知，对于线性系统，只要传递函数的闭环极点均具有负实部，或处于复平面的左边，则系统的输出响应就是收敛的，系统稳定。这是线性系统稳定的充分必要条件。如果线性系统用状态空间表示，则其特征多项式的特征根都具有负实部，系统是稳定的。

2. 线性系统常用的稳定判据

要判定一个线性系统是否稳定，最直接的方法是看系统所有闭环极点是否具有负实部，但是高阶系统求解所有闭环极点比较困难，且工作量较大。因此应用较简单的方法判断闭环极点是否均具有负实部。下面介绍应用较多的劳斯判据。

加拿大学者劳斯（Routh）在 1877 年提出了判定系统稳定的数学判据，设线性系统的闭环特征方程为

$$D(s) = a_n s^n + a_{n-1} s^{n-1} + \cdots + a_1 s + a_0 = 0 \tag{1-6}$$

式中，a_1，a_2，$\cdots$，a_n 均为特征根系数，且 $a_n > 0$，则线性系统稳定的必要条件是在闭环特征方程式（1-6）中各项系数均为正数。

劳斯稳定判据的表格形式见表 1-1，前两行由式（1-6）的系数直接构成，第一行是由特征方程式（1-6）的第 1、3、5、…项系数组成，第二行是由特征方程式（1-6）的第 2、4、6、…项系数组成，从第三行开始要按照表 1-1 中的公式计算得到，直到计算到第 $n+1$ 行，第 $n+1$ 行只有第一列有数值，并且为特征方程的常数项，表格呈倒三角形。

表 1-1　劳斯表

s^n	a_n	a_{n-2}	a_{n-4}	$\cdots$
s^{n-1}	a_{n-1}	a_{n-3}	a_{n-5}	$\cdots$
s^{n-2}	$b_1 = \dfrac{a_{n-1}a_{n-2} - a_n a_{n-3}}{a_{n-1}}$	$b_2 = \dfrac{a_{n-1}a_{n-4} - a_n a_{n-5}}{a_{n-1}}$	$b_3 = \dfrac{a_{n-1}a_{n-5} - a_n a_{n-7}}{a_{n-1}}$	$\cdots$
s^{n-3}	$c_1 = \dfrac{b_1 a_{n-3} - a_{n-1} b_2}{b_1}$	$c_2 = \dfrac{b_1 a_{n-5} - a_{n-1} b_3}{b_1}$	$c_3 = \dfrac{b_1 a_{n-7} - a_{n-1} b_4}{b_1}$	$\cdots$
$\vdots$	$\vdots$	$\vdots$	$\vdots$	$\vdots$
s^0	$x_1 = a_0$			

劳斯稳定判据：线性系统稳定的充分必要条件是劳斯表的第一列各值均大于零；如果劳斯表的第一列中出现负数则表示系统不稳定，且第一列各数值的符号改变的次数为正实部根的个数。

劳斯判据存在两种特殊情况，第一种情况是劳斯表中某一行的第一列为零，其余各项不为零，此时劳斯表无法继续计算。解决的方法是用一个无穷小的正数来代替零，继续劳斯表的计算，或者将系统原特征方程乘以 $(s+a)$，得到新的特征方程，去构建新的劳斯表。第二种情况是劳斯表出现全零行，此时在复平面上会出现关于原点对称的一对或若干对绝对值相等、符号相反的实根或共轭复根（含纯虚根）这种情况也不能继续完成劳斯表。解决方法是利用全零行上面一行的系数构造辅助方程（辅助方程的次数总是偶次的），然后辅助方程对 s 求导数，将得到的新方程的系数代替全零行的系数，即利用辅助方程求得关于原点对称的特征根。

线性系统传递函数方法采用劳斯判据是比较常见的，如果采用状态空间方法描述系统，一般采用特征多项式的特征根判断稳定性，当然也可以采用劳斯判据判断。

1.4　学习与控制术语说明

学习与控制是在特殊历史时期不同的体系下形成的不同术语，学习类的术语主要是以贝尔曼的动态规划为基础，主要术语有学习、状态、动作、环境、奖励函数等；控制主要以庞特里亚金的极小值原理为基础，主要术语有控制、状态、控制器、模型、成本函数等。

1）学习：在人工智能术语体系中经常见到"学习"这个词，在控制术语体系中对应的是"控制"，当然由于学习与控制在实现方式上存在不同，不能完全等同，但是其作用基本类似。

2）状态：状态在学习的术语体系中一般用 s_t 表示，在控制体系中用 x_t 表示，都是指系统模型的状态变量，比如电机中的电流、电压等都可以作为状态变量。

3）动作：动作是学习术语体系的用语，一般用 a_t 表示，在控制体系一般叫作控制器，用 u_t 表示。其实质是控制模型达到期望的输出轨迹，或者说在动作下能够实现期望的策略。

4）环境：环境是学习术语体系的用语，在控制体系中叫作模型。

5）奖励函数：奖励函数是学习术语体系用语，一般用 $r(s, a)$ 表示，在控制体系下通常用成本函数 $c(x, u)$ 表示；它们的关系为 $r(s, a) = -c(x, u)$。例如在最优控制中，目标是找到最优的控制器 u 使得成本函数最小，那么在学习中的描述就是找到最优策略下的动作使得奖励函数最大。

习　题

1-1　什么是人工智能？什么是智能控制？

1-2　主要的学习算法有哪些？请详细说明各种学习算法。

1-3　控制系统模型有哪些？请详细说明各种控制系统模型。

1-4　学习与控制有哪些异同？

参 考 文 献

[1] 季厌浮，张绍兵. 计算智能技术及其应用 [J]. 煤炭技术，2004，23（2）：112-113.

[2] 刘伟. 控制理论的发展及未来 [J]. 工业仪表与自动化装置，2003（1）：10-12.

[3] 于新生，刘德华. 控制理论与人工智能 [J]. 周口师范学院报，2006，23（2）：65-67.

[4] XIANG S W，YAN L J. Simulating and Intellective Controlling Greenhouse System [J]. Journal of Shanghai Dianji University，2005，8（2）：45-49.

[5] 王艳红. 智能控制理论的探讨 [J]. 北京工业职业技术学院学报，2005，4（1）：72-77.

[6] 巨永锋. 智能控制和智能自动化 [J]. 西安公路交通大学学报，2001，21（3）：111-114.

[7] 张文汇. 模糊控制理论浅析 [J]. 伊犁教育学院学报，2002，15（4）：100-102.

[8] 岳永鹏. 深度无监督学习算法研究 [D]. 成都：西南石油大学，2015.

[9] 殷瑞刚，魏帅，李晗，等. 深度学习中的无监督学习方法综述 [J]. 计算机系统应用，2016，25（8）：1-7.

[10] 邱锡鹏. 神经网络与深度学习 [M]. 北京：机械工业出版社，2020.

[11] FERN X. Reinforcement Learning [EB/OL]. （2008-11-24）[2022-07-21]. https：//web. engr. oregonstate. edu/~xfern/classes/cs434/slides/MDP3-handout. pdf.

[12] PANIN A，SHVECHIKOV P. Practical Reinforcement Learning [EB/OL]. [2022-07-21]. https：//www. hse. ru/en/edu/courses/292705127.

## 第 2 章

神经网络控制

本章讲述了神经网络理论基础、典型神经网络和神经网络自适应控制等内容，包括神经网络发展历史、原理以及神经网络学习算法，单神经元网络、BP 神经网络、RBF 神经网络、Hopfield 神经网络和卷积神经网络等典型神经网络结构，神经网络自适应控制器设计的一般过程及其仿真。

2.1 神经网络理论基础

人工神经网络常被简称为神经网络，是能够模拟人脑细胞的分布式工作特点和自组织功能，并实现并行处理、自学习和非线性映射等人脑思维方式的一种数学模型。

自 20 世纪 80 年代以来，人工神经网络作为揭开人脑生理机制的一项重要手段，引起了广大科研工作者的高度重视，成为人工智能领域兴起的热点话题。作为人工智能的一个重要分支，人工神经网络采用相互连接的结构与高效的学习机制来模拟人脑信息处理的过程，其实质上是由数目庞大而结构简单的节点形成的复杂系统，这些节点被称作神经元；每个节点都代表一种特定的输出函数，被称为激励函数；相邻节点间的连接代表一个对于通过该连接信号的加权值，称为权重，相当于人工神经网络的记忆。系统的输出依据网络的连接方式、权重和激励函数的不同而有所差异。

神经网络控制是模拟人脑神经中枢系统智能活动的一种控制方式，通过神经元及其相互连接的权值，逼近系统或非线性函数，为控制器设计提供有力保障或者用神经网络作为控制器的一部分，使之具有智能性，实现神经网络控制。

神经网络是一个极富有挑战性的领域，伴随着研究的不断深入，逐渐在神经专家系统、模式识别、智能控制、组合优化、预测等领域得到成功应用，将神经网络与其他方法相结合，博采众长，可以获得更好的应用效果，这也是神经网络控制研究的重点方向之一。

2.1.1 神经网络发展历史

人工神经网络经过了几十年的发展，有了长足的进步，科研人员已经设计出了种类、数目繁多的神经网络模型，并涉及自动控制、组合优化、模式识别、信号处理及计算机视觉等众多应用领域，取得了令世人瞩目的成就。对于种类繁多的人工神经网络模型，从其抽象建模过程和信息编码机制来看，可将人工神经网络模型分为三代。

1. 第一代人工神经网络

早在 1943 年，心理学家麦卡洛克（W. McCulloch）和数理逻辑学家皮茨（W. Pitts）在

合作的论文 *A logical calculus of the ideas immanent in nervous activity* 中提出人工神经网络的概念，并给出了相应的数学模型——M-P 模型，其拓扑结构为现代神经网络中的一个神经元。他们总结归纳了生物神经元的基本特性，进而得出了神经元的形式化数学描述和网络结构方法，并由此对单个神经元的逻辑功能执行情况进行了验证，后来建立了具有逻辑演算功能的神经元模型以及由单个人工神经元相互连接形成的人工神经网络，创建了第一个能够模拟出生物神经系统的神经计算模型，开创了人工神经网络研究的时代。1944 年，心理学家赫布（Donald Olding Hebb）从心理学角度提出了影响神经元连接强度的赫布学习规则（Hebbian Learning Rule），给出了神经元之间相互影响的数学描述；1949 年，赫布在论文 *The Organization of Behavior* 中描述了神经元的学习法则，赫布学习规则至今仍在各种神经网络模型中起着重要作用。1957 年，美国神经学家罗森布拉特（Frank Rosenblatt）提出了能够模拟人类感知能力的装置，首次提出了感知机（Perceptron）概念。同年，在康奈尔航空实验室，他成功实现了感知机的仿真，并于 1960 年完成了能够识别出英文字母的神经计算机——Mark Ⅰ。但第一代人工神经网络的单层结构大大限制了其学习能力，甚至无法实现"异或"运算等稍微复杂点的逻辑运算，与"智能"的要求还有很大差距。

2. 第二代人工神经网络

第二代人工神经网络采用了连续函数（如 Sigmoid 函数）作为神经元的激活函数，以实现系统对实数值传输的处理。1976 年 S. 格罗斯伯格（Grossberg）和卡朋特（A. Carpenet）提出了自适应共振理论（Adaptive Resonance Theory，ART），进一步推动神经网络理论的研究和发展。1982 年，美国加州理工学院物理学家霍普菲尔德（John Joseph Hopfield）引入了"计算能量函数"的概念，并对神经网络的动态特性进行了深入研究，建立起一种模拟生物神经系统的反馈神经网络，即霍普菲尔德神经网络（Hopfield Neural Network）模型，成功求解了旅行商问题（Traveling Salesman Problem，TSP）。Hopfield 神经网络具有联想记忆能力，可以在模式识别和优化计算问题中模拟脑的记忆和学习，这是人类在神经网络方面取得的重大突破，开拓了神经网络用于记忆、控制和优化计算的新途径。1986 年，在鲁梅尔哈特（Rumelhart）和麦克利兰（McCelland）等出版的 *Parallel Distributed Processing* 一书中，提出了著名的多层前向传播神经网络模型（Back Propagation Neural Network，BPNN）。该网络是迄今为止应用最广泛的神经网络。但其仍存在易陷入局部最优解的弊端，并且随着网络层数的增加，训练的难度越来越大。后来科研人员尝试采用增加数据集和预估初始化权值的方法，试图克服这些缺陷。1988 年，布鲁姆海德（D. Broomhead）和劳（D. Lowe）在发表的论文 *Multivariable functional interpolation and adaptive networks* 中提出了一种三层结构的 RBF 神经网络，该网络广泛应用于自动控制中。

3. 第三代人工神经网络

2006 年，欣顿（Geofrey Hinton）提出了一种深层网络模型——深度置信网络（Deep Belief Networks，DBN），令神经网络进入了深度学习大发展的时期。深度学习是机器学习研究中的新领域，采用无监督训练方法达到模仿人脑的机制来处理文本、图像等数据的目的。区别于传统的浅层学习，深度学习更加强调模型结构的深度，明确特征学习的重要性，通过逐层特征变换的方法，将样本元空间特征表示变换到新的特征空间，从而降低分类难度。同时，利用大数据对特征进行学习，更能够刻画数据的丰富内在信息，提高信息处理的正确率和泛化能力。深层网络模型的出现，解决了大量前人未能解决的问题，现已成为人工智能领域最热门的研究方向。

我国科学家在神经网络的发展过程中也做出了巨大的贡献，推动了神经网络体系的完善和发展，取得了大量成果，特别是近年来的主要成果多由我国科学家完成。许多学者在逆境中坚忍不拔，自强不息，努力奋斗，最后成为国际上的知名科学家。这些都体现了科学家精神的传承和发扬。

科学家精神

2.1.2 神经网络原理

神经元即神经元细胞，是构成神经系统最基本的结构和功能单位。单个神经元的解剖图如图 2-1 所示，每个神经元都由细胞体和突起两部分构成。细胞体由细胞核、细胞膜、细胞质组成，具有联络和整合输入信息并传出信息的作用；突起分为树突和轴突两种，其中树突直接由细胞体扩张突出，其长度短而分枝多，可以看作输入端，用于接收来自其他神经元轴突传来的冲动，并将其传送给细胞体进行综合处理；轴突长而分枝少，为粗细均匀的细长突起，可以看作输出端，用于将本神经元的输出信号传递给其他神经元，其末端存在大量的神经末梢，可以将输出信号同时传送给多个神经元。信号在神经元之间是以动作电位进行传递的，前一级神经元产生的动作电位通过突触传递到后一级神经元，从而实现信号的传递功能。神经元作为神经网络的基本单元，存在"兴奋"和"抑制"两种状态。通常情况下，大多数的神经元是处于"抑制"状态，当外界传递过来的电流不断增加，使得神经元的膜电位超过其阈值，这个神经元就会被激活，转化成"兴奋"状态，进而向其他的神经元传递脉冲信号。

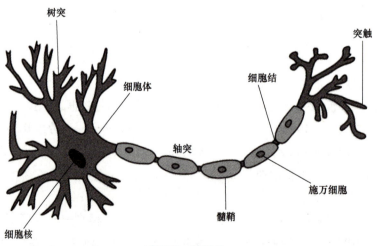

图 2-1 神经元

目前人工神经网络有 40 多种网络模型结构，包括 BP 神经网络、Hopfield 神经网络、小脑模型关节控制器（Cerebellar Model Articulation Controller，CMAC）网络、ART 自适应共振理论、双向联想记忆（Bidirectional Associative Memory，BAM）、自组织映射（Self-Organizing Map，SOM）神经网络和玻尔兹曼机（Boltzmann Machine，BM）网络等。

根据神经网络的连接方式，可以分为前向网络、反馈网络和自组织网络三种。

1. 前向网络

1962 年罗森布拉特（Rosenblatt）提出的感知机和 1962 年威德罗（Widrow）提出的自适应线性（Adaline）网络是最早的前向神经网络结构。前向网络的神经元按照分层排列的方式，组成输入层、隐含层和输出层，每一层的神经元只接收前一层神经元的输入，输入模式经过各层的顺次变换后，由输出层完成输出，各神经元之间不存在反馈环节。应用广泛的 BP 神经网络就是一种典型的前向网络。前向网络结构如图 2-2a 所示。

2. 反馈网络

神经网络的输出层到输入层存在反馈环节，即每一个输入节点都有可能接收来自外部的输入和来自输出神经元的反馈，同时需要足够的工作时间来达到稳定。由于存在反馈，所以神经网络具有存储功能，容易实现模式序列的存储，或者也可用于动态时间序列系统的神经网络建模等。Hopfield 神经网络是最简单和常用的反馈网络模型。反馈网络结构如图 2-2b 所示。

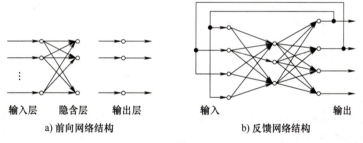

输入层　隐含层　输出层　　　　　输入　　　　　　　　输出

a) 前向网络结构　　　　　　　b) 反馈网络结构

图 2-2　网络结构

3. 自组织网络

脑神经科学研究表明：传递感觉的神经元排列是按某种规律有序进行的，这种排列往往反映所感受的外部刺激的某些物理特征。例如，在听觉系统中，神经细胞和纤维是按照其最敏感的频率分布而排列的。为此，科霍嫩（Kohonen）认为，神经网络在接收外界输入时，将会分成不同的区域，不同的区域对不同的模式具有不同的响应特征，即不同的神经元以最佳方式响应不同性质的信号激励，从而形成一种拓扑意义上的有序图。这种有序图也称为特征图，它实际上是一种非线性映射关系，它将信号空间中各模式的拓扑关系几乎不变地反映在这张图上，即各神经元的输出响应上。由于这种映射是通过无监督的自适应过程完成的，所以也称它为自组织特征图。自组织神经网络不仅考虑了自组织特征图，还模拟了生物神经系统的侧抑制。侧抑制是指当一个神经细胞兴奋后，会对周围其他神经细胞产生"抑制"作用。这样使得神经细胞之间出现竞争，竞争胜利得神经细胞"兴奋"，失败神经细胞"抑制"。

根据上述特点自组织神经网络在网络结构上一般采用两层结构，输入层和竞争层，层与层之间双向连接，有时竞争层之间会有横向连接。典型自组织神经网络结构如图 2-3 所示。

2.1.3 神经网络学习算法

常用的神经网络学习算法很多，本书介绍三种：有监督学习、无监督学习和强化学习。在有监督学习当中，存在一个期望的网络输出，将实际的输出与期望输出进行对比，根据二者之间的差异来调整网络的权值，并进行大量的训练来缩小差值，如图 2-4a 所示。无监督学习当中，不存在这样一个期望的网络输出，在信号输

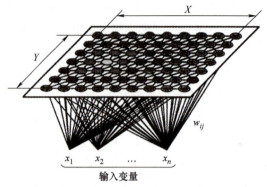

图 2-3　典型自组织神经网络结构

入网络结构后，按照预先设置好的规则对权值进行自动调整，同时建立相应的评价函数来帮助完成训练，如图 2-4b 所示。

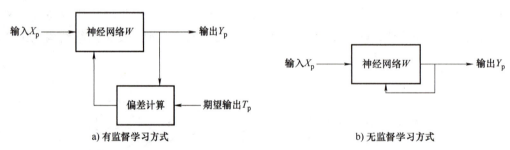

a) 有监督学习方式　　　　　　　　　　b) 无监督学习方式

图 2-4　神经网络的学习方式

强化学习是对智能体（被控对象）的试错动作进行奖赏评价的过程，如果智能体的某个行为策略导致环境正的奖赏（强化信号），那么智能体以后产生这个行为策略的趋势便会加强。智能体的目标是在每个离散状态发现最优策略以使期望的折扣奖赏和最大，如图 2-5 所示。

强化学习把学习看作试探评价过程，智能体选择一个动作用于环境，环境接收该动作后状态发生变化，同时产生一个强化信号（奖或惩）反馈给智能体，智能体根据强化信号和环境当前状态再选择下一个动作，选择的原则是使受到正强化（奖）的概率增大。选择的动作不仅影响立即强化值，而且影响环境下一时刻的状态及最终的强化值。

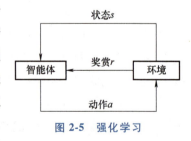

图 2-5　强化学习

强化学习不同于监督学习，强化学习中由环境提供的强化信号是智能体对所产生动作的好坏作一种评价（通常为标量信号），而不是告诉智能体如何去产生正确的动作。

下面介绍常见的学习规则，其中赫布学习规则和 δ 学习规则在上一章已经介绍过，不再在此介绍。

1. 感知机（Perceptron）学习规则

感知机学习规则是一种单层有监督学习规则。对于感知机学习规则，若输入向量 $x = (x_1, x_2, \cdots, x_n)^T$，权值向量 $W = (W_1, W_2, \cdots, W_n)^T$，定义网络神经元期望输出 d_i 与实际输出 y_i 的偏差 E 为

$$E = d_i - y_i \tag{2-1}$$

感知机采用符号函数作为转移函数，当实际输出符合期望时，不对权值进行调整，否则按照下式对其权值进行调整：

$$\Delta W_{ij} = \eta \left[d_j - \mathrm{sgn}(W_j^T x) \right] x_j, i = 1, 2, \cdots, n \tag{2-2}$$

式中，$\mathrm{sgn}(x) = \begin{cases} -1, & x < 0 \\ 1, & x \geqslant 0 \end{cases}$ 表示符号函数，η 表示学习速率。因为权值的调节考虑了输出的影响，所以感知机学习规则是有监督学习规则。感知机学习规则的初始值可以任取，因为感知机理论是神经网络的基础之一，所以对于神经网络的有监督学习规则意义重大。单层的感知机学习规则并不对所有的二分类问题收敛，只对线性可分的问题收敛。

2. 纠错学习规则

1962 年，由威德罗（Widrow）和霍夫（Hoff）提出了纠错学习规则，即 Widrow-Hoff 学习规则，主要用于有监督学习，作用于减小神经元实际输出与期望输出之间的均方误差，所以又叫最小均方规则。Widrow-Hoff 学习规则是一个以均方误差为性能指标的近似梯度下降算法。

定义误差函数为

$$E_i = d_i - W_j^T x \tag{2-3}$$

式中，变量定义与前面相同，权值更新为

$$\Delta W_{ij} = \eta (d_j - W_j^T x) x_j, \ i = 1, 2, \cdots, n \tag{2-4}$$

式中，变量定义与前面相同。实际计算中将使用实际输出与神经网络输出差的二次方近似均方误差，所以看作近似梯度下降算法。

Widrow-Hoff 学习规则是 δ 学习规则的一种特殊情况，当 $f'(W_i^T x) = 1$ 时，δ 学习规则就变成了 Widrow-Hoff 学习规则。因为不存在 $f'(W_i^T x)$，更无须求此函数的导数，因此与 δ 学习规则相比，其学习速度快，因此在信号处理任务中，常常会用到此学习规则。Widrow-Hoff 学习规则的权值可以初始化为任意值。

2.2　典型神经网络

在人工神经网络的连接方式中，前馈型神经网络主要包括单神经元网络、BP 神经网络、径向基函数（Radial Basis Function，RBF）神经网络和卷积神经网络，反馈型神经网络主要包括 Hopfield 神经网络。

2.2.1　单神经元网络

对生物神经元的结构和功能进行抽象和模拟，从数学角度抽象模拟得到单神经元模型，

如图 2-6 所示，图中 x_m 是神经元的输入信号，表示一个神经元同时接收多个外部刺激；w_{im} 是每个输入所对应的权重，它对应于每个输入特征，表示其重要程度；u_i 是神经元的内部状态；s_i 是外部输入信号；θ_i 是一个阈值（Threshold）或称为偏置（Bias）。

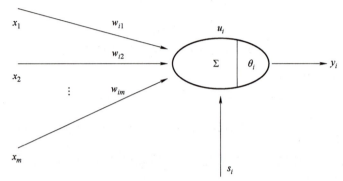

图 2-6　单神经元模型

因此可以将上述模型表示为

$$Net_i = \sum_j w_{ij} x_j + s_i - \theta_i \tag{2-5}$$

$$u_i = f(Net_i) \tag{2-6}$$

$$y_i = g(u_i) = h(Net_i) \tag{2-7}$$

式中，Net 是所有输入细胞膜电流的总效应，通常情况下可假设 $g(u_i) = u_i$，即 $y_i = f(Net_i)$。以下三种神经元模型比较常见。

1. 阈值型

阈值型神经元的表达式为

$$f(Net_i) = \begin{cases} 1, & Net_i > 0 \\ 0, & Net_i \leq 0 \end{cases} \tag{2-8}$$

其图像如图 2-7 所示。

2. 分段线性型

分段线性型神经元的表达式为

$$f(Net_i) = \begin{cases} 0, & Net_i \leq Net_{i0} \\ kNet_i, & Net_{i0} < Net_i < Net_{i1} \\ f_{\max}, & Net_i \geq Net_{i1} \end{cases} \tag{2-9}$$

其函数图像如图 2-8 所示。

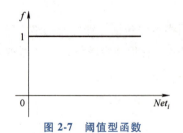

图 2-7　阈值型函数

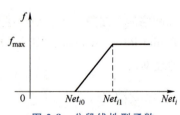

图 2-8　分段线性型函数

3. Sigmoid 函数型

Sigmoid 函数型神经元的表达式为

$$f(Net_i) = \frac{1}{1+e^{-Net_i}} \qquad (2\text{-}10)$$

其函数图像如图 2-9 所示。

2.2.2 BP 神经网络

BP 神经网络在 1986 年由鲁梅尔哈特（Rumelhart）和麦克利兰（McCelland）为首的科研小组提出，是一种误差反向传播算法训练的多层前馈网络。

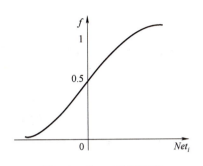

图 2-9 Sigmoid 函数型

整个学习过程分为信号的正向传播和误差的反向传播两个部分，在正向传播过程中，样本从输入层进入网络，经隐含层逐层传递至输出层，根据输入样本的权重值等参数，计算实际输出值与期望值之间的损失值；若损失值超出给定的范围，则启动反向传播的过程；在反向传播过程中，将输出通过隐含层向输入层逐层进行反传计算，并将误差平分给各层的所有单元，从而获得各层单元的误差信号，并将其作为修正各单元权值的依据。用梯度下降法完成这一步工作后，将各层神经元的权值和阈值调整到合适数值，使误差信号降至最低。

BP 神经网络是一种多层网络，含有输入层、隐含层和输出层，层与层之间采用全互连方式，其连接是单向的，但信息的传播是双向的，同一层内的神经元之间没有相互连接。典型 BP 神经网络结构图如图 2-10 所示。信息由输入层进入网络，在隐含层完成处理后，被传递到输出层，每层神经元的状态只影响下一层神经元的状态。BP 神经网络能学习和存储大量的输入-输出模式映射关系，无须事先对相应的数学方程进行描述，是目前应用最广泛的神经网络模型之一。

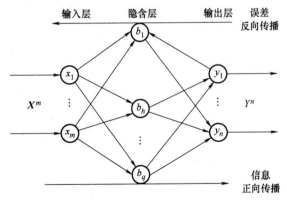

图 2-10 典型 BP 神经网络结构

BP 神经网络中输入层神经元所有输入项的加权和作为隐含层的输入，第 h 个隐含层神经元的输入为

$$b_h = \sum_{i=1}^{m} w_{ih} \, x_i \qquad (2\text{-}11)$$

隐含层神经元的激励函数为 S 函数，其输出为

$$b'_h = \frac{1}{1+\mathrm{e}^{-b_h}} \qquad (2\text{-}12)$$

输出层第 j 个神经元的输出为

$$y_j = \sum_{h=1}^{q} w_{hj} \, b'_h \qquad (2\text{-}13)$$

对于 BP 神经网络，其主要优点如下。

1）可以通过大量的训练，拟合出数据输入输出的非线性映射关系。

2）当输入信息为训练过程中没有出现过的非样本数据时，网络也能完成由输入到输出的正确映射，因此具有良好的泛化能力。

3）反映正确输入输出规律的信息来自全样本，个别样本的误差对整体影响不大，具有良好的容错能力。

4）在宽频带、小信噪比、信号模式较少的情况下，BP 神经网络可以较好地实现信号识别和信噪分离。

BP 神经网络的主要缺点如下。

1）待寻优参数较多，训练时间较长。

2）作为一种局部搜索的优化方法，利用 BP 神经网络求解复杂非线性函数的全局极值时，在训练过程中易陷入局部极值。

3）在学习新样本时有遗忘旧样本的趋势。

理论上可以利用三层及以上的 BP 神经网络逼近任何一个非线性函数，但如果选取层数较多或隐含层节点数较多，由于其全局逼近的特性，收敛速度较慢，且易于陷入局部极小值，难以满足高度实时性的控制要求。

2.2.3 RBF 神经网络

与 BP 神经网络相比，RBF 神经网络具有更强的学习能力和收敛速度，同时能够克服局部极小值问题，在结构上是一种具有单隐含层的三层前馈网络。其中第一层为输入层，由信号源节点组成；第二层为隐含层，内部神经元的径向基函数是中心点径向对称且衰减的非负线性函数；第三层为输出层，具有传输信号作用。

RBF 神经网络的核心思想是通过径向基函数作为隐含层单元的"基"来构成隐含层空间，无须通过权连接将输入矢量直接映射到隐含层空间，利用合适的中心点来确定映射关系。隐含层的作用是将低维的输入数据变换到高维空间内，使得在低维度线性不可分的情况在高维度达到线性可分要求。网络的输出是隐含层输出的线性加权和，此处的权即为网络可调参数。这样，网络由输入到输出的映射是非线性的，而网络输出对权值而言却又是线性的，仅对权值进行调整的优点是能够节省运算时间，但也降低了网络的非线性能力。RBF

神经网络结构如图 2-11 所示。

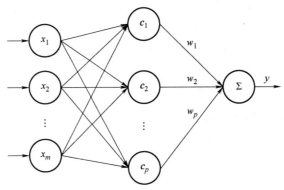

图 2-11　RBF 神经网络结构

在 RBF 神经网络中，输入为 $\boldsymbol{x} = [\, x_1,\ x_2,\ \cdots,\ x_m \,]^{\mathrm{T}}$，激活函数常选择高斯函数，其表示为

$$R(\, x_m - \boldsymbol{c}_j \,) = \exp\!\left(-\frac{1}{2\sigma^2} \parallel x_m - \boldsymbol{c}_j \parallel^2 \right) \tag{2-14}$$

将宽度向量 $\boldsymbol{D}_j$ 代入后，得到网络的总输出为

$$y = \sum_{j=1}^{p} w_{ij} y_j = \sum_{j=1}^{p} w_{ij} \exp\!\left(-\frac{1}{2 D_j^2} \parallel x_m - \boldsymbol{c}_j \parallel^2 \right),\, i = 1,2,\cdots,p \tag{2-15}$$

式中，$\boldsymbol{c}_j$ 是第 j 个隐含层神经元的中心向量，由隐含层第 j 个神经元所连接的输入层所有神经元的中心分量构成，即 $\boldsymbol{c}_j = [\, c_{j1},\ c_{j2},\ \cdots,\ c_{jp} \,]^{\mathrm{T}}$；每一个隐神经元中心向量 $\boldsymbol{c}_j$ 都对应一个高斯基函数的宽度向量 $\boldsymbol{D}_j = [\, D_1,\ D_2,\ \cdots,\ D_p \,]^{\mathrm{T}}$，使得不同的输入信息能被不同的隐含层神经元最大程度地反映出来；i 代表输出层神经元个数；y_j 代表隐含层第 j 个神经元的输出。

BP 神经网络和 RBF 神经网络在结构上都是非线性多层前向网络，都是通用逼近器，在使用过程中，二者之间可以相互替代。BP 神经网络的激活函数为 Sigmoid 函数，采用输入向量与权值向量的内积作为其自变量；网络的隐含层部分可以有很多层，之间实行权连接，一般使用梯度下降法通过不断地调整权值来逼近最小误差，收敛速度较慢，容易陷入局部最优，是一种全局逼近的神经网络。RBF 神经网络的激活函数为高斯函数，采用输入向量与中心向量的距离（如欧氏距离）作为自变量，网络内输入层到隐含层单元之间实行直接连接，隐含层到输出层之间实行权连接，神经元的输入离径向基函数中心越远，其激活程度就越低。RBF 神经网络可以以任意精度逼近非线性函数，且不存在局部极值问题，具有较快的收敛速度，是一种局部逼近的神经网络，也是连续函数的最佳逼近方法。

2.2.4　Hopfield 神经网络

在某些方面前馈神经网络模型的能力具有一定的局限性，为了提高神经网络的计算能力，反馈神经网络被提出。与前馈神经网络相比，反馈神经网络具有更好的全局稳定性和记忆能力等特点。

Hopfield 神经网络是一种单层全连接的反馈神经网络，每个神经元既是输入也是输出，将自己的输出通过连接权传送给所有其他神经元，同时又都接收所有其他神经元传递过来的信息，网络中神经元在 t 时刻的输出状态间接与自己在 $t-1$ 时刻的输出状态相关。在这种反馈结构下，输入的激励会使输出状态产生持续变化，不断重复这个反馈过程，直到达到平衡状态，网络就会输出能量函数的最小值。

Hopfield 神经网络分为离散型 Hopfield 神经网络和连续型 Hopfield 神经网络两种。离散型 Hopfield 神经网络又称二值型 Hopfield 神经网络，每个神经元有兴奋和抑制两种状态，分别用 0 和 1 来表示，整个网络状态由单一神经元状态构成，可表示为

$$Net_i(t) = \sum_{j=1}^{n} w_{ij} y_j(t) + x_i \tag{2-16}$$

式中，$Net_i(t)$ 是神经元在 t 时刻的内部状态；x_i 是当前神经元的外部输入；y_j 是神经元的输出。神经网络输出为

$$y_j(t+1) = f(Net_i(t)) \tag{2-17}$$

式中，f 是阈值函数。在整个网络当中，所有神经元都实现了全连接，每个神经元的输出都会通过权值 w_{ij} 反馈到包括自身在内的所有神经元当中，离散型 Hopfield 神经网络的结构如图 2-12 所示。

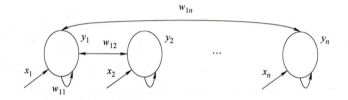

图 2-12　离散型 Hopfield 神经网络的结构

神经元的所有节点都具有相同的变化概率，含有 2^n 个节点的网络会产生 2^n 种可能，在节点更新时，采用异步更新策略，随机对下一个神经元进行更新。离散型 Hopfield 神经网络模型在本质上是一个离散的非线性动力学系统。

离散型 Hopfield 神经网络通过学习记忆和联想回忆两阶段来实现联想记忆。学习记忆阶段实质上是对神经网络的能量极小状态进行设计，对于要记忆的信息，通过合适的学习规则来训练网络，最终使网络达到预期。联想回忆阶段是当给定网络某一输入模式后，网络能够通过自身的动力学状态演化过程达到稳态，从而实现自联想或异联想回忆。

离散型 Hopfield 神经网络具有异步工作和同步工作两种方式，异步工作是指在某一时刻 t，除神经元 i 发生变化外，其余 $n-i$ 个神经元保持不变；同步工作是指在某一时刻 t，部分神经元同时改变状态。反馈系统具有逐渐向稳态发展的趋势，这个稳态叫作吸引子。如果存在某一时刻 T，神经网络从初始状态经过 T 后达到平衡状态，则称网络学习是稳定的。假设阈值函数为符号函数，现定义能量函数为

$$E(k) = \frac{-Y^{\mathrm{T}}(k)\,\boldsymbol{W}Y(k)}{2} + Y(k)^{\mathrm{T}}X \tag{2-18}$$

式中，$\boldsymbol{W}$ 为权重矩阵。由式（2-16）~式（2-18）可得

$$E(k) > E(k+1) \tag{2-19}$$

由式（2-19）可得，随着时间的推移，网络的解总是朝着能量 E 减少的方向运动，最终输出量为 E 的极小值点，即在任意初始状态下都可以收敛到一个稳定状态。在进行优化计算的过程中，将网络稳态与目标函数相对应，可以将此过程转化为寻找能量函数极小点的过程。

连续型 Hopfield 神经网络模型与离散型 Hopfield 神经网络模型具有相同的拓扑结构。在符号函数的选取时，连续型 Hopfield 神经网络选用的是 Sigmoid 型连续函数，各个神经元处于同步工作方式。Hopfield 神经网络用电路实现神经元节点如图 2-13 所示。u_i 是神经元的状态输入，输入电阻 R_i 与输入电容 C_i 并联来模拟延时特性，I_i 是输入电流，w_{ij} 是神经元之间的连接权值，v_i 是神经元的输出。

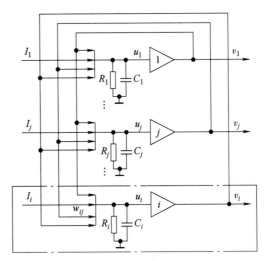

图 2-13　Hopfield 神经网络模型

第 i 个神经元的输入输出关系为

$$\begin{cases} C_i \dfrac{\mathrm{d}u_i}{\mathrm{d}t} = -\dfrac{u_i}{R_i} + \sum_{j=1}^{n} w_{ij}v_j + I_i \\ v_j = f(u_i) \end{cases} \tag{2-20}$$

式中，$i = 1, 2, \cdots, n$。

假设 $u_i = x_i$，$v_i = y_i$，$R_iC_i = \tau$，$\dfrac{I_i}{C_i} = \theta_i$，则式（2-20）变为

$$\begin{cases} \dfrac{\mathrm{d}x_i}{\mathrm{d}t} = -\dfrac{x_i}{\tau} + \dfrac{1}{C_i}\sum_{j=1}^{n} w_{ij}y_j + \theta_i \\ y_j = f(x_i) \end{cases} \tag{2-21}$$

函数 $f(x)$ 取对称型 Sigmoid 函数，即

$$f(x) = \frac{1 - \mathrm{e}^{-x}}{1 + \mathrm{e}^{-x}} \tag{2-22}$$

为了描述其稳定性，定义能量函数

$$E = -\frac{1}{2}\sum_{i=1}^{n}\sum_{j=1}^{n} w_{ij}v_iv_j + \sum_{i=1}^{n}\frac{1}{R_i}\int_0^{v_i} f_i^{-1}(v)\,\mathrm{d}v + \sum_{i=1}^{n} I_iv_i \tag{2-23}$$

取 $w_{ij} = w_{ji}$，根据参考文献［3，4］的分析，得到

$$\frac{\mathrm{d}E}{\mathrm{d}t} = -\sum_{i=1}^{n} C_i \frac{\mathrm{d}f^{-1}(v_i)}{\mathrm{d}v_i} \left(\frac{\mathrm{d}v_i}{\mathrm{d}t}\right)^2 \tag{2-24}$$

在式（2-24）中，$C_i > 0$，对称型 Sigmoid 函数的反函数 $\mathrm{d}f^{-1}(v_i)$ 为单调增函数，因此可得 $\frac{\mathrm{d}E}{\mathrm{d}t} \leq 0$，当且仅当 $\frac{\mathrm{d}v_i}{\mathrm{d}t} = 0$ 时，$\frac{\mathrm{d}E}{\mathrm{d}t} = 0$ 成立。由此可见，网络是渐近稳定的，随着时间的推移，网络的解总是朝着能量 E 减少的方向运动，最终输出量为 E 的极小值点。

Hopfield 神经网络提供了模拟人类记忆的模型，随着技术的不断进步，会在机器学习、联想记忆、模式识别和优化计算等方面有广泛的应用前景。

2.2.5 卷积神经网络

前面几种人工神经网络模型当中，相邻层之间的神经元采取全连接方式，连接权值就是要训练的参数。在处理高维度输入特征时，采用全连接方式所需要训练的参数很多，运算速度大大降低，特别是隐含层较多时，运算时间将急剧增加，即"梯度爆炸问题"，不仅如此，还会出现梯度消失、早熟和过度拟合问题。为了解决这类问题，考虑到大多数前向神经网络冗余性强、容错性好的特点，卷积神经网络被设计出来。1989 年，杨立昆（Yann LeCun）提出了第一个真正意义上的卷积神经网络——LeNet-5，这是一种用于手写体字符识别的卷积神经网络。

卷积神经网络卷积层的神经元只与前一层的部分神经元相连，即采取非全连接的方式，利用感受视野对局部特征进行学习后组合形成全局特征。同一层中的部分神经元共享相同的权重参数 w 和偏移 b，在对不同的感受视野进行操作时，能够减少网络运行过程中所需参数的计算量，使得其在分析和处理复杂任务上具有显著优势。

卷积神经网络的结构中一般包括输入层、卷积层、激励层、池化层、全连接层和输出层。输入层用于数据的输入，卷积层中利用卷积核完成特征提取和特征映射，通过一个固定大小的感受视野，来感受输入层的部分特性。卷积核就是感受视野中权重为 w 的矩阵，每一个卷积核都与一个感受视野相对应。与全连接的方式不同，在卷积神经网络当中，每一个感受视野相对较小，只能感受到部分特征，所以需要通过平移的方式完成从左到右、从上到下的循环扫描，直到扫描完毕输入层的所有区域，必要时需要用 0 或者其他值来对边界进行扩充。

扫描的间隔被称作步长，卷积层与输入层的每一条连线都对应着一个权重 w，通常还会附带一个随机生成的偏移项 b，偏移项可以随着训练不断变化。扫描后形成的下一层神经元矩阵被称作特征图，在同一特征图当中的卷积核相同，以此来达到共享权重 w 和偏移项 b 的目的。

激励层用于完成对卷积层输出的非线性映射，一般使用修正线性单元函数：

$$g(x) = \max(x, 0) \tag{2-25}$$

相比于 Sigmoid 函数和 tanh 函数，修正线性单元函数的优势在于有更快的收敛速度，不会产生梯度过饱和现象，且仅需要一个阈值为 0 的矩阵就可以实现功能。

池化层用于对相邻位置的特征聚合以及对特征图的稀疏处理，且可以对整个特征进行表达。类似于卷积层，在池化层当中采用池化视野对来自卷积层的数据进行扫描，可以选择采用最大值或平均值两种方法来进行计算，在保证特征完整性的同时，可有效降低尺寸。全连接层用于将卷积层输出的特征图转化成一个一维的向量，以便进行最后的分类器或者回归。输出层则在最后完成结果的输出。

以 LeNet-5 和亚历克斯网络（AlexNet）为例说明卷积神经网络的结构，LeNet-5 中含有 2 个卷积层、2 个池化层和 3 个全连接层，其结构图如图 2-14 所示。

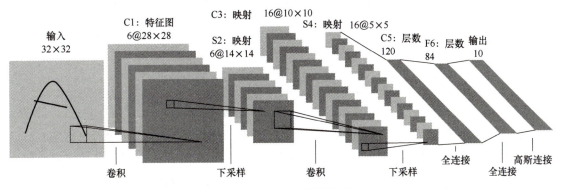

图 2-14　LeNet-5 的结构图

与 LeNet-5 相比，AlexNet 具有更深的层次和更大的参数规模，一般含有 5 个卷积层，部分卷积层与最大池化层相连来进行下采样；其后是 3 个全连接层和一个 softmax 输出层，共有 1000 个节点与 ImageNet 的 1000 个图像分类相对应。

AlexNet 的激活函数为线性整流函数（ReLU），计算量较小，便于进行正向传播和反向传播的计算。ReLU 取正数时导数值为 1，可以在一定程度上解决梯度消失问题，加快收敛速度；取负数时部分神经元的输出为 0，使网络变得更加稀疏，可以在一定程度上缓解过拟合问题[5]。在训练时，AlexNet 采用了随机失活（dropout）机制，会随机让一部分神经元进行休眠，而其余神经元参与到优化过程中，起到了正则化的作用，也在一定程度上缓解了过拟合问题。AlexNet 的结构图如图 2-15 所示。

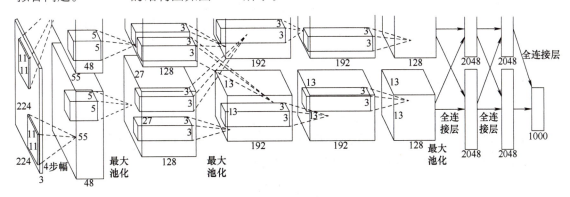

图 2-15　AlexNet 的结构图

2.3 神经网络自适应控制

本节以 RBF 神经网络为例介绍神经网络自适应控制。RBF 神经网络在系统具有较大不确定性时，能有效地提高控制器性能，快速收敛且不存在局部极小值问题，因此大量应用于神经网络控制中。

为了更好地将神经网络与自适应控制相结合，RBF 神经网络的权值更新学习规则采用自适应学习规则，通过李雅普诺夫函数（Lyapunov Function）得到自适应律（学习规则），进而通过自适应调整权重来保证系统的稳定性，可以显著改善系统的性能。

2.3.1 系统描述

对于含有未知非线性函数 $f(\dot{x}, x)$ 的二阶非线性系统

$$\ddot{x} = f(\dot{x}, x) + g(\dot{x}, x)u \qquad (2\text{-}26)$$

式中，$f(\dot{x}, x)$ 是未知非线性函数；$g(\dot{x}, x)$ 是已知非线性函数；u 是系统的控制输入。设计神经网络自适应控制器控制系统，即式（2-26），其中应用 RBF 神经网络估计逼近未知非线性函数 $f(\dot{x}, x)$。为了更好地设计控制器，将式（2-26）进行转换。

令 $x_1 = x$，$x_2 = \dot{x}$，将式（2-26）转换为

$$\begin{cases} \dot{x}_1 = x_2 \\ \dot{x}_2 = f(x_1, x_2) + g(x_1, x_2)u \\ y = x_1 \end{cases} \qquad (2\text{-}27)$$

式中，y 是系统的控制输出，且 $y = x_1$。定义误差 e 为输出 y 与理想跟踪指令 y_d 的差，满足

$$e = y_d - y = y_d - x_1 \qquad (2\text{-}28)$$

$$\boldsymbol{E} = \begin{bmatrix} e & \dot{e} \end{bmatrix}^{\mathrm{T}} \qquad (2\text{-}29)$$

如果理想的控制律取为 $u^* = \dfrac{1}{g(x)}\left[-f(x) + \ddot{y}_d + \boldsymbol{K}^{\mathrm{T}}\boldsymbol{E}\right]$，将其代入式（2-26）可得

$$\ddot{e} + k_p e + k_d \dot{e} = 0 \qquad (2\text{-}30)$$

设计 $\boldsymbol{K} = \begin{bmatrix} k_p & k_d \end{bmatrix}^{\mathrm{T}}$，使得多项式 $s^2 + k_d s + k_p = 0$ 的根都在左半复平面，当 $t \to \infty$ 时，$e(t) \to 0$，$\dot{e}(t) \to 0$，即可达到理想的控制效果。但由于 $f(x)$ 是未知非线性函数，理想控制器中含有未知的 $f(x)$，因此无法实现理想的控制。

2.3.2 自适应控制器设计

因为理想控制器中含有未知函数 $f(x)$，所以无法实现，为了达到预期控制效果，采用 RBF 神经网络来实现对未知非线性函数 $f(x)$ 的逼近，即用神经网络逼近未知函数 $f(x)$，将其设计在控制器中，即可实现控制。RBF 神经网络定义为

$$h_j = \exp\left(\frac{\|x - c_{ij}\|^2}{b_j^2}\right) \qquad (2\text{-}31)$$

$$f(\boldsymbol{x}) = \boldsymbol{W}^{\mathrm{T}}\boldsymbol{h}(\boldsymbol{x}) + \varepsilon \tag{2-32}$$

式中，$\boldsymbol{x}$ 是神经网络的输入，取 $\boldsymbol{x} = [\,e\quad \dot{e}\,]^{\mathrm{T}}$；$i$ 是输入的个数；j 是网络隐含层的第 j 个节点；h_j 是高斯函数的输出；$\boldsymbol{W}$ 是网络的权值矩阵；ε 是网络的逼近误差，$|\varepsilon| \le \varepsilon_N$。

则 RBF 神经网络的输出为

$$\hat{f}(\boldsymbol{x}) = \hat{\boldsymbol{W}}^{\mathrm{T}}\boldsymbol{h}(\boldsymbol{x}) \tag{2-33}$$

将 RBF 网络应用于 RBF 自适应控制器当中，即把式（2-33）作为未知函数 $f(\boldsymbol{x})$ 的估计，将其代入 $u^* = \dfrac{1}{g(\boldsymbol{x})}\,[\,-f(\boldsymbol{x}) + \ddot{y}_d + \boldsymbol{K}^{\mathrm{T}}\boldsymbol{E}\,]$，得到控制律为

$$u = \frac{1}{g(\boldsymbol{x})}\big[\,-\hat{f}(\boldsymbol{x}) + \ddot{y}_d + \boldsymbol{K}^{\mathrm{T}}\boldsymbol{E}\,\big] \tag{2-34}$$

$$\hat{f}(\boldsymbol{x}) = \hat{\boldsymbol{W}}^{\mathrm{T}}\boldsymbol{h}(\boldsymbol{x}) \tag{2-35}$$

式中，$\boldsymbol{h}(\boldsymbol{x})$ 是高斯函数；$\hat{\boldsymbol{W}}$ 是理想权值矩阵 $\boldsymbol{W}$ 的估计。

设计神经网络自适应律（学习规则）为

$$\dot{\hat{\boldsymbol{W}}} = -\gamma \boldsymbol{E}^{\mathrm{T}}\boldsymbol{P}\boldsymbol{B}\boldsymbol{h}(\boldsymbol{x}) \tag{2-36}$$

即可实现神经网络自适应控制。其中矩阵 $\boldsymbol{B}$ 和 $\boldsymbol{P}$ 将在后文介绍。

2.3.3　稳定性证明

将式（2-34）代入式（2-26），得到系统的表达式为

$$\ddot{e} = -\boldsymbol{K}^{\mathrm{T}}\boldsymbol{E} + [\,\hat{f}(\boldsymbol{x}) - f(\boldsymbol{x})\,] \tag{2-37}$$

取

$$\boldsymbol{\Lambda} = \begin{bmatrix} 0 & 1 \\ -k_p & -k_d \end{bmatrix},\ \boldsymbol{B} = \begin{bmatrix} 0 \\ 1 \end{bmatrix} \tag{2-38}$$

将式（2-37）改写为

$$\dot{\boldsymbol{E}} = \boldsymbol{\Lambda}\boldsymbol{E} + \boldsymbol{B}[\,\hat{f}(\boldsymbol{x}) - f(\boldsymbol{x})\,] \tag{2-39}$$

最优权值为

$$\boldsymbol{W}^* = \arg\min_{\boldsymbol{W} \in \Omega}\big[\,\sup |\,\hat{f}(\boldsymbol{x}) - f(\boldsymbol{x})\,|\,\big] \tag{2-40}$$

定义模型逼近误差为

$$\omega = \hat{f}(\boldsymbol{x}\,|\,\boldsymbol{W}^*) - f(\boldsymbol{x}) \tag{2-41}$$

将系统的表达式改写为

$$\dot{\boldsymbol{E}} = \boldsymbol{\Lambda}\boldsymbol{E} + \boldsymbol{B}\big\{[\,\hat{f}(\boldsymbol{x}\,|\,\hat{\boldsymbol{W}}) - \hat{f}(\boldsymbol{x}\,|\,\boldsymbol{W}^*)\,] + \omega\big\} \tag{2-42}$$

代入公式可得

$$\dot{\boldsymbol{E}} = \boldsymbol{\Lambda}\boldsymbol{E} + \boldsymbol{B}\big[\,(\hat{\boldsymbol{W}} - \boldsymbol{W}^*)^{\mathrm{T}}\boldsymbol{h}(\boldsymbol{x}) + \omega\,\big] \tag{2-43}$$

设计李雅普诺夫函数为

$$V = \frac{1}{2} E^{\mathrm{T}} P E + \frac{1}{2\gamma} (\hat{W} - W^*)^{\mathrm{T}} (\hat{W} - W^*) \tag{2-44}$$

式中，矩阵 P 是对称正定矩阵且满足

$$\Lambda^{\mathrm{T}} P + P\Lambda = -Q \ (Q > 0) \tag{2-45}$$

取 V_1、V_2 和 M 分别满足

$$V_1 = \frac{1}{2} E^{\mathrm{T}} P E \tag{2-46}$$

$$V_2 = \frac{1}{2\gamma} (\hat{W} - W^*)^{\mathrm{T}} (\hat{W} - W^*) \tag{2-47}$$

$$M = B \left[(\hat{W} - W^*)^{\mathrm{T}} h(x) + \omega \right] \tag{2-48}$$

将闭环方程式（2-43）改写为

$$\dot{E} = \Lambda E + M \tag{2-49}$$

对 V_1 求导得到

$$\begin{aligned}
\dot{V}_1 &= \frac{1}{2} \dot{E}^{\mathrm{T}} P E + \frac{1}{2} E^{\mathrm{T}} P \dot{E} \\
&= \frac{1}{2} E^{\mathrm{T}} (\Lambda^{\mathrm{T}} P + P\Lambda) E + \frac{1}{2} M^{\mathrm{T}} P E + \frac{1}{2} E^{\mathrm{T}} P M \\
&= -\frac{1}{2} E^{\mathrm{T}} Q E + E^{\mathrm{T}} P M
\end{aligned} \tag{2-50}$$

代入 M 后，可得

$$\dot{V}_1 = -\frac{1}{2} E^{\mathrm{T}} Q E + (\hat{W} - W^*)^{\mathrm{T}} E^{\mathrm{T}} P B h(x) + E^{\mathrm{T}} P B \omega \tag{2-51}$$

对 V_2 求导得到

$$\dot{V}_2 = \frac{1}{\gamma} (\hat{W} - W^*)^{\mathrm{T}} \dot{\hat{W}} \tag{2-52}$$

由于 $\dot{V} = \dot{V}_1 + \dot{V}_2$，可得

$$\dot{V} = \dot{V}_1 + \dot{V}_2 = -\frac{1}{2} E^{\mathrm{T}} Q E + E^{\mathrm{T}} P M + \frac{1}{\gamma} (\hat{W} - W^*)^{\mathrm{T}} \left[\dot{\hat{W}} + \omega E^{\mathrm{T}} P B h(x) \right] \tag{2-53}$$

将设计的自适应律式（2-36）代入式（2-53）可得

$$\dot{V} = -\frac{1}{2} E^{\mathrm{T}} Q E + E^{\mathrm{T}} P B \omega \tag{2-54}$$

在式（2-54）中，$-\frac{1}{2} E^{\mathrm{T}} Q E \leqslant 0$，通过设计 RBF 神经网络减小误差 ω，使得 $\dot{V} \leqslant 0$。由于 $\|B\| = 1$，误差 ω 有界，即 $\omega \leqslant \omega_{\max}$，则 $\dot{V} \leqslant -\frac{1}{2} \|E\| \left[\lambda_{\min}(Q) \|E\| - 2\omega_{\max} \lambda_{\max}(P) \right]$，其中 $\lambda_{\min}$ 和 $\lambda_{\max}$ 分别是矩阵 Q 的特征值的最小值和最大值。

当且仅当 $\|E\| = \dfrac{2\omega_{\max} \lambda_{\max}(P)}{\lambda_{\min}(Q)}$ 时，$\dot{V} = 0$，当 $t \to \infty$ 时，$\|E\| \to \dfrac{2\omega_{\max} \lambda_{\max}(P)}{\lambda_{\min}(Q)}$，系统的收敛

速度取决于 $\lambda_{\min}(\boldsymbol{Q})$，定义 $\tilde{\boldsymbol{W}} = \boldsymbol{W} - \hat{\boldsymbol{W}}$，$\tilde{\boldsymbol{W}}$ 虽有界，但无法通过自适应律的设计保证其收敛。

2.3.4　仿真实例

对于一个单级倒立摆系统，其结构如图 2-16 所示，动力学方程为

$$\begin{cases} \dot{x}_1 = x_2 \\ \dot{x}_2 = f(x) + g(x)u \end{cases}$$

式中，$f(x) = \dfrac{g\sin x_1 - m l x_2^2 \cos x_1 \sin x_1 / (m_c + m)}{l[4/3 - m\cos^2 x_1 / (m_c + m)]}$；$g(x) = \dfrac{\cos x_1 / (m_c + m)}{l[4/3 - m\cos^2 x_1 / (m_c + m)]}$；$x_1$ 是摆动角度；x_2 是摆动速度；g 是重力加速度，取 $9.8\mathrm{m/s^2}$；m_c 是小车质量，取 $m_c = 1\mathrm{kg}$；m 是摆杆质量，取 $m = 0.1\mathrm{kg}$；l 是半摆长，取 $l = 0.5\mathrm{m}$；u 是系统输入。

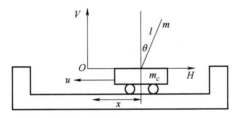

图 2-16　单级倒立摆系统结构图

取期望轨迹 $y_d = 0.1\sin t$，系统初始状态为 $[\pi/60 \quad 0]$，初始权值为 0，神经网络选择 2-5-1 结构，$\boldsymbol{c}_i$ 设置为 $[-2 \quad -1 \quad 0 \quad 1 \quad 2]$，$b_i$ 设置为 0.2，采用控制律 $u = \dfrac{1}{g(x)}\left[-\hat{f}(\boldsymbol{x}) + \ddot{y}_d + \boldsymbol{K}^{\mathrm{T}}\boldsymbol{E}\right]$ 以及自适应律 $\dot{\hat{\boldsymbol{W}}} = -\gamma\, \boldsymbol{E}^{\mathrm{T}}\boldsymbol{PB}h(\boldsymbol{x})$，矩阵 $\boldsymbol{Q}$ 取 $\boldsymbol{Q} = \begin{bmatrix} 500 & 0 \\ 0 & 500 \end{bmatrix}$，取 $k_d = 50$，$k_p = 30$，自适应系数 $\gamma = 1200$。仿真程序如下所示。

1）主程序：在 MATLAB/Simulink 中搭建如图 2-17 所示的仿真模型。

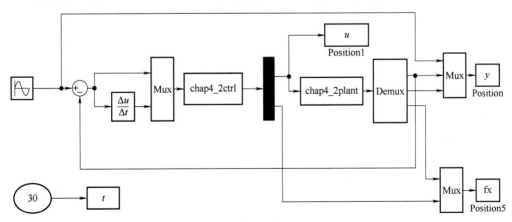

图 2-17　仿真模型的搭建

2）控制器程序：编写如下所示的控制器程序，并对神经网络的参数进行调节。

```
function[sys,x0,str,ts]=spacemodel(t,x,u,flag)
switch flag,
case 0,
    [sys,x0,str,ts]=mdlInitializeSizes;
case 1,
    sys=mdlDerivatives(t,x,u);
case 3,
    sys=mdlOutputs(t,x,u);
case {2,4,9}
    sys=[];
otherwise
error(['Unhandled flag=',num2str(flag)]);
end
function[sys,x0,str,ts]=mdlInitializeSizes
global c b
sizes=simsizes;
sizes.NumContStates=5;
sizes.NumDiscStates=0;
sizes.NumOutputs=2;
sizes.NumInputs=2;
sizes.DirFeedthrough=1;
sizes.NumSampleTimes=0;
sys=simsizes(sizes);
x0=[0*ones(5,1)];
c=[-2 -1 0 1 2;
    -2 -1 0 1 2];
b=0.20;
str=[];
ts=[];
function sys=mdlDerivatives(t,x,u)
global c b
gama=1200;
yd=0.1*sin(t);
dyd=0.1*cos(t);
```

```
ddyd=-0.1*sin(t);

e=u(1);
de=u(2);
x1=yd-e;
x2=dyd-de;
kp=30;kd=50;
K=[kpkd]';
E=[e de]';
Fai=[0 1;-kp -kd];
A=Fai';

Q=[500 0;0 500];
P=lyap(A,Q);
xi=[e;de];
h=zeros(5,1);
for j=1:1:5
    h(j)=exp(-norm(xi-c(:,j))^2/(2*b^2));
end
W=[x(1) x(2) x(3) x(4) x(5)]';
B=[0;1];
S=-gama*E'*P*B*h;
for i=1:1:5
    sys(i)=S(i);
end
function sys=mdlOutputs(t,x,u)
global c b
yd=0.1*sin(t);
dyd=0.1*cos(t);
ddyd=-0.1*sin(t);

e=u(1);
de=u(2);
x1=yd-e;
x2=dyd-de;
```

```
kp=30;kd=50;
K=[kpkd]';
E=[e de]';
Fai=[0 1;-kp -kd];
A=Fai';

W=[x(1) x(2) x(3) x(4) x(5)]';
xi=[e;de];
h=zeros(5,1);
for j=1:1:5
    h(j)=exp(-norm(xi-c(:,j))^2/(2*b^2));
end
fxp=W'*h;

g=9.8;mc=1.0;m=0.1;l=0.5;
S=l*(4/3-m*(cos(x(1)))^2/(mc+m));
gx=cos(x(1))/(mc+m);
gx=gx/S;
ut=1/gx*(-fxp+ddyd+K'*E);

sys(1)=ut;
sys(2)=fxp;
```

3）控制对象程序：利用控制器和控制对象的参数调试控制效果。

```
function[sys,x0,str,ts]=s_function(t,x,u,flag)
switch flag,
case 0,
    [sys,x0,str,ts]=mdlInitializeSizes;
case 1,
    sys=mdlDerivatives(t,x,u);
case 3,
    sys=mdlOutputs(t,x,u);
case {2,4,9 }
    sys=[];
otherwise
```

```
error(['Unhandled flag=',num2str(flag)]);
end
function[sys,x0,str,ts]=mdlInitializeSizes
sizes=simsizes;
sizes.NumContStates=2;
sizes.NumDiscStates=0;
sizes.NumOutputs=3;
sizes.NumInputs=1;
sizes.DirFeedthrough=0;
sizes.NumSampleTimes=0;
sys=simsizes(sizes);
x0=[pi/60 0];
str=[];
ts=[];
function sys=mdlDerivatives(t,x,u)
g=9.8;mc=1.0;m=0.1;l=0.5;
S=l*(4/3-m*(cos(x(1)))^2/(mc+m));
fx=g*sin(x(1))-m*l*x(2)^2*cos(x(1))*sin(x(1))/(mc+m);
fx=fx/S;
gx=cos(x(1))/(mc+m);
gx=gx/S;

sys(1)=x(2);
sys(2)=fx+gx*u;
function sys=mdlOutputs(t,x,u)
g=9.8;mc=1.0;m=0.1;l=0.5;
S=l*(4/3-m*(cos(x(1)))^2/(mc+m));
fx=g*sin(x(1))-m*l*x(2)^2*cos(x(1))*sin(x(1))/(mc+m);
fx=fx/S;
gx=cos(x(1))/(mc+m);
gx=gx/S;

sys(1)=x(1);
sys(2)=x(2);
sys(3)=fx;
```

4）画图程序：通过画图程序得到仿真曲线。

```
close all;

figure(1);
subplot(211);
plot(t,y(:,1),'r',t,y(:,2),'k:','linewidth',2);
xlabel('time(s)');ylabel('yd,y');
legend('ideal position','position tracking');
subplot(212);
plot(t,0.1*cos(t),'r',t,y(:,3),'k:','linewidth',2);
xlabel('time(s)');ylabel('dyd,dy');
legend('ideal speed','speed tracking');

figure(2);
plot(t,u(:,1),'r','linewidth',2);
xlabel('time(s)');ylabel('Control input');

figure(3);
plot(t,fx(:,1),'r',t,fx(:,2),'k:','linewidth',2);
xlabel('time(s)');ylabel('fx');
legend('Practical fx','fx estimation');
```

运行仿真后，得到的仿真结果如图 2-18 和图 2-19 所示。

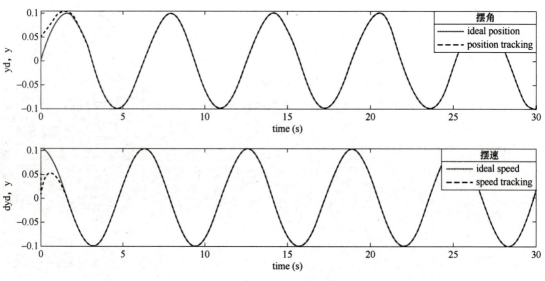

图 2-18　仿真结果

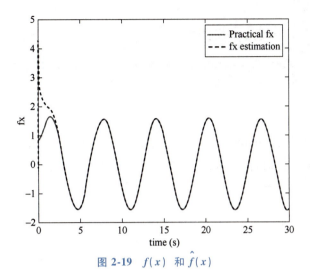

图 2-19　$f(x)$ 和 $\hat{f}(x)$

习　题

2-1　神经网络的发展分为几个阶段？

2-2　典型的神经网络包括哪几种类型？

2-3　BP 神经网络有哪些优缺点？

参 考 文 献

［1］韦巍. 智能控制基础［M］. 北京：清华大学出版社，2008.

［2］刘金琨. 智能控制理论基础、算法设计与应用［M］. 北京：清华大学出版社，2019.

［3］刘金琨. 智能控制［M］. 4 版. 北京：电子工业出版社，2017.

［4］HOPFIELD J J, TANK D W. Neural computation of decision in optimization problems［J］. Biological Cybernetics, 1985, 52：141-152.

［5］杨杰. 人工智能基础［M］. 北京：机械工业出版社，2020.

［6］刘金琨. RBF 神经网络自适应控制及 MATLAB 仿真［M］. 2 版. 北京：清华大学出版社，2018.

［7］GE S S, LEE T H, HARRIS C J. Adaptive Neural Network Control of Robotic Manipulators［M］. London：World Scientific, 1998.

［8］大饼博士 X. 自组织神经网络介绍：自组织特征映射 SOM（self-organizing feature map），第一部分［EB/OL］.（2016-03-07）［2021-07-21］. https://blog.csdn.net/xbinworld/article/details/50818803.

第3章

强化学习

本章介绍了强化学习的历史背景、强化学习的分类等内容，同时重点讲述了强化学习的基础：马尔可夫决策过程和动态规划。最后介绍了一些基本强化学习如策略迭代算法、值迭代算法、蒙特卡洛法和时序差分法等。

3.1 强化学习概述

3.1.1 强化学习的历史背景

学习能力一直是智能控制的重要目标。近年来，不论是人工智能还是控制都在强化学习方面取得极大进展，以基于强化学习的阿尔法狗（AlphaGo）战胜人类标志了智能计算的强势兴起，在最优控制过程中引入强化学习使得原来难以求解的问题获得解决等都是强化学习取得的成果。

2016 年，谷歌旗下的深度思考（DeepMind）团队发布阿尔法狗（AlphaGo），其以 4∶1 的战绩击败了世界围棋冠军、韩国棋手李世石，震惊了世界。此后又进化出了阿尔法狗大师（AlphaGo Master）版本，并以 3∶0 战胜了当今世界围棋第一人——中国棋手柯洁。随后深度思考团队推出了最新版本的阿尔法狗·零（AlphaGo Zero），无须任何人类指导，完全通过自我博弈，以 100∶0 的成绩击败了阿尔法狗，经过 40 天训练，以 89∶11 的成绩击败了阿尔法狗大师。如今深度思考团队再次将这种强大的算法泛化，提出了阿尔法零（AlphaZero），它可以从零开始在多种不同的任务中通过自我对弈超越人类水平。相同条件下该系统经过 8h 的训练，打败了李世石版阿尔法狗；经过 4h 的训练，打败了此前最强国际象棋人工智能贮鱼（AI Stockfish）；经过 2h 的训练打败了最强将棋（又称日本象棋）人工智能埃尔莫（AI Elmo）；经过 34h 的训练阿尔法零战胜了训练 72h 的阿尔法狗·零。

阿尔法狗·零和阿尔法零会取得如此傲人的成绩，得益于它们所用到的强化学习算法。算法的输入仅限于棋盘、棋子及游戏规则，没有使用任何人类数据。算法基本上从一个对围棋（或其他棋牌头游戏）一无所知的神经网络开始，将该神经网络和一个强力搜索算法结合，自我对弈。在对弈过程中神经网络不断自行调整、升级，预测每一步落子和最终的胜利者。随着训练的进行，算法独立发现了人类用几千年才总结出来的围棋经验，并且建立了新的战略，发展出了打破常规的策略和新招，为这个古老的游戏带来了新见解。

强化学习方法起源于动物心理学的相关原理，模拟人类和动物学习的试错机制，是一种通过与环境交互，学习状态到行为的映射关系，以获得最大累积期望回报的方法。状态到行为的映射关系即是策略，表示在各个状态下，智能体所采取的行为或行为概率。

强化学习更像是人类的学习，其本质就是通过与环境交互进行学习。幼儿在学习走路时虽然没有老师引导，但他与环境有一个直观的联系，这种联系会产生大量关于采取某个行为产生何种后果，以及为了实现目标要做些什么的因果关系信息，这种与环境的交互无疑是人类学习的主要途径。无论是学习驾驶汽车还是进行对话，我们都非常清楚环境的反馈，并且力求通过我们的行为去影响事态进展。人类通过与周围环境交互，学会了行走与奔跑、语言与艺术。从交互中学习几乎是所有人工智能学习和智能控制理论的基础概念。

人工智能的目标是赋予机器像人一样思考并做出反应的智慧能力，更进一步是希望创造出像人类一样具有自我意识和思考的人工智能。强化学习是解决机器认知的重要技术之一，掌握了强化学习的基本方法和基本原理便掌握了创造未来的基本工具。

阿尔法狗战胜人类引起了巨大的反响，也是将强化学习和深度强化学习推向热点的主要推动力，体现了科学技术的进步会改变人类的思考和生活方式。现在越来越多的智能产品和技术应用于汽车、机器人等各个领域，无不体现了科技的进步和应用。

柯洁不敌阿尔法围棋

3.1.2　强化学习的分类

根据不同的分类方法将强化学习算法分成以下不同的种类。

1. 基于策略迭代和基于值迭代的强化学习

基于策略迭代强化学习是强化学习中最直接的一种，根据感官分析所处的环境，输出下一步要采取各类动作的策略，而后根据策略采取行动。因此每种动作（行为）都有可能被选中，只是可能性不一样。而基于值迭代的方法输出的是全部动作的价值，根据最高价值选择下一步动作。相比基于策略的方法，基于值迭代的决策部分更为确定，选择价值最高的；而基于策略的迭代方法即便某个动作的价值最高，也可能选不到。

基于策略迭代是根据动作的策略 $\pi(a \mid s) = P(A_t = a, S_t = s)$，它其实定义了各个状态下各种可能的动作和概率，其中 A_t 表示动作，S_t 表示状态。基于值迭代是根据动作的价值选择动作，在状态 s 下，动作 a 的价值可表示为 $Q(s, a)$。基于策略迭代的典型算法有策略梯度（Policy Gradients）算法、基于值迭代的典型算法有 Q 学习（Q-Learning）算法、撒尔沙（SARSA）算法、深度 Q 网络（Deep Q-Network，DQN）。二者重合的典型模型有行动者-评论家（Actor-Critic，AC）算法、优势行动者-评论家（Advantage Actor-Critic，A2C）算法、异步优势行动者-评论家（Asynchronous Advantage Actor-Critic，A3C）算法。

2. 在线学习和离线学习

所谓在线学习是指学习过程中智能体必须参与其中，典型算法是撒尔沙算法；离线学习是指学习过程中智能体既可以参与其中，也可以根据其他学习过程学习，典型算法是 Q 学习算法、深度 Q 网络。在线学习时学习者必须进行完一系列动作后才产生样本，而离线学习能够从其他学习经验或动作开始学习。

3. 基于模型学习和无模型学习

强化学习中对于模型的理解就是指强化学习的环境。基于模型学习是指学习理解环境并用模型描述环境，通过模型模拟的环境得到反馈；无模型学习是指不学习和理解环境，换句话说环境不会响应智能体的动作，算法通过智能体反复测试选择最佳策略，典型算法有策略优化（Policy Optimization）算法、Q学习算法。

3.1.3 强化学习的重点概念

在强化学习领域，有三对至关重要的概念需要理解：学习与规划、探索与利用、预测与控制。

1. 学习与规划

学习与规划是序列决策的两个基本问题。在强化学习中，环境初始时是未知的，智能体不知道环境如何工作，通过不断地与环境交互，逐渐改进策略，学习过程的例子如图3-1所示。

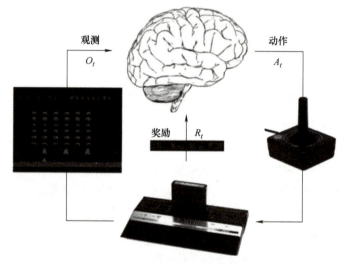

图 3-1　智能体学习过程

在规划中，环境是已知的，我们被告知了整个环境的运作规则的详细信息。智能体能够计算出一个完美的模型，并且在不需要与环境进行任何交互时完成计算。智能体不需要实时地与环境交互就能知道未来环境，只需要知道当前的状态，就能够开始思考，来寻找最优解，规划的例子如图3-2所示。

在规划中完全可以通过已知的变化规则，在内部模拟整个决策过程，无须与环境交互。因此，一个常用的强化学习问题解决思路是，先学习环境如何工作，也就是了解环境工作的方式，即学习得到一个模型，然后利用这个模型进行规划。

2. 探索与利用

在强化学习里面，探索与利用是两个非常核心的问题。探索是指通过尝试不同的动作探索环境来得到一个最大奖励的策略，而利用是指采取已知的可以得到很大奖励的动作。强化学习在开始时并不知道采取某个动作会得到什么奖励，或者说产生什么后果，只能通过试错去探索，所以探索是通过试错的方法来理解所采取动作能否得到好的奖励，而利用是已知能够得到较好奖励的动作并执行该动作。因此探索和利用就面临权衡的问题，如何通过牺牲一些短期的奖励来获得环境的理解，从而学习到更好的策略，或者本身就存在短期好的奖励长期并不一定好的情况，需要权衡探索与利用。

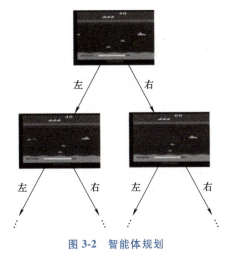

图 3-2　智能体规划

下面通过例子说明探索与利用。以选择餐馆为例，利用是指直接去最喜欢的餐馆，因为这个餐馆已经去过很多次，知道这里的菜都非常可口；探索是指不知道要去哪个餐馆，通过手机搜索或直接随机找到一个餐馆，去尝试这个餐馆的菜到底好不好吃，这个餐馆的菜有可能很好，也有可能很差。所以利用一般都能得到好的奖励，而探索则不一定，可能获得好的奖励，也有可能无法获得好的奖励。

与监督学习不同，强化学习任务的最终最好奖赏是在多步动作之后才能观察到，先考虑简单的情况：最大化单步奖励，即仅考虑一步动作。需注意的是，即便在这样的简化情形下，强化学习仍与监督学习有显著不同，监督学习表示的是输出误差直接是输入（即动作）的函数，而强化学习的奖励函数不直接指导动作，仅是对智能体尝试的不同动作给出评价，告诉智能体应当做哪个动作。

想要最大化单步奖励需考虑两个方面：首先需知道每个动作带来的奖励；其次要执行奖励最大的动作。若每个动作对应的奖励是一个确定值，那么尝试所有的动作便能找出奖励最大的动作。然而更一般的情形是一个动作的奖励值来自于概率分布，仅通过一次尝试并不能确切地获得平均奖励值。

3. 预测与控制

预测与控制也叫评估与优化，是解决强化学习问题的两个重要的步骤。在解决具体的马尔可夫决策问题时，首先需要解决关于预测的问题，即评估当前这个策略有多好，具体的做法一般是求解在既定策略下的状态值函数。而后在此基础上解决关于控制的问题，即对当前策略不断优化，直到找到一个足够好的策略能够最大化未来的回报。

3.2　马尔可夫决策过程

马尔可夫决策过程（Markov Decision Process，MDP）是数学规划的一个分支，起源于随机优化控制，20 世纪 50 年代贝尔曼（Bellman）在动态规划研究中已经体现了马尔可夫决策过程的基本思想，布莱克维尔（Blackwell）等进一步推动了马尔可夫决策过程的发展。强化学习的大多数算法都是以马尔可夫决策过程为基础发展的，智能体在强化学习时也经常对状态转移概率的不确定采用马尔可夫决策过程求解。因此，马尔可夫决策过程在强化学习领域占有重要地位，在学习强化学习之前先要了解马尔可夫决策过程。

如果某一状态信息蕴含了所有相关的历史信息，即只要当前状态可知，所有历史信息就可知，不再需要以前的状态，则认为该状态具有马尔可夫性。设状态描述为 $h_t = \{s_1, s_2, \cdots, s_t\}$ 具有马尔可夫性，则可以用状态转移概率描述马尔可夫性如下：

$$P(s_{t+1} \mid s_t) = P(s_{t+1} \mid h_t) \tag{3-1}$$

$$P(s_{t+1} \mid s_t, a_t) = P(s_{t+1} \mid h_t, a_t) \tag{3-2}$$

从当前状态 S_t 转移到下一个状态 S_{t+1} 的状态转移概率等于从之前所有的状态转移到下一个 S_{t+1} 的状态转移概率。换句话说，如果某一个过程满足马尔可夫性，则未来的转移跟过去是独立的，只取决于现在。马尔可夫性是所有马尔可夫过程的基础。实际生活中存在大量马尔可夫性的例子，比如机器人下一时刻移动的位置只与当前时刻的位置有关，历史时刻的位置信息包含在当前时刻位置信息内，具有马尔可夫性。

3.2.1 马尔可夫链与马尔可夫决策过程

1. 马尔可夫链

马尔可夫链定义为一组具有马尔可夫性质的离散随机变量的集合。具体地，对概率空间 $(\Omega, \mathcal{F}, \mathbb{P})$ 内以一维可数集为指数集的随机变量集合 $X = \{X_n : n > 0\}$，若随机变量的取值都在可数集内：$X = s_i$，$s_i \in s$，且随机变量的条件概率满足如下关系：$p(X_{t+1} \mid X_t, \cdots, X_2, X_1) = p(X_{t+1} \mid X_t)$，则 X 被称为马尔可夫链，可数集 $s \in \mathbb{Z}$ 被称为状态空间，马尔可夫链在状态空间内的取值称为状态。

马尔可夫链是指具有马尔可夫性且存在于离散的指数集和状态空间内的随机过程。适用于连续指数集的马尔可夫链称为马尔可夫过程，但有时也被视为马尔可夫链的子集，即连续时间马尔可夫链。马尔可夫链可通过转移矩阵和转移图定义，除马尔可夫性外，马尔可夫链还可能具有不可约性、常返性、周期性和遍历性。

举例说明马尔可夫链，如图 3-3 有四个状态，从 s_1，s_2，s_3，s_4 之间互相转移。假设从 s_1 开始，s_1 有 0.1 的概率继续存活在 s_1 状态，有 0.2 的概率转移到 s_2，有 0.7 的概率转移到 s_4。如果 s_4 是当前状态的话，有 0.3 的概率转移到 s_2，有 0.2 的概率转移到 s_3，有 0.5 的概率留在这里。

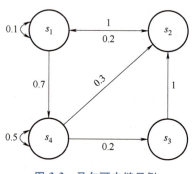

图 3-3　马尔可夫链示例

则可以用状态转移矩阵 $\boldsymbol{P}$ 来描述状态转移 $P(st+1 = s' \mid st = s)$，如下所示。

$$\boldsymbol{P} = \begin{bmatrix} P(s_1 \mid s_1) & P(s_2 \mid s_1) & \cdots & P(s_N \mid s_1) \\ P(s_1 \mid s_2) & P(s_2 \mid s_2) & \cdots & P(s_N \mid s_2) \\ \vdots & \vdots & & \vdots \\ P(s_1 \mid s_N) & P(s_2 \mid s_N) & \cdots & P(s_N \mid s_N) \end{bmatrix} \tag{3-3}$$

状态转移矩阵类似于条件概率，每一行描述了从一个节点到达所有其他节点的概率。

2. 马尔可夫决策过程

马尔可夫决策过程是在状态空间的基础上引入了"动作"的马尔可夫链，即马尔可夫链的转移概率不仅与当前状态有关，也与当前动作有关。马尔可夫决策过程包含一组交互对象，即智能体和环境，并定义了 5 个模型要素，状态、动作、策略、奖励和回报，其中策略是状态到动作的映射，回报是奖励随时间的折现或积累。在马尔可夫决策过程的演化中，智能体对环境的初始状态进行感知，按策略实施动作，环境受动作影响进入新的状态并反馈给智能体奖励，智能体接收奖励并采取新的策略，与环境持续交互。

由于引入了动作，马尔可夫决策过程状态转移变成了 $P(S_{t+1} = s' \mid S_t = s, A_t = a)$。未来的状态不仅是依赖于当前的状态，也依赖于在当前状态智能体采取的动作。同样，价值函数也增加了动作，变成了 $R(S_t = s, A_t = a) = E[R_t \mid S_t = s, A_t = a]$。当前的状态以及采取的动作会决定智能体在当前可能得到的奖励。

策略是指在某一个状态应该采取什么样的动作。把当前状态代入策略函数，得到策略概率为

$$\pi(a \mid s) = P(A_t = a \mid S_t = s) \tag{3-4}$$

一般来说策略用概率表示，也可能是确定的，直接输出确定值，此时直接确定当前应该采取的动作，而不是给出动作的概率。

在马尔可夫决策过程里面，转移函数 $P(s' \mid s, a)$ 是基于当前的状态以及当前动作到状态 s' 的概率，表示为 $P_{ss'}^a = P(S_{t+1} = s' \mid S_t = s, A_t = a)$。给定一个策略 π 和一个马尔可夫决策过程 $M = <S, A, P, R, \gamma>$，其中 S 表示状态，A 表示动作，P 表示策略，R 表示回报，γ 表示折扣因子，也叫衰减系数，是为了当前状态的累积回报时，将未来时刻的立即回报也考虑进来，即表示既考虑当前利益又考虑长远利益。在执行策略 π 时，转移函数等于从状态 s 到 s' 一系列概率的和，即

$$P_{ss'}^\pi = \sum_{a \in A} \pi(a \mid s) P_{ss'}^a \tag{3-5}$$

用 R_s^a 表示在状态 $s(s \in S)$ 下采取动作 a 获得的回报，表示为

$$R_s^a = E[R_{t+1} \mid S_t = s, A_t = a] \tag{3-6}$$

若 R 仅与状态相关，则可以表示为 $R_s^\pi = E[R_{t+1} \mid S_t = s]$。$R_s^a$ 和 R_s^π 存在如下关系：

$$R_s^\pi = \sum_{a \in A} \pi(a \mid s) R_s^a \tag{3-7}$$

策略是马尔可夫决策过程的重点，采用不同策略会形成不同马尔可夫过程，产生不同回报。以图 3-3 为例说明马尔可夫决策过程，因为马尔可夫决策过程要考虑动作，对图 3-3 并赋予动作和回报，如图 3-4 所示。

假设每一种状态，每一种行为的执行概率都相等，则根据图 3-3 和图 3-4 可以求得状态的转移概率和回报。如从状态"工作"到状态"换工作"的转移概率为

$$P_{ss'}^\pi = \sum_{a \in A} \pi(a \mid s) P_{ss'}^a = 0.7 \times 0.3 + 0.2 \times 0.2 + 1 \times 0.2 + 0 \times 0.7 = 0.45 \tag{3-8}$$

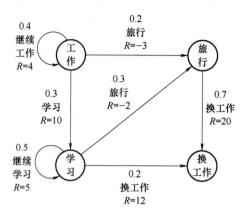

图 3-4　马尔可夫决策过程例图

遵循当前策略，状态"工作"的回报为

$$R_s^\pi = \sum_{a \in A} \pi(a \mid s) R_s^a = 0.1 \times 4 + 0.7 \times 10 - 1 \times 3 = 4.4 \tag{3-9}$$

3.2.2　贝尔曼方程

在学习贝尔曼方程之前首先介绍值函数，状态值函数 $V_\pi(s)$ 表示从状态 s 开始，遵循当前策略 π 获得的期望回报，表示为

$$V_\pi(s) = E_\pi[G_t \mid S_t = s] = E_\pi[R_{t+1} + \gamma R_{t+2} + \cdots \mid S_t = s] \tag{3-10}$$

根据式（3-10）可以推导为

$$V_\pi(s) = E_\pi[R_{t+1} + \gamma V(S_{t+1}) \mid S_t = s] \tag{3-11}$$

式中，R_{t+1} 是即时回报；$\gamma V(S_{t+1})$ 是未来折扣回报。用贝尔曼方程定义当前状态和未来状态之间的关系，未来回报的折扣总和加上即时回报，就组成了贝尔曼方程。假设有一个马尔可夫链如图 3-3 所示，贝尔曼方程描述的就是当前状态到未来状态的一个转移。如图 3-5 所示，假设当前在状态 s_1，那么有三个未来状态：以 0.1 的概率留在它当前位置，以 0.2 的概率去到状态 s_2，以 0.7 的概率去到状态 s_4。把转移概率乘以未来的状态的价值，再加上即时奖励（Immediate Reward）就会得到 s_1 当前状态的价值，表示为贝尔曼方程。所以贝尔曼方程定义的是当前状态跟未来状态的迭代关系。

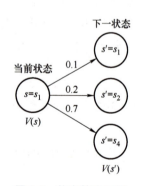

图 3-5　状态转移示例

贝尔曼期望方程为

$$Q_\pi(s, a) = E_\pi[G_t \mid S_t = s, A_t = a] =$$
$$E_\pi[R_{t+1} + \gamma Q_\pi(S_{t+1}, A_{t+1}) \mid S_t = s, A_t = a] \tag{3-12}$$

式（3-12）是贝尔曼方程的最初形式，常用的贝尔曼方程形式为以下四种。

第一种情况，基于状态 s 和动作 a，求贝尔曼方程值函数为

$$V_\pi(s) = \sum_{a \in A} \pi(a \mid s) \, Q_\pi(s, a) \tag{3-13}$$

第二种情况，在动作 a 下状态转换为 s'，求贝尔曼方程为

$$Q_\pi(s, a) = R_s^a + \gamma \sum_{s' \in S} P_{ss'}^a \, V_\pi(s') \tag{3-14}$$

第三种情况，基于状态 s 和动作 a，转换至状态 s'，求贝尔曼方程值函数为

$$V_\pi(s) = \sum_{a \in A} \pi(a \mid s)(R_s^a + \gamma \sum_{s' \in S} P_{ss'}^a \, V_\pi(s')) \tag{3-15}$$

第四种情况，在动作 a 下状态转换为 s'，然后采取动作 a'，求贝尔曼方程为

$$Q_\pi(s, a) = R_s^a + \gamma \sum_{s' \in S} P_{ss'}^a \sum_{a' \in A} \pi(a' \mid s') \, Q_\pi(s', a') \tag{3-16}$$

可以把贝尔曼方程写成矩阵的形式，如下式所示：

$$\boldsymbol{V}_\pi = \boldsymbol{R}_\pi + \gamma \boldsymbol{P}_\pi \boldsymbol{V}_\pi \tag{3-17}$$

式中，$\boldsymbol{V}_\pi$ 是状态的值矩阵；$\boldsymbol{R}_\pi$ 是回报矩阵；$\boldsymbol{P}_\pi$ 是状态转移矩阵。

对矩阵方程式（3-17）求解可得

$$\begin{cases} \boldsymbol{V}_\pi = \boldsymbol{R}_\pi + \gamma \boldsymbol{P}_\pi \boldsymbol{V}_\pi \\ (\boldsymbol{I} - \gamma \boldsymbol{P}_\pi) \boldsymbol{V}_\pi = \boldsymbol{R}_\pi \\ \boldsymbol{V}_\pi = (\boldsymbol{I} - \gamma \boldsymbol{P}_\pi)^{-1} \boldsymbol{R}_\pi \end{cases} \tag{3-18}$$

其中要求 $(\boldsymbol{I} - \gamma \boldsymbol{P}_\pi)$ 可逆。对于规模较小的马尔可夫决策过程可以采用矩阵直接求解的方法获得解析解，规模较大时，使用迭代法求解，常用的方法有动态规划、蒙特卡洛、时序差分等方法。

3.2.3 最优控制与最优策略

最优控制理论的提出可以追溯到 20 世纪 50 年代，发展到今天已经取得了极大的进步，并形成了独立完备的理论体系，其思想是强化学习和深度学习最优策略的基础。

最优控制问题从四个方面描述：系统状态方程、状态变量满足的边界条件、性能指标和控制器容许的范围。

系统状态方程可以由式（3-19）描述：

$$\dot{X} = f[X(t), U(t), t] \tag{3-19}$$

式中，$X(t)$ 表示 n 维状态向量；$U(t)$ 是 m 维控制器输入向量。系统状态方程 $f[X(t), U(t), t]$ 可以是非线性时变向量函数，也可以是线性定常向量函数。

状态方程中状态变量的边界条件表示从一个状态到另一个状态的转移，包括初始条件和终端条件，分别表示为

$$X(t_0) = X_0, \; X(t_f) = S \tag{3-20}$$

式中，t_0 表示开始时刻；初始状态 X_0 一般情况下已知；终端时刻 t_f 和终端状态 $X(t_f)$ 则根据实际问题而定，有时候 t_f 是固定的，如生产线上机械臂的移动终点，有时候 t_f 是自由的，如导弹拦截。一般情况下终端状态属于一个目标集 S，可将终端条件描述为

$$G[X(t_f), t_f] = 0 \tag{3-21}$$

性能指标一般具有如下形式：

$$J = \phi[X(t), t_f] + \int_{t_0}^{t_f} F[X(t), U(t), t] \mathrm{d}t \tag{3-22}$$

式中，$\phi[X(t), t_f]$ 是终端指标，如导弹要求击中目标在一定范围内，则可以用终端指标描述，只有终端指标描述的最优控制称为迈耶尔问题；$\int_{t_0}^{t_f} F[X(t), U(t), t] \mathrm{d}t$ 表示积分指标，如导弹拦截时要求时间最短，可以用 $\int_{t_0}^{t_f} \mathrm{d}t \to \min$ 描述，只有积分指标的最优问题称为拉格朗日（Lagrange）问题。既有终端指标，又有积分指标的最优控制问题称为波尔扎（Bolza）问题。性能指标又称为代价泛函或代价函数，也被称为目标泛函或目标函数。最优控制中的代价函数与学习中的奖励函数是对应的。

控制器容许范围可以表示为

$$U(t) \in \Omega \tag{3-23}$$

式中，Ω 是 m 维空间 R^m 中的集合，如电机的控制输入电压 U 是受限制的，即 $|U(t)| \leqslant u_m$，此时控制器输入是一个闭集，大多数实际系统都是如此。如果控制器输入不受任何限制，则它是一个开集，最优控制中处理控制输入是闭集还是开集的方法不同。

求解上述系统最优控制的方法主要有两种：根据庞特里亚金（Pontryagin）极小值原理求解或采用贝尔曼（Bellman）动态规划求解。首先看极小值原理，考虑式（3-19）~式（3-23），将式（3-19）改写为

$$f[X(t), U(t), t] - \dot{X} = 0 \tag{3-24}$$

引入拉格朗日乘子

$$\lambda^T(t) = [\lambda_1(t), \lambda_2(t), \cdots, \lambda_n(t)] \tag{3-25}$$

有时候 $\lambda(t)$ 也被称为伴随变量、协态或共轭状态等，此时定义汉密尔顿（Hamilton）函数为

$$H(X, U, \lambda, t) = F(X, U, t) + \lambda^T f(X, U, t) \tag{3-26}$$

则庞特里亚金极小值原理可以描述 J 取极小值的充要条件满足正则方程：

$$\dot{\lambda} = -\frac{\partial H}{\partial X} \tag{3-27}$$

$$\dot{X} = \frac{\partial H}{\partial \lambda} \tag{3-28}$$

边界条件：

$$X(t_0) = X_0 \tag{3-29}$$

$$G[X(t_f), t_f] = 0 \tag{3-30}$$

横截条件：

$$\lambda(t_f) = \frac{\partial \phi}{\partial X(t_f)} + \frac{\partial G^T}{\partial X(t_f)} v \tag{3-31}$$

式中，v 是 q 维拉格朗日乘子向量，用于增广性能指标，即将性能指标增广为

$$J_a = \phi[X(t_f),t_f] + \boldsymbol{v}^{\mathrm{T}} G[X(t_f),t_f] + \int_{t_0}^{t_f}[H(\boldsymbol{X},\boldsymbol{U},\boldsymbol{\lambda},t) - \boldsymbol{\lambda}^{\mathrm{T}}\dot{\boldsymbol{X}}]\mathrm{d}t$$

最优终端时刻条件：

$$H(t_f) = -\frac{\partial\phi}{\partial t_f} - \frac{\partial\boldsymbol{G}^{\mathrm{T}}}{\partial t_f}\boldsymbol{v} \qquad (3\text{-}32)$$

最优时汉密尔顿函数取值：

$$\min_{U\in\Omega} H(\boldsymbol{X}^*,\boldsymbol{\lambda}^*,\boldsymbol{U},t) = H(\boldsymbol{X}^*,\boldsymbol{\lambda}^*,\boldsymbol{U}^*,t) \qquad (3\text{-}33)$$

式中，$\boldsymbol{X}^*$，$\boldsymbol{\lambda}^*$，$\boldsymbol{U}^*$ 表示最优的 $\boldsymbol{X}$，$\boldsymbol{\lambda}$，$\boldsymbol{U}$。

极小值原理也可以求解离散系统，同样贝尔曼动态规划法可以对离散系统和连续系统求解，本节仅对连续系统的动态规划法做简要说明。

仍然考虑式（3-19）~式（3-23），设时间 t 在区间 $[t_0,t_f]$ 内，将本时间段的最优性能指标定义为 $V(\boldsymbol{X},t)$，则有：

$$V(\boldsymbol{X},t) \triangleq J^*(\boldsymbol{X},t) = \min_{U\in\Omega}\left\{\phi[X(t_f),t_f] + \int_{t_0}^{t_f}F[\boldsymbol{X}(t),\boldsymbol{U}(t),\tau]\mathrm{d}\tau\right\} \qquad (3\text{-}34)$$

可以证明从 t 到 t_f 每经过 Δt 的 $V(\boldsymbol{X},t)$ 都是最优的，由此可以得到连续系统性能泛函指标取得极值的充分条件是哈密尔顿-雅可比-贝尔曼（HJB）方程取得极小值，即:

$$-\frac{\partial V}{\partial t} = \min_{U\in\Omega} H\left(\boldsymbol{X},\boldsymbol{U},\frac{\partial V}{\partial X},t\right) = H^*\left(\boldsymbol{X},\boldsymbol{U},\frac{\partial V}{\partial X},t\right) \qquad (3\text{-}35)$$

这就是连续系统的动态规划法。HJB 方程在理论上具有重要意义，但是求解此偏微分方程并取极小通常情况下十分困难，到多数时候只能求得数值解，或者按照强化学习的方法采用神经网络近似求解。这也是强化学习和最优控制联系紧密的原因之一。最优策略就是根据贝尔曼动态规划原则寻求的。

了解最优策略之前，首先定义强化学习的形式化描述如下：一个离散时间的马尔可夫决策过程 $M = <S, A, P, R, \gamma>$，其中 S 表示状态集，A 表示动作集，P 表示转移概率，R 是立即汇报函数，γ 表示折扣因子。假设 T 为总的时间步数，τ 是一个轨迹序列且有 $\tau = (s_0, a_0, r_0, s_1, a_1, r_1, \cdots)$，对应的累积回报为 $R = \sum_{t=0}^{T}\gamma^k r_t$。则强化学习的目标是找到最优策略 π，使得该最优策略下的累积回报期望最大，即 $\pi = \arg\max R(\tau)\mathrm{d}\tau$。因此，最优策略可以定义为，对于任意状态 s，当且仅当遵循策略 π 的价值不小于遵循策略 π' 的价值时，则称策略 π 优于策略 π'，即对于 $\forall s$，有 $\pi \geqslant \pi'$，$V_\pi(s) \geqslant V_{\pi'}(s)$；对于任意马尔可夫决策过程，存在一个最优策略，满足 $\pi^* \geqslant \pi$。显然每个策略对应一个状态值函数，最优策略也对应最优状态值函数。因此，当值函数最优时，采取的策略也是最优的，反之当采取的策略最优时，值函数也是最优的，因此可以通过求最优的值函数 V^* 或 Q^* 间接求最优策略。

一旦求得最优值函数 V^*，那么对于每一个状态 s，做一步搜索得到的行为也是最优的，对应最优行为的集合就是最优策略：

$$\pi^*(a\mid s) = \arg\max_{a\in A}[R_s^a + \gamma\sum_{s'\in S}P_{ss'}^a V^*(s')] \qquad (3\text{-}36)$$

如果最优行为值函数 Q^* 已知，则最优策略就是最优行为对应的策略：

$$\pi^*(a \mid s) = \begin{cases} 1, & a = \arg\max_{a \in A} Q^*(s,a) \\ 0, & \text{其他} \end{cases} \tag{3-37}$$

对于任意马尔可夫决策过程，总存在最优策略，求得了最优值函数，就可以求得最优策略。

3.3　动态规划

3.3.1　动态规划简介

在上一节求解最优控制问题时提到了动态规划方法，由于动态规划方法在强化学习中的重要性，本节将详细介绍动态规划。动态规划是运筹学的一个分支，是求解决策过程最优化的方法之一。20 世纪 50 年代初，美国数学家贝尔曼等人在研究多阶段决策过程的优化问题时，提出了动态规划方法。动态规划与庞特里亚金的极小值原理是一致的，是求解最优化问题的有效方法之一。动态规划的应用极其广泛，包括工程技术、经济、工业生产、军事以及自动化控制等领域都有广泛的应用。

动态规划问世以来，在经济管理、生产调度、工程技术和最优控制等方面得到了广泛的应用。例如最短路线、库存管理、资源分配、设备更新、排序、装载等问题，用动态规划方法求解十分有效。虽然动态规划主要用于求解以时间划分阶段的动态过程的优化问题，但是一些与时间无关的静态规划（如线性规划、非线性规划），只要人为地引进时间因素，把它视为多阶段决策过程，也可以用动态规划方法方便地求解。

在现实生活中，有一类活动的过程，由于它的特殊性，可将过程分成若干个互相联系的阶段，在它的每一阶段都需要做出决策，从而使整个过程达到最好的活动效果。因此各个阶段决策的选取不能任意确定，它依赖于当前面临的状态，又影响以后的发展。当各个阶段决策确定后，就组成一个决策序列，因而也就确定了整个过程的一条活动路线，这种把一个问题看作一个前后关联具有链状结构的多阶段过程就称为多阶段决策过程。在多阶段决策问题中，各个阶段采取的决策，一般来说是与时间有关的，决策依赖于当前状态，又随即引起状态的转移，一个决策序列就是在变化的状态中产生出来的，故有"动态"的含义，称这种解决多阶段决策最优化的过程为动态规划方法。动态规划是研究决策过程最优化的一种方法，最初应用于离散时间问题，即多级决策，随后发展的汉密尔顿-雅可比-贝尔曼（HJB）方程将其推广到连续时间系统。下面分别说明动态规划在最优控制和强化学习中的应用。

3.3.2　最优控制中的动态规划

以离散时间系统为例说明动态规划的应用。

例 3-1： 系统方程 $x(k+1)=x(k)+u(k)$，假设 $x(0)$ 已知，且性能指标泛函定义为 $J=\dfrac{1}{2}cx^2(2)+\dfrac{1}{2}\sum\limits_{k=0}^{1}u^2(k)$，要求用动态规划寻找最优控制 $u(0)$，$u(1)$，令 J 最小。

解： 首先从最后一步开始，根据系统方程和性能指标泛函，可得

$$x(2)=x(1)+u(1) \tag{3-38}$$

$$J_1=\frac{1}{2}cx^2(2)+\frac{1}{2}u^2(1)=\frac{1}{2}c\left[x(1)+u(1)\right]^2+\frac{1}{2}u^2(1) \tag{3-39}$$

要求得合适的 $u(1)$ 使得 J_1 最小，即

$$\frac{\partial J_1}{\partial u(1)}=c\left[x(1)+u(1)\right]+u(1)=0 \tag{3-40}$$

$$u(1)=-\frac{cx(1)}{1+c} \tag{3-41}$$

将式（3-41）代入式（3-38）、式（3-39）可得

$$J_1^*=\frac{c}{2}\cdot\frac{x^2(1)}{1+c} \tag{3-42}$$

$$x(2)=\frac{x(1)}{1+c} \tag{3-43}$$

考虑倒数第二步，即

$$x(1)=x(0)+u(0) \tag{3-44}$$

$$J=J_0+J_1=\frac{1}{2}u^2(0)+\frac{c}{2}\cdot\frac{x^2(1)}{1+c}=\frac{1}{2}u^2(0)+\frac{c}{2(1+c)}\left[x(0)+u(0)\right]^2 \tag{3-45}$$

求 $u(0)$ 使得 J 最小，即

$$\frac{\partial J}{\partial u(0)}=u(0)+\frac{c}{1+c}\left[x(0)+u(0)\right]=0 \tag{3-46}$$

$$u(0)=-\frac{cx(0)}{1+2c} \tag{3-47}$$

则最优性能指标为

$$J^*=\frac{c\,x^2(0)}{2(1+2c)} \tag{3-48}$$

且

$$x(1)=\frac{1+c}{1+2c}x(0) \tag{3-49}$$

可以看到，动态规划具有两个特点，第一就是从最后一步向前反向计算，第二是将一个 n 级问题化为 n 个单级问题，根据最优性原理，每一级问题求得最优，最后总体就是最优。因此可以从后向前，依次每级求得最优，最后可求得总体最优问题。

关于连续时间系统的动态规划，需要求解 HJB 方程，具体可参考相关资料。

最优控制广泛应用于军事、交通等多个方面，我国老一辈科学家在最优控制方面做出过很多贡献，其基本方法变分法就是钱学森首先引入的。摄动控制中重要的奇异摄动理论的变形坐标法是由郭永怀提出的。这些贡献都将相关领域推动到新的发展高度。

以身许国 郭永怀

3.3.3　强化学习中的动态规划

以求解马尔可夫决策过程说明动态规划在强化学习中的应用。

用动态规划的方法求解马尔可夫决策过程时，需要模型已知，用规划的方法进行策略评估和策略改进，以求得最优策略。给定一个马尔可夫决策过程 M：$<S, A, P, R, \gamma>$ 和一个策略 π，输出基于当前策略 π 的所有状态的值函数 V_π 叫策略评估，或者叫预测；确定最优值函数 V^* 和最优策略 π^* 叫策略改进，或者叫控制。

策略评估要解决的问题是给定一个策略 π，求得在该策略下的值函数 V_π。一般来说，实际的马尔可夫决策过程规模庞大，一般采用迭代法求解，应用贝尔曼期望方程进行迭代，即

$$V_\pi(s) = \sum_{a \in A} \pi(a \mid s)\left(R_s^a + \gamma \sum_{s' \in S} P_{ss'}^a V_\pi(s')\right) \tag{3-50}$$

根据式（3-50）状态 s 处的值函数 $V_\pi(s)$ 可以用其后继状态 s' 的值函数 $V_\pi(s')$ 来表示，以此类推采用这种方法求值函数的方法叫作自举法。对于模型已知的强化学习算法，$P_{ss'}^a$、$\pi(a \mid s)$、R_s^a 均为已知，如果初始状态值函数已知，则可以通过迭代法求得唯一未知的值函数。

计算值函数的目的是利用计算得到的值函数获得最优策略，这就是策略改进的问题，即如何利用求得的值函数得到最优策略。一个自然的算法是利用贪心算法对当前策略及逆行改进，即

$$\pi_{l+1}(s) = \arg \max_a Q_{\pi_l}(s, a) \tag{3-51}$$

式中，$Q_{\pi_l}(s, a)$ 由式（3-14）决定，$l = 1, 2, \cdots$。

将策略评估算法和策略改进算法结合起来就是策略迭代算法，在更新策略评估时，策略迭代算法采用贝尔曼期望方程更新值函数，而借助贝尔曼最优方程，直接使用行为回报的最大值更新的算法叫值迭代。策略迭代和值迭代算法是强化学习中的基础算法，除此之外，还有其他更新算法将在后面介绍。

3.4　基本强化学习

3.4.1　策略迭代算法

在动态规划强化学习中，将策略评估和策略改进算法结合起来就是策略迭代算法，因此策略迭代算法包括策略评估和策略改进两部分，如图 3-6 所示。

在策略评估中，根据当前策略计算值函数，在策略改进中，应用贪心算法选择最大值函

数对应的动作，两部分交替进行，直至迭代求得最优策略。假设从初始策略 π_1 出发，根据策略评估得到该策略的值函数 V_{π_1} 或 Q_{π_1}，然后应用贪心算法对 π_1 进行策略改进，得到 π_2，再对 π_2 进行策略评估和策略改进；以此类推，循环迭代直到收敛到最优策略，如图 3-7 所示。

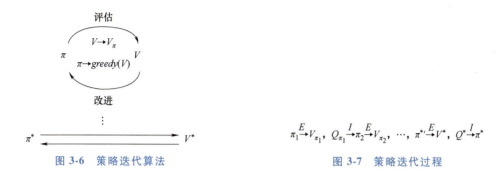

图 3-6　策略迭代算法　　　　　　　　　　图 3-7　策略迭代过程

其中 E 表示策略评估，I 表示策略改进。值函数通过贝尔曼期望方程，即式（3-50）更新，通过贪心算法，即式（3-51）得到更新的策略。算法如下。

算法：策略迭代算法

输入：马尔可夫决策过程 $M=\,<S,A,P,R,\gamma>$，初始化值函数 $V(s)=0$，初始化策略 π_1 为随机策略。

While

　For $k=0,\ 1,\ \cdots$

　　$\forall\, s' \in S$:

$$V_{k+1}(s) = \sum_{a \in A} \pi(a \mid s)\,(R_s^a + \gamma \sum_{s' \in S} P_{ss'}^a\, V_\pi(s'))$$

　　If $V_{k+1}(s) = v_k(s)$

　　Break

　　End

　End

$\forall\, s' \in S$:

$$\pi'(s) = \arg\max_{a \in A} Q(s,a)\ \ \text{or}\ \ \pi'(s) = \arg\max_{a \in A}\,(R_s^a + \gamma \sum_{s' \in S} P_{ss'}^a\, V^*(s'))$$

　If $\forall\, s:\ \pi'(s) = \pi(s)$ then

　　Break

　Else $\pi = \pi'$

　End

End

输出：最优策略。

3.4.2　值迭代算法

值迭代算法和策略迭代算法的区别是不直接使用贝尔曼期望方程更新值函数，而是借助贝尔曼最优方程，使用动作回报的最大值更新值函数，即

$$V_{k+1}(s) = \max_{a \in A} \left(R_s^a + \gamma \sum_{s' \in S} P_{ss'}^a V^*(s') \right) \tag{3-52}$$

假设在状态 s 有初始值函数 $V_1(s)$。基于当前状态 s 有多个可选动作 a，每个动作都有不同立即回报 R_s^a。从状态 s 转移到状态 s' 时，对应有不同的值函数，选取回报最大的值函数得到 $V_2(s)$，依次迭代，直到收敛到最优值函数 V^*，如图 3-8 所示。

$$V_1 \rightarrow V_2 \rightarrow \cdots \rightarrow V^*$$

图 3-8 值迭代过程

值迭代算法如下。

算法：值迭代算法

输入：马尔可夫决策过程 $M = <S,A,P,R,\gamma>$，初始化值函数 $V(s) = 0$，收敛阈值 θ。

For $k = 0$，1，$\cdots$

$\forall s' \in S$：

$$V'(s) = \max_{a \in A}(R_s^a + \gamma \sum_{s' \in S} P_{ss'}^a V^*(s'))$$

If $\max_{s \in S} \left| V'(s) - V(s') \right| < \theta$　then

　　Break

　　Else $V = V'$

　　End

End

$\forall s' \in S$：

$$\pi'(s) = \arg \max_{a \in A} Q(s,\ a) \quad or \quad \pi'(s) = \arg \max_{a \in A}(R_s^a + \gamma \sum_{s' \in S} P_{ss'}^a V^*(s'))$$

输出：最优策略 π'。

3.4.3　蒙特卡洛法

强化学习中动态规划方法要求状态转移概率和回报已知，如果模型未知，则动态规划法难以应用，此时可考虑应用蒙特卡洛（Monte Carlo）法求解。

蒙特卡洛法也称为统计实验法（或统计模拟法），是基于概率和统计的数值方法。蒙特卡洛法的名字来源于摩纳哥城市蒙特卡洛，其起源可以追溯到 18 世纪法国布丰（Buffon）提出的投针试验。19 世纪 40 年代，美国在研究原子弹时期"曼哈顿计划"的成员乌尔姆（Ulam）和冯·诺依曼（J. v. Neumann）在计算机上实现了中子在原子弹内扩散和增殖的模拟。出于保密，冯·诺依曼选择摩纳哥赌城蒙特卡洛作为该项目名称，自此蒙特卡洛法广为流传。蒙特卡洛法的核心是对问题不断随机抽样，通过反复大量的抽样得到解空间关于问题的接近真实的分布。因为此方法具有通用性，不受领域知识的限制，因此应用广泛。

蒙特卡洛强化学习方法由蒙特卡洛策略评估和蒙特卡洛策略改进两部分组成，两部分交互进行直至获得最优策略。蒙特卡洛评估是通过学习智能体与环境交互的完整轨迹估计函数值。所谓完整轨迹是指从一个起始状态使用某种策略一步一步执行动作，直至结束，所形成的经验性的信息，包含状态、动作和立即回报等。

因为模型未知，无法通过贝尔曼方程迭代获得值函数，因此蒙特卡洛法通过统计多个轨迹中累积回报的平均数估计值函数。在求累计回报平均值时采用增量更新的方式避免批量更新中需要存储历史数据而占用大量空间，从而提高了计算效率。蒙特卡洛法将估计值函数 V 改为估计 Q，这样可直接求解最优策略获得最优行为。

应用蒙特卡洛法评估当前策略 π 时，利用策略 π 产生多个完整轨迹。

轨迹 1：$<s_0,\ a_0,\ r_{11},\ s_0,\ a_0,\ r_{12},\ \cdots,\ s_T,\ a_T,\ r_{1T},\ >$

轨迹 2：$<s_0,\ a_0,\ r_{21},\ s_0,\ a_0,\ r_{22},\ \cdots,\ s_T,\ a_T,\ r_{2T},\ >$

$$\vdots$$

则计算一个轨迹中状态 s 的累积回报返回值为

$$G_t = r_{t+1} + r_{t+2} + \cdots = \sum_{k=0}^{\infty} \gamma^k r_{t+k+1} \tag{3-53}$$

在状态转移过程中，有可能一个状态经过转移后又回到该状态，此时在多个轨迹里计算这个状态的回报有两种情况：一种是只用第一次出现时的累积回报，另外一种是每次访问到此状态的累积回报都计算在内。比如状态 s_1 的值函数可以表示为

$$V(s_1) = \frac{G_{11}+G_{12}+\cdots+G_{21}+\cdots+G_{i1}+\cdots+G_{ij}}{N(s_1)} \tag{3-54}$$

当样本数量足够大，即 $N(s_1)$ 无穷大时，$V(s_1)$ 近似于 $V_\pi(s_1)$。对累计回报采用增量式更新，即

$$V(s_t) \leftarrow V(s_t) + \alpha(G_t - V(s_t)) \tag{3-55}$$

因为模型未知，所以从值函数 V 到 Q 没有简单的转换公式，蒙特卡洛策略评估直接采用如下公式：

$$Q(s_t, a_t) \leftarrow Q(s_t, a_t) + \alpha(G_t - Q(s_t, a_t)) \tag{3-56}$$

根据式（3-56）得到蒙特卡洛策略评估之后，接下来采用贪心算法进行蒙特卡洛策略改进。下式是 ε-贪心算法的数学表达式：

$$\pi(a \mid s) = \begin{cases} \dfrac{\varepsilon}{m} + 1 - \varepsilon, & a^* = \arg\max_{a \in A} Q(s, a) \\[2mm] \dfrac{\varepsilon}{m}, & 其他 \end{cases} \tag{3-57}$$

式中，m 为动作数，ε 表示从所有动作中均匀随机选取一个的概率。

根据蒙特卡洛评估和蒙特卡洛改进，最后可以得到最优策略，根据产生采样的策略和评估改进的策略是否为同一个策略，又分为在线蒙特卡洛法和离线蒙特卡洛法。下面给出在线蒙特卡洛强化学习算法。

算法：在线蒙特卡洛强化学习算法
输入：环境 E，状态空间 S，动作空间 A，初始化行为值函数 $Q(s,a)=0$，初始化策略 π 是贪心策略。

For $k=0$, 1, $\cdots$, m

在 E 中执行策略 π 产生轨迹 $<s_0,a_0,r_{11},s_0,a_0,r_{12},\cdots,s_T,a_T,r_{1T},>$

  For $t=0$, 1, $\cdots$, $T-1$

$$\forall\, s_t \in S, \quad \forall\, a_t \in A$$

$$G_t = \sum_{i=t}^{T} \gamma^{i-t} r_i$$

$$Q(s_t,a_t) \leftarrow Q(s_t,a_t) + \alpha(G_t - Q(s_t,a_t))$$

  End

$\forall\, s_t \in S'$：

$$\pi(a_t \mid s_t) = \begin{cases} \dfrac{\varepsilon}{m}+1-\varepsilon, & a_t = \arg\max_{a \in A} Q(s_t,a_t) \\[2mm] \dfrac{\varepsilon}{m}, & \text{其他} \end{cases}$$

End

输出：最优策略 π。

3.4.4 时序差分法

动态规划法在策略评估时用到自举法，用后继状态的值函数估计当前值函数，每执行一步策略就可以更新值函数，效率较高，但是依赖马尔可夫决策过程模型。而蒙特卡洛法不需要模型信息，但是需要完整的采样轨迹，学习效率较低。本小节介绍的时序差分法结合了动态规划的自举法和蒙特卡洛的采样，有效地吸取这两种方法的优点，可以高效地解决无模型的强化学习问题。

时序差分法（TD）最早由塞缪尔（Sammuel）在跳棋算法中提出，1988 年萨顿（Sutton）首次证明了时序差分法在最小均方差上的收敛性，之后时序差分法被广泛应用。

时序差分法的值函数更新公式与蒙特卡洛法不同，因为蒙特卡洛法是完整轨迹，所以使用的是累积回报作为估计来更新值函数，即增量更新式（3-55）。时序差分法应用的是不完整的轨迹，无法获得累积回报，因此在估计状态 S_t 的值函数时，用的是离开此状态的立即回报和下一状态的预估折扣值函数的和，即

$$V_\pi(S_t) = E_\pi[G_t \mid S_t=s] = E_\pi[R_{t+1}+\gamma V(S_{t+1}) \mid S_t=s] \tag{3-58}$$

因为式（3-58）符合贝尔曼方程，所以时序差分法的值函数更新公式为

$$V(s_t) \leftarrow V(s_t) + \alpha(R_{t+1}+\gamma V(s_{t+1})-V(s_t)) \tag{3-59}$$

式中，$R_{t+1}+\gamma V(s_{t+1})$ 称为时序差分（TD）目标值；$\delta_t = R_{t+1}+\gamma V(s_{t+1})-V(s_t)$ 表示时序差分误差。

与动态规划、蒙特卡洛法类似，时序差分法也由策略评估和策略改进两个步骤交替进行，依次迭代，直到得到最优解。根据产生的采样数据的策略评估和策略改进，是否采用同

一策略分为在线时序差分法和离线时序差分法，在线时序差分法常见的是撒尔沙算法，离线时序差分法最常见的是 Q 学习算法。

撒尔沙算法最早由 1994 年由拉米（Rummmy）和尼兰詹（Niranjan）首先提出，算法首先基于状态 S，遵循当前策略选择一个动作 A，形成第一个状态对 (S, A)，与环境交互得到回报 R。然后进入下一个状态 S'，在此遵循当前策略选择一个动作 A'，形成第二个状态对 (S', A')。利用后一个状态对的值函数 $Q(S', A')$ 更新前一个状态对的动作值函数：

$$Q(S, A) \leftarrow Q(S, A) + \alpha(R + \gamma Q(S', A') - Q(S, A)) \tag{3-60}$$

撒尔沙算法如下：

算法：撒尔沙算法

输入：环境 E，状态空间 S，动作空间 A，折扣回报 γ，初始化动作值函数 $Q(s, a) = 0$，$\pi(a \mid s) = \dfrac{1}{|A|}$。

For $k = 0, 1, \cdots, m$

初始化状态 s

在 E 中通过 π 的贪心算法采取动作 a，得到第一个状态对 (s, a)

　For $t = 0, 1, 2, \cdots$

　　r，$s' =$ 在 E 中执行动作 a 产生的回报和转移的状态

　　根据 s'，在 E 中通过 π 的贪心算法采取动作 a'，得到新的状态对 (s', a')

　　更新 (s, a) 的 Q 值

$$Q(S, A) \leftarrow Q(S, A) + \alpha(R + \gamma Q(S', A') - Q(S, A))$$

　　$s \leftarrow s'$，$a \leftarrow a'$

　End

$\forall s_t \in S'$：

$$\pi(s_t) = \underset{a_t \in A}{\arg\max} Q(s_t, a_t)$$

End

输出：最优策略 π。

3.4.5　其他类型强化学习

除动态规划法的策略迭代强化学习、值迭代强化学习，蒙特卡洛法的在线蒙特卡洛强化学习、离线蒙特卡洛强化学习，时序差分法（TD）的在线强化学习撒尔沙算法、离线强化学习 Q 学习算法之外，还有多种类型的强化学习方法。资格迹强化学习法是重要的强化学习方法，也叫多步时序差分法。资格迹强化学习方法是在时序差分法的基础上，通过选择不同的轨迹长度 d 构成的学习方法（时序差分法实际的选择的就是一步，即距离 $d = 1$）。资格迹法分为前向算法和后向算法，与时序差分法类似，资格迹也有在线和离线两种方法，分别对应于撒尔沙算法和 Q 学习算法，在资格迹中称为撒尔沙（λ）算法和 Q（λ）算法。

如果状态空间维数巨大，则上述强化学习算法就难以用表格迭代出值函数，必须采用函数逼近的方法近似求得值函数，这类方法叫值函数逼近强化学习法，根据所选择的逼近函数

是否是线性的，可以分为线性逼近和非线性逼近。线性逼近强化学习中有增量法和批量法，可以结合撒尔沙算法以及 Q 学习算法实现。非线性逼近主要采用神经网络逼近，主要算法有在 Q 学习算法基础上发展的深度 Q 网络（DQN）算法等。

若动作为连续集时，在策略改进时难以求得每个状态的值函数，此时可将策略参数化，采用策略梯度法求解。策略梯度法具有如下优点：

1）策略搜索方法具有更好的收敛性。有一些算法在快要收敛到最优值函数时一直在其小邻域内小幅振荡而无法收敛到最优值，而策略梯度法由于更新采用的是梯度法，所以会一直朝最优方向快速收敛。

2）策略搜索方法更简单。有些方法求解最优策略复杂且效率低下，策略梯度法则简单得多。

3）策略搜索方法可以学习随机策略。大多数方法都是确定性策略，但是在不完美的马尔可夫决策过程模型中，有时候随机策略往往是最优策略，策略梯度法可以得到随机最优策略。

策略梯度法的缺点主要有使用梯度法对目标求解时容易收敛到局部极小值，并且在某些策略更新时移动步长过小从而效率不高。

策略梯度法根据不同的标准可以分成不同的种类。根据策略的随机性可以分为随机策略梯度法（SPG）和确定性策略梯度法（DPG）。由于随机策略学习速率难以确定，所以有置信域策略优化法（TRPO）。确定性策略梯度法使用的是线性函数逼近动作值函数，如果将线性函数扩展为非线性深度神经网络，就是深度确定性策略梯度法（DDPG）。前面介绍的强化学习方法都是基于策略评估和策略改进这两部交替进行形成策略迭代。在策略梯度法中将采用新的迭代方式：行动者-评论家（AC）结构，评论家更新动作值函数的参数，行动者根据更新后的动作值函数更新策略。同样可以分为随机行动者-评论家法和确定性行动者-评论家法。如果用优势函数代替动作值函数，就有了优势行动者-评论家法（A2C），进一步如果进行动作采样时同时开启多个线程，并行计算策略梯度，就有了异步优势行动者-评论家法（A3C）。策略梯度法的分类如图 3-9 所示。

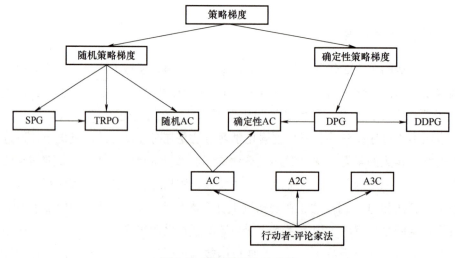

图 3-9　策略梯度法的分类

习　　题

3-1　按照不同的分类标准，强化学习可以分为几类？

3-2　强化学习主要有哪些算法？

3-3　假设一阶惯性系统传递函数为 $G(s) = \dfrac{K}{Ts+1}$，输入为 u，输出为 x，性能泛函 $J = \int_0^{t_f} x^2 + \gamma u^2 \mathrm{d}t$，且 $x(0) = x_0$，$x(t_f)$ 自由，假设采用离散动态规划控制，把 $[0, t_f]$ 分成三段，求最优控制 $u^*(0)$、$u^*(1)$、$u^*(2)$。

参 考 文 献

［1］邹伟，鬲玲，刘昱杓. 强化学习［M］. 北京：清华大学出版社，2020.

［2］诸葛越，江云胜，葫芦娃. 百面深度学习［M］. 北京：人民邮电出版社，2020.

［3］周志华. 机器学习［M］. 北京：清华大学出版社，2016.

［4］肖智清. 强化学习：原理与 Python 实现［M］. 北京：机械工业出版社，2019.

［5］SUTTON R S, BARTO A G. Reinforcement Learning An Introduction Second Edltion［M］. 俞凯，译. 北京：电子工业出版社，2018.

［6］刘柏私，谢开贵，周家启. 配电网重构的动态规划算法［J］. 中国电机工程学报，2005，25（9）：6.

［7］傅英定，成孝予，唐应辉. 最优化理论与方法［M］. 北京：国防工业出版社，2008.

第 4 章

深度强化学习

本章首先介绍了深度强化学习的发展历程和基本思想，然后讲述了深度卷积神经网络和深度循环神经网络，最后对一些典型的深度价值和策略学习的方法如深度 Q 网络、策略梯度算法等进行了介绍。还有一些其他深度强化学习的方法本章并未介绍，感兴趣的读者可自行查阅相关资料。

4.1 深度强化学习概述

4.1.1 深度强化学习发展历程

深度学习和强化学习是目前机器学习领域内比较热门的两个分支，深度学习是通过堆叠多层网络结构和非线性变换方法，组合低层特征，实现对输入数据的分级表达；强化学习不是通过直接监督信号指导智能体的动作，而是智能体通过不断试错与环境进行交互从而最大化获得奖励回报。深度强化学习是将两者结合，利用深度学习的感知和强化学习的决策，初步形成从输入原始数据到输出动作控制的完整智能系统。

近年来，深度学习作为机器学习的一个重要研究领域，得到了长足的发展，为强化学习提供了强有力的支撑，使强化学习能够解决以前难以处理的问题，例如学习直接从像素玩视频游戏等。深度强化学习是深度学习和强化学习相结合的产物，有望彻底改变人工智能领域的主要目标即生成完全自主的智能体，这些智能体通过与环境的相互作用来学习最优行为。

一直以来，从可以感知和响应其所处环境的机器人到基于软件与自然语言和多媒体进行交互的智能体，建立一个能够有效学习且实时响应的人工智能系统是人工智能研究的重要方向，深度强化学习的出现使我们向这样的目标迈出了更近的一步。深度强化学习算法还有许多其他方面的应用，比如机器人控制技术，允许我们直接从现实世界中的摄像机输入来学习对机器人进行控制和操作的策略等。

由于计算能力不足、训练数据缺失等原因，早期的深度学习与强化学习结合在解决决策问题时受到了较大的局限。将深度学习与强化学习结合的主要思路是利用深度神经网络对高维度输入数据降维，以便于强化学习求解最优策略。兰格（Lange）将深度学习中的自动编码器模型应用于强化学习算法中，提出深度自动编码器（Deep Auto-Encoder，DAE）；里德米勒（Riedmiller）使用多层感知机近似表示 Q 函数，并提出神经拟合 Q 迭代算法；阿布塔西（Abtahi）用深度信念网络（Deep Belief Network，DBN）作为强化学习的函数逼近器，兰格提出了基于视觉感知的深度拟合 Q 学习算法，并将该算法运用到车辆控制中。

真正让深度强化学习称为人工智能领域研究热点的是深度思考（DeepMind）团队的杰出工作。明（Mnih）等人将深度学习中的卷积神经网络（Convolutional Neural Networks，CNN）模型和强化学习中的 Q 学习算法结合，提出了深度 Q 网络（DeepQ-Network，DQN），该模型可以直接将原始游戏画面作为输入信息，游戏得分作为强化学习的奖励回报，通过深度 Q 学习算法进行训练，最终该算法在雅达利 2600（Atari2600）游戏上甚至超过了专业人类玩家的水平。此后，深度思考团队又开发出了阿尔法狗围棋算法，该算法将卷积神经网络、策略梯度（Policy Gradient，PG）和蒙特卡洛树搜索相结合，大幅缩减了走子动作的搜索空间，提升了对棋局形势估计的准确性，最终阿尔法狗战胜了人类围棋冠军，取得了划时代的意义。阿尔法狗的成功极大地激起了研究者的兴趣，成功把深度强化学习推向了一个新的研究高峰。

虽然深度 Q 网络模型在雅达利 2600 的大部分游戏中能够战胜人类专业玩家，但是深度 Q 网络采用选择 Q 值最大的动作作为最优动作，容易使算法在计算过程中出现过度乐观估计动作值问题。哈塞尔特（Hasselt）把双重 Q 学习算法与深度神经网络结合，提出了双重深度 Q 网络（Double Deep Q-Network，DDQN）。该方法在计算目标回报值和选择动作时使用两套不同网络参数，成功解决了深度 Q 网络容易出现过度乐观估计动作值的问题。深度 Q 网络和双重深度 Q 网络采用梯度下降法更新网络模型参数，由于不同样本间的重要程度不同，而深度 Q 网络和双重深度 Q 网络采用随机等概率采样，所以无法区分样本间的区别和不同样本的重要性，同时无法有效地利用对模型训练更有效的样本。绍尔（Schaul）把优先级采样与深度强化学习结合，提出了基于优先级采样的深度强化学习算法。该算法利用不同的状态—动作获得的立即回报值，将回报值的时间差分误差等信息作为评价标准，赋予样本不同的优先级，优先级越高，采样概率就越高。拉克斯铭亚南·马哈德温（Lakshminarayanan Mahadevan）将动态跳帧法与深度 Q 网络结合，提出了一种基于跳帧的深度 Q 网络（Dynamic Frame Skip Deep Q-Network，DFDQN）算法，从而提升算法性能，减少模型训练时间。

虽然深度 Q 网络取得了成功，但是由于卷积神经网络的局限性，无法处理任务状态在不同时间尺度存在依赖关系的任务（战略性任务），所以基于卷积神经网络的深度强化学习算法在处理战略性任务时表现较差。霍克赖特（Hochreiter）和施米德胡贝（Schmidhuber）提出一种长短期记忆（Long Short-Term Memory，LSTM）网络和蔡（Cho）等提出的门限循环神经单元（Gated Recurrent Unit，GRU）可以有效地处理任务状态之间在不同时间尺度存在依赖关系的任务；纳拉辛汉（Narasimhan）等提出了一种深度循环 Q 网络在文本游戏类表现出色；豪斯克希特（Hausknecht）为了解决部分可观测的马尔可夫决策过程（Partially Observable Markov Decision Process，POMDP）问题，提出了基于循环神经网络的深度循环 Q 学习算法，以及其他人提出的基于竞争网络的深度 Q 网络和分层深度强化学习（Hierarchical Deep Reinforcement Learning，HDRL）算法都可以很好地处理不同时间尺度的问题。

由于深度强化学习处理的数据维数较高以及需要的迭代次数较多来获取最优解，所以需要大量训练时间。学者们提出的异步深度强化学习（Asynchronous Deep Reinforcement Learning，ADRL）和基于经验重放机制的行动者-评论家（Actor Critic with Experience，ACER）方法可以以更少的时间代价获得更高的效率、稳定性和更优的性能，在实际应用中也取得了更好的表现。

4.1.2 深度强化学习基本学习思想

深度强化学习是一种端对端的感知与控制系统，具有很强的通用性，学习过程可以描述为，在每个时刻智能体与环境交互实现高维观察，利用深度学习方法感知观察，得到抽象具体的状态特征表示；根据预期回报评价各种动作的价值函数，通过某种策略将当前状态映射为相应的动作；环境对此动作做出反应，并得到下一个观察。依次循环，直到得到最优策略。深度强化学习原理如图 4-1 所示。

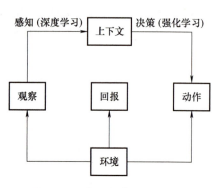

图 4-1　深度强化学习原理框图

深度强化学习方法主要有两类：一类是基于值函数的深度强化学习方法，另一类是基于策略梯度的深度强化学习方法。典型的基于值函数法的深度强化学习方法是深度 Q 网络算法和双重深度 Q 网络算法，通过状态-动作的值函数和回报评价动作。基于值函数的深度强化学习方法的主要问题是难以处理连续动作的问题，而基于策略梯度强化学习方法则可以处理连续动作问题。

基于策略梯度深度强化学习法通过在策略空间中直接搜索最优策略，不仅能够处理连续动作空间任务，还适合处理大规模状态动作空间任务。采用策略梯度深度强化学习算法往往会导致一个高方差的估计器，为了平衡策略梯度法中梯度项的方差与偏差，广义优势估计法（Generalized Advantage Estimation，GAE）、置信区间策略优化法（Trust Region Policy Optimization，TRPO）等不断被提出，取得了不错的效果。

深度强化学习算法由于能够基于深度神经网络实现从感知到决策控制的端到端自学习，因此具有非常广阔的应用前景，比如在机器人控制、自然语言处理和计算机视觉等领域都取得了一定的成功，它的发展也将进一步推动人工智能的应用。深度强化学习算法的部分应用领域包括：在电子游戏方面，利用深度强化学习技术学习控制策略为游戏主体提供动作，在某些游戏方面，其能力已经超过了人类顶级水平；在机器人方面，利用机器人观察到的周边环境，通过深度强化学习模型给出具体的动作指令，控制机器人之间的竞争和协作；在无人车领域，根据汽车传感器获得的环境信息，利用深度强化学习技术对汽车的行为进行控制，比如加速、刹车和转向等；在无人机或无人机群方面，深度强化学习控制模型可以控制每个无人机对环境的自身行为响应，也可以为无人机群的协作任务提供自主控制策略。

虽然深度强化学习在很多领域已经取得了许多重要的理论和应用成果，但是由于深度强化学习本身的复杂性，还需要在以下几个方面继续深入研究：

1）有价值的离线转移样本的利用率不高。深度 Q 网络是通过经验回放机制实时处理模型训练过程中得到的转移样本，每次从样本池中等概率抽取小批量样本用于训练模型，因此无法区分样本的差异性和重要程度，对有价值的样本利用率不一定高。

2）延迟回报和部分状态可观测。在一些较为复杂的场景中，普遍存在稀疏、延迟回报等问题，这些问题对学习效果极为重要，需要攻克。传统的深度 Q 网络缺乏应对延迟回报和部分状态可观测问题的能力，在应对战略性任务时表现不理想。

3）连续动作空间下，算法性能和稳定性不足。在连续动作空间决策任务中深度 Q 网络等方法估计不够精确，影响算法的稳定性和精度。

因此未来深度强化学习可能向以下几个方向发展：一是更加趋向于通过增量式、组合式学习方式训练深度强化学习模型；二是深度强化学习中不同的记忆单元功能更加完善，主动推理和认知能力会极大提高；三是加强神经科学对深度强化学习的启发，使智能体逐渐掌握类似人类大脑的记忆、规划等能力；四是迁移学习更多地应用到深度强化学习方法中，以缓解真实任务场景中训练数据缺乏的问题。

4.2　深度卷积神经网络

卷积神经网络与全连接神经网络不同，卷积神经网络的神经元只与上一层中部分神经元连接，并且不同的神经元共享权值。卷积神经网络已经广泛应用于图像处理中，这主要是由于卷积神经网络与图像数据特征类似：一个像素值与其附近的值通常是高度相关的，形成了比较容易被探测到的有区分性的局部特征，同样的特征可能出现在不同区域，所以不同位置的像素可以共享权值。

卷积神经网络作为优秀的特征提取器，允许从原始图像数据中对特征表示进行端到端的分类学习，从而避免了人类手工提取特征的过程。当处理复杂的大数据问题时，深度卷积神经网络（Deep Convolutional Neural Network，DCNN）通常比浅层卷积神经网络具有优势。多层线性和非线性处理单元以分层方式叠加提供了在不同抽象级别学习复杂表示的能力。因此，在包含数百个类别的识别任务中，深度卷积神经网络比传统机器学习模型有显著的性能提升。深度架构可以提高卷积神经网络的表示能力，这一发现提高了卷积神经网络在机器学习任务中的应用。

4.2.1　基本网络类型

卷积神经网络将输入通过一系列的中间层变换为输出，完成操作的中间量不再是神经网络中的向量，而是立体结构。卷积运算可以看作滤波，例如，一幅长宽和深度为 $32\times32\times3$ 的图像，假设卷积核为 $5\times5\times3$，则卷积核在图像上不断移动，卷积核在每个位置分别和图像做点乘，得到的输出称为特征图，这个过程称为卷积运算，如图 4-2 所示。假设有 6 个这样的卷积核以相同的方式在输入数据上滑动运算，经过激活函数后得到 6 个 $28\times28\times3$ 的特征图。卷积层将以这些特征图重构图像，继续做卷积运算。

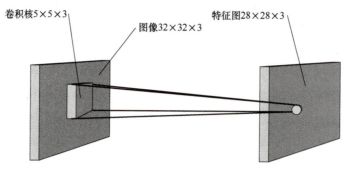

图 4-2　卷积运算

卷积运算后要进行池化。池化也称为汇聚，在卷积层和激活层后进行。池化是指将输入数据通过下采样在空间上进行压缩，降低特征图的空间分辨率。

深度卷积神经网络是一种多层前馈神经网络，每一层使用一组卷积核进行多次变换。卷积运算有助于从局部相关的数据中提取有用的特征，将卷积核的输出分配给非线性处理单元，这种非线性为不同的反应产生了不同的激活模式，从而有助于学习图像中的语义差异。深度卷积神经网络的重要属性是分级学习、自动特征提取、多任务处理和权值共享，主要是由卷积层、激励层、池化层以及完全连接层组成，图 2-14 展示了应用在手写字体识别的经典深度卷积神经网络——LeNet-5 的结构。

深度卷积神经网络具有以下特点。

1. 局部感知

面对低维数据时，可以将神经网络的每一层都设计为全连接层。然而，当处理图像这种高维输入时，将神经元连接到前一层中的所有神经元是不切实际的。为此，可以将图片划分为多个区域进行考虑，然后将每个神经元连接到输入的一个局部区域。这种连通性的范围称为神经元的感受野，相当于滤波器的大小。在处理空间维度和深度维度时，必须强调这种不对称性是很重要的，连接在空间中是局部的，但在输入的整个深度上始终是全局的。

2. 权值共享

神经网络层数的增加产生了大量的参数，深度卷积神经网络采用权值共享机制来控制参数的数量。假设每个神经元连接数据窗的权值是固定的，通过参数共享可以大大减少参数的数量。通俗的理解就是用相同的滤波器去扫一遍图像，相当于一次特征提取，从而得到一个特征映射，而滤波器的参数是固定的，因此图像的每个不同区域是被同样的滤波器扫的，所以权值是相同的，这就是所谓的权值共享。

3. 池化

经过局部感知和权值共享两个步骤之后，原本训练过程中产生的权值数量会有一定程度的减少，然而特征维度会增加，导致过拟合现象的发生。为了解决这个问题，在训练分类器之前需要对高维特征进行降维，因此设计出池化操作，降低卷积神经网络的复杂性。与卷积层相同的是，池化层也是将神经元通过前一层的宽度维度和高度维度连接到一个正方形区域。卷积和池化的主要区别在于卷积层的神经元在训练过程中可以学习到权重或偏差，而池化层中的神经元在训练过程中并没有学习到权重或偏差，而是对其输入执行某种固定功能，因此池化操作是一个非参数化的过程。最常见的池化操作是最大池化，将多个神经元合并得到的结果是其中任何一个返回的最大值。因为卷积层的所有神经元都识别相同的模式，所以最大池化操作的结果可以理解为该模式在池化区域是否被识别。

一般来讲深度卷积神经网络的结构与图 2-14 类似，由输入层、卷积层、池化层、全连接层和输出层构成。卷积层是深度卷积神经网络的核心，同时也是与其他神经网络之间最大的区别之处。通常把卷积层和采样层统一看成卷积层，每层作用如下。

输入层：输入的图片、文本等数据。以图片为例，例如输入层为一个 32×32×3 的矩阵，3 代表 RGB 三通道。通常在输入前会对原始样本进行数据预处理，如归一化、去均值、白化等操作。

卷积层：在卷积层中，每个神经元只连接到前一层神经元的一个小的局部子集，这是一个跨越高度和宽度维度的正方形区域。用来做卷积运算的部分叫作卷积核，需要指定大小，例如 5×5×3。在输入矩阵中选取和卷积核大小一样的数据，进行卷积运算，也就是求对应位置的乘积和作为输出，因此可以将输出看作输入的另一种形式，为 $\boldsymbol{W}^{\mathrm{T}}\boldsymbol{X}+\boldsymbol{b}$，卷积核可以看作神经网络的权重 $\boldsymbol{W}$，$\boldsymbol{b}$ 是偏置。通常情况下，为了提取多个特征，可以在网络中设计多个卷积核，经过卷积层后得到的图像叫作特征图。

池化层：池化层将数据通过下采样在空间上压缩，降低特征图的空间分辨率。假设输入维度是 224×224×64 的特征图，采用最大池化可以变成 112×112×64 的特征图，深度方向不变化。池化的目的是使用某一位置相邻输出的总体特征代替网络在该位置的输出，减少网络参数以减少计算量，避免过拟合。池化可以实现输入数据的平移不变性，只关心某个特征是否出现而不关心它出现的具体位置。比如识别一张图像中是否包含人脸时，不关心人脸的位置，只关心有没有两只眼睛、一个鼻子、一个嘴即可。

全连接层：全连接层主要对神经网络的末端进行分类。不同于池化层和卷积层，这是一个全局操作，它从特征提取阶段获取输入，并对前面所有层的输出进行全局分析，再对选定的特征进行非线性组合，将这些特征用于分类任务。

输出层：输出层节点数是根据实际应用进行设置的，通常采用一个分类器。分类任务的输出层中每个类别包含一个神经元，这些神经元的值表示每个类的得分。如果选择一个分数分布，其中每个分数都在 0 和 1 之间，所有的类别分数加起来是 1，那么每个神经元的值就可以被解释为样本属于每个类别的概率。

深度卷积神经网络的训练包括前向传播和反向传播两个过程。前向传播时，数据从输入层逐层向后传播至输出层，并计算网络各层的激活值，直到最后一层。反向传播时，根据误差计算梯度，梯度由最后一层逐层向前传播，当所有层的梯度计算完毕时，采用梯度下降法更新网络参数，通过计算损失函数相对于网络参数的偏导数，不断更新参数。

一个训练集 $X=\{(x^{(1)},y^{(2)}),\cdots,(x^{(m)},y^{(m)})\}$，由 m 个样本组成，其中 $x^{(l)}$ 为单个样本，$y^{(l)}$ 为样本对应的标签。单个样本的损失函数如下：

$$J(\boldsymbol{W}, \boldsymbol{b}; x, y) = \frac{1}{2} \| h_{w,b}(x) - y \|^2 \tag{4-1}$$

那么整个数据集的损失函数为

$$J(\boldsymbol{W}, \boldsymbol{b}) = \left[\frac{1}{m} \sum_{i=1}^{m} \| h_{w,b}(x^{(i)}) - y^{(i)} \|^2 \right] + \frac{\lambda}{2} \sum_{l=1}^{n_l - 1} \sum_{i=1}^{s_l} \sum_{j=1}^{s_l + 1} (W_{ji}^l)^2 \tag{4-2}$$

式（4-2）中，等式右边第一项计算的是总误差项，表示所有样本的误差之和；第二项为正则化项，用于控制网络训练过程中权值衰减的幅度。参数 λ 的作用是控制正则化项和均方误差项之间的权衡。得到整体损失函数后，计算梯度进行参数更新。用梯度下降法更新权重 $\boldsymbol{W}$ 和偏置 $\boldsymbol{b}$ 的公式如下：

$$W_{ij}^{(l)} = W_{ij}^{(l)} - \alpha \frac{\partial}{\partial W_{ij}^{(l)}} J(\boldsymbol{W}, \boldsymbol{b}) \tag{4-3}$$

$$b_i^{(l)} = b_i^{(l)} - \alpha \frac{\partial}{\partial b_i^{(l)}} J(\boldsymbol{W}, \boldsymbol{b}) \tag{4-4}$$

4.2.2　改进网络类型

1998 年 LeNet-5 定义了卷积神经网络基本结构以后，并没有被引起重视，主要原因是机器计算能力有限，而其他算法也能达到类似功能。大数据时代的来临使得计算能力大幅提升，2012 年 AlexNet 取得了历史性突破，一举在大规模视觉识别挑战赛（ILSVRC）上取得冠军。AlexNet 取得成功以来，深度卷积神经网络已经有了各种各样的改进。由于深度卷积神经网络的层数往往较多，大量参数需要学习，如果不正确处理的话会带来过拟合问题。为了防止模型过拟合，一般会从数据本身和模型训练优化等方面进行有效的控制，以下方法常作为改进深度卷积神经网络的技巧。

1. 数据增强

深度卷积神经网络的成功应用依赖于海量可用的标签数据。然而常常会遇到数据不足的情况，那么如何获取更多的数据是问题的关键。如果考虑利用人工收集数据或标注数据，将会耗费大量成本，可以利用数据增强解决此类问题。数据增强指的是在不实质性增加数据的情况下，用已有数据获取更多的数据。

为了获取更多的数据，需要对已有数据集作常用的几何变换，比如旋转、采样、移动等改变。学者们做了一些研究，例如波林（Paulin）提出一种基于图像变换追踪的自动选择算法，该方法采用贪婪策略，通过在每次迭代中选择最高精度增益的变换，有效地探索基本转换的组合方法；哈同（Hardoon）提出核正则相关分析法，提供了从互联网收集图像的额外方法等。

2. 权重初始化

细致的权重初始化是当前深度卷积神经网络训练技术的主流。当网络较深时，神经网络对初始权重高度敏感，其分布直接影响到网络的运动神经。因此，需要调整初始的权重分布，以避免梯度消失和梯度爆炸。对于偏置，一般将其初始化为零；对于权重参数的初始化，常用的初始化方法如下。

1）预训练：预训练的基本思想是不用从零开始训练一个模型。随着网络深度的增加，不可避免地带来大量参数，可以保留已经训练好的模型的权重参数，用于新任务的模型训练。根据不同的任务修改输出，进行微调。

2）均匀分布初始化：均匀分布初始化的基本思想是输入和输出保持正态分布且方差相近，这样就可以避免输出趋于 0，从而避免梯度消失的情况。例如给定 n 为输入神经元数量，m 为输出神经元数量，则初始化权重可以满足 $\left[-\sqrt{6/(m+n)},\ \sqrt{6/(m+n)}\right]$ 均匀分布。

3）批标准化：数据预处理是模型训练的重要过程，需要将数据调整为标准正态分布。然而，在训练深度卷积神经网络的过程中，数据需要通过多层网络，权重和偏置会影响最终输出的准确性。为了缓解上述现象，艾菲提出了一种批标准化方法，用于处理与特征映射中的内部协方差移位相关的问题。内部协方差移位是隐藏单元值分布的变化，它强制将学习率降到最小值，减慢了模型训练过程的收敛速度，并且需要谨慎初始化参数。变换后的特征映射 x_k 的批标准化如式（4-5）所示：

$$\hat{x_k} = (x_k - \mu_\beta)/\sqrt{\xi_\beta^2 + \xi} \tag{4-5}$$

式中，$\hat{x_k}$ 表示批标准化特征图；x_k 为输入特征图；μ_β 和 ξ_β^2 分别为批次的期望和方差。为了避免被零除，添加一个固定值 ξ 保持数值的稳定性。批标准化通过将特征值设置为零均值和单位方差来统一特征值的分布。此外，它平滑了梯度的流动，起到了调节因子的作用，有助于提高网络的泛化能力。批标准化输入 $\hat{x_k}$ 进一步转化为

$$y_k = BN_{\gamma,\beta}(x_k) = \gamma\hat{x_k} + \beta \tag{4-6}$$

式中，γ 和 β 为可学习参数。

批标准化通过使用更高的学习率来实现更快的训练，缓解了初始化不良的问题。批标准化还可以通过防止网络陷入饱和模式来使用饱和非线性。总之，批标准化是一种可区分的转换，它将标准化激活引入到网络中。实际应用中，批标准化层可以在完全连接层之后立即插入。

目前广泛应用的深度卷积神经网络有 AlexNet、视觉几何组网络（Visual Geometry Group Net，VGGNet）、谷歌网络（GoogleLeNet）和残差网络（ResNet）等。

4.3 深度循环神经网络

深度循环神经网络（DeepRecurrent Neural Network，DRNN），本质上是一种通常意义的深度神经网络，其构造特点是利用层的叠加，让每层都携带时序反馈循环。深度循环神经网络，即拥有多个循环层（一种特殊的隐含层）的循环神经网络。其中，循环神经网络拥有特殊的架构，这种网络的提出是基于"人的认知是基于过往的经验和记忆"这一观点。循环神经网络（Recurrent Neural Network，RNN）与深度神经网络和卷积神经网络的不同之处为，不但考虑了之前多个时刻的输入数据，同时也给予了当前网络对先前内容的"记忆"

功能。这也表明循环神经网络非常适合处理时序数据，因此被广泛应用到以下领域：自然语言处理，其中主要有视频处理、文本生成、语言模型、图像处理，还有机器翻译、语音识别、图像描述生成、股价预测、新闻、商品推荐等。

深度循环神经网络可以理解为循环神经网络的隐含层层数从原来的单层增加到了多层。而随着网络隐含层层数的增加，网络的复杂程度变高了，其泛化能力也得到了提高。复杂网络架构的其中一个优势在于随着迭代周期和样本数的提高，其预测精度仍可以缓慢提高，而这是简单神经网络无法做到的。

循环神经网络与其他简单神经网络最大的不同点在于，其当前时刻的输出不仅取决于当前时刻的输入，还取决于过去时刻的输入；而具体到前几个时刻的输出，则是由截断步数确定的，此值表明了当前时刻的输出由前多少个时刻的输入共同运算得出。截断步数取较小值时表明输出更依赖最近的输入，取较大值时表明输出综合考虑长跨度的输入。

在深度循环神经网络中，循环层中每一层的输出在经过加权求和后会进入下一循环层，并在下一层中通过某种函数关系进行变换，这种函数被称为激活函数。假使不使用激活函数对数据进行变换，那么每一层的输出相当于上一层输出的线性累加。这将会导致最终的输出均为输入的线性组合，也就意味着隐含层的作用失效，同时，神经网络的逼近能力也会受到极大地限制。正因如此，激活函数通常选择非线性函数，使输出为输入的非线性组合，这样就可以逼近几乎所有函数。

4.3.1 网络结构与计算

深度神经网络的神经元有两种状态：激活状态和未激活状态。激活函数是一种映射 $H: R \rightarrow R$ 的关系，并且几乎处处可导。由于神经元需要经过激活函数处理，因此激活函数的选用是至关重要的环节，在神经网络的前向及反向传播算法中有着举足轻重的影响。合适的激活函数可以抑制网络反向传播过程中残差信息的衰减以及提升模型的收敛效果。常见的深度循环神经网络结构如图 4-3 所示。

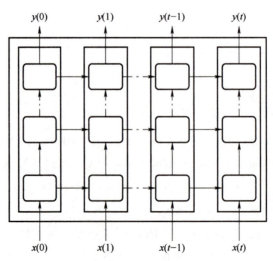

图 4-3　深度循环神经网络结构

目前常用的非线性激活函数有 S 型生长曲线函数（Sigmoid）、双曲线正切函数（tanh）以及线性整流函数（ReLU）。在第 2 章中简单提到过，在此再进行说明。

1）Sigmoid 函数：Sigmoid 函数是一种极其常见的 S 型激活函数，表达式为

$$f(z) = \frac{1}{1+e^{-z}} \tag{4-7}$$

Sigmoid 函数是一种优异的阈值函数，连续光滑且中心对称，可以将区间（$-\infty$，∞）内的值光滑得映射到 0 和 1 之间。Sigmoid 函数在抑制误差方面做得很好，特别是相差较大的误差，并且求导容易，因为其导数可以用自身表示，如式（4-8）所示：

$$f'(x) = f(x)(1-f(x)) \tag{4-8}$$

这将极大地减少神经网络在反向传播时所需计算量，进一步提高训练效率。

2）tanh 函数：tanh 函数也是一种较常见的激活函数，表达式为

$$\tanh(x) = \frac{e^{x}-e^{-x}}{e^{x}+e^{-x}} \tag{4-9}$$

tanh 函数具有许多适用于神经网络的优点，如完全可微、反对称以及对称中心为原点等。且 tanh 在特征相差明显时会取得更佳的训练效果，在循环过程中有不断增大特征的效果。

3）ReLU 函数：ReLU 是一种极其常见的激活函数，表达式为

$$\text{ReLU} = \max(0, x) \tag{4-10}$$

ReLU 函数本质为一个取最大值函数，但是其在 $x=0$ 处不可导。表达式虽然很简单，但对神经网络的贡献是巨大的。ReLU 函数的优点主要有三点：避免了 Sigmoid 函数和 tanh 函数会出现的梯度消失问题；由于 ReLU 函数只需要判断 x 是否非负，故其运算很快，收敛速度快。

4）softmax 函数：不同于预测问题中的输出层可以使用上述三种激活函数，多分类问题的输出层有专属的激活函数，即 softmax 函数。不同的输出层神经元节点对应的 softmax 值可表示为

$$y_t = \frac{\exp(z_t)}{\sum_{j=1}^{n} \exp(z_j)} \tag{4-11}$$

式中，z_t 为输出层第 t 个神经元节点的输入值；n 为输出层节点个数。softmax 函数将输出映射为 0 至 1 之间的实数，对应的是每个标签发生的概率，且输出之和等于 1，意味着多分类的概率之和为 0。

下面简单说明深度循环神经网络的计算。深度循环神经网络的理论部分包括前向计算、误差项计算和权重梯度计算。

1. 前向计算

深度循环神经网络中各循环层以及输出层在 t 时刻的输出为

$$o_t = g(\boldsymbol{V}s_t^i) \tag{4-12}$$

$$s_t^i = f(\boldsymbol{U}^{i-1}s_t^{i-1} + \boldsymbol{W}^i s_{t-1}^i) \tag{4-13}$$

$$\vdots$$

$$s_t^2 = f(\boldsymbol{U}^1 s_t^1 + \boldsymbol{W}^2 s_{t-1}^2) \tag{4-14}$$

$$s_t^1 = f(\boldsymbol{G}x_t + \boldsymbol{W}^1 s_{t-1}^1) \tag{4-15}$$

式中，f 为循环层的激活函数；$\boldsymbol{G} \in \mathbf{R}^{13 \times 2}$ 为输入到第一循环层的权重矩阵（假设神经网络结构为 2 个输入，每层有 13 个中间节点）；$x_t \in \mathbf{R}^{2 \times 1}$ 为输入；$\boldsymbol{W}^i \in \mathbf{R}^{13 \times 13}$ 为 t 前一时刻第 i 循环层到当前时刻第 i 循环层的权重矩阵；$s_t^i \in \mathbf{R}^{13 \times 1}$ 为 t 时刻第 i 循环层的输出；$\boldsymbol{U}^i \in \mathbf{R}^{13 \times 13}$ 第 i 循环层到第 $i+1$ 循环层的权重矩阵；g 为输出层的激活函数；$\boldsymbol{V} \in \mathbf{R}^{8 \times 13}$ 为最末循环层到输出层的权重矩阵（假设为 8 个输出）。

2. 误差项计算

随时间的反向传播算法将 t 时刻第 h 层的误差项沿两个方向传播。在其中一个方向上，随时间的反向传播算法将误差项传递到上一层来获得仅与权重矩阵 $\boldsymbol{U}$ 相关的 δ_t^{h-1}，在另一个方向上，随时间的反向传播算法将误差项沿时间传递到最初的时刻来获得仅与权重矩阵 $\boldsymbol{W}$ 相关的 δ_t^h。

神经元 t 时刻的输出为

$$net_t = \boldsymbol{U}x_t + \boldsymbol{W}s_{t-1} \tag{4-16}$$

因此，循环层在 $t-1$ 时刻的输出为

$$s_{t-1} = f(net_{t-1}) \tag{4-17}$$

net_t 对 net_{t-1} 的偏导为

$$\frac{\partial net_t}{\partial net_{t-1}} = \frac{\partial net_t}{\partial s_{t-1}} \frac{\partial s_{t-1}}{\partial net_{t-1}} \tag{4-18}$$

$$\frac{\partial net_t}{\partial s_{t-1}} = \begin{bmatrix} \dfrac{\partial net_1^t}{\partial s_1^{t-1}} & \cdots & \dfrac{\partial net_1^t}{\partial s_{13}^{t-1}} \\ \vdots & & \vdots \\ \dfrac{\partial net_{13}^t}{\partial s_1^{t-1}} & \cdots & \dfrac{\partial net_{13}^t}{\partial s_{13}^{t-1}} \end{bmatrix} = \begin{bmatrix} w_{1,1} & \cdots & w_{1,13} \\ \vdots & & \vdots \\ w_{13,1} & \cdots & w_{13,13} \end{bmatrix} = \boldsymbol{W} \tag{4-19}$$

$$\frac{\partial s_{t-1}}{\partial net_{t-1}} = \begin{bmatrix} \dfrac{\partial s_1^{t-1}}{\partial net_1^{t-1}} & \cdots & \dfrac{\partial s_1^{t-1}}{\partial net_{13}^{t-1}} \\ \vdots & & \vdots \\ \dfrac{\partial s_{13}^{t-1}}{\partial net_1^{t-1}} & \cdots & \dfrac{\partial s_{13}^{t-1}}{\partial net_{13}^{t-1}} \end{bmatrix} = \begin{bmatrix} f'(net_1^{t-1}) & \cdots & 0 \\ \vdots & & \vdots \\ 0 & \cdots & f'(net_{13}^{t-1}) \end{bmatrix}$$

$$= \mathrm{diag}[f'(net_{t-1})] \tag{4-20}$$

式中，$w_{j,i}$ 表示循环层 $t-1$ 时刻第 i 个神经元到循环层 t 时刻第 j 个神经元的权重；s_k^t 表示循环层 t 时刻第 k 个神经元；net_j^t 表示循环层 t 时刻第 j 个神经元节点的输入。因此，式（4-18）的最终表达式为

$$\frac{\partial net_t}{\partial net_{t-1}} = \frac{\partial net_t}{\partial s_{t-1}}\frac{\partial s_{t-1}}{\partial net_{t-1}} = \boldsymbol{W}\mathrm{diag}[f'(net_{t-1})] \tag{4-21}$$

该式描述了误差项沿时间向前一个时刻传递的规律。据此，可以获得任意时刻 k 的误差项 $\boldsymbol{\delta}_k^{\mathrm{T}}$：

$$\begin{aligned}
\boldsymbol{\delta}_k^{\mathrm{T}} &= \frac{\partial E}{\partial net_k} = \frac{\partial E}{\partial net_t}\frac{\partial net_t}{\partial net_k} \\
&= \frac{\partial E}{\partial net_t}\frac{\partial net_t}{\partial net_{t-1}}\frac{\partial net_{t-1}}{\partial net_{t-2}}\cdots\frac{\partial net_{k+1}}{\partial net_k} \\
&= \boldsymbol{W}\mathrm{diag}[f'(net_{t-1})]\boldsymbol{W}\mathrm{diag}[f'(net_{t-2})]\cdots\boldsymbol{W}\mathrm{diag}[f'(net_k)]\boldsymbol{\delta}_t^l \\
&= \boldsymbol{\delta}_t^{\mathrm{T}}\prod_{i=k}^{t-1}\boldsymbol{W}\mathrm{diag}[f'(net_i)]
\end{aligned} \tag{4-22}$$

式中，$\boldsymbol{\delta}_k^{\mathrm{T}}$ 表示 k 时刻误差项的转置；E 表示损失函数。该式为误差项沿时间反向传播的算法。在 t 时刻，相邻两层循环层的加权输入之间存在以下关系：

$$net_t^l = \boldsymbol{U}\alpha_t^{l-1} + \boldsymbol{W}s_{t-1} \tag{4-23}$$

$$\alpha_t^{l-1} = f^{l-1}(net_t^{l-1}) \tag{4-24}$$

式中，net_t^l 为第 l 层神经元在 t 时刻的加权输入；α_t^{l-1} 是第 $l-1$ 层神经元在 t 时刻的输出；f^{l-1} 是第 $l-1$ 层的激活函数。因此，net_t^l 对 net_t^{l-1} 的偏导为

$$\frac{\partial net_t^l}{\partial net_t^{l-1}} = \frac{\partial net_t^l}{\partial \alpha_t^{l-1}}\frac{\partial \alpha_t^{l-1}}{\partial net_t^{l-1}} = \boldsymbol{U}\mathrm{diag}[f^{l-1}(net_t^{l-1})] \tag{4-25}$$

因此，上一层的误差项的转置为

$$\boldsymbol{\delta}_t^{\mathrm{T}} = \frac{\partial E}{\partial net_t^{l-1}} = \frac{\partial E}{\partial net_t^l}\frac{\partial net_t^l}{\partial net_t^{l-1}} = (\boldsymbol{\delta}_t^l)^{\mathrm{T}}\boldsymbol{U}\mathrm{diag}[f^{l-1}(net_t^{l-1})] \tag{4-26}$$

该式描述了误差项向上一层传递的规律。据此，可以获得任意层 m 的误差项：

$$(\boldsymbol{\delta}_t^m)^{\mathrm{T}} = (\boldsymbol{\delta}_t^l)^{\mathrm{T}}\prod_{j=m}^{l-1}\boldsymbol{U}\mathrm{diag}[f^j(net_t^j)] \tag{4-27}$$

3. 权重梯度计算

由于损失函数 E 对权重矩阵 $\boldsymbol{W}$ 的偏导与 $\boldsymbol{U}$、x_t 均无关，且权重矩阵 $\boldsymbol{W}$ 只与当前时刻循环层的输入 net_t 有关，故损失函数 E 对权值矩阵中每一项的偏导 $\dfrac{\partial E}{\partial w_{j,i}}$ 可表达为

$$\frac{\partial E}{\partial w_{j,i}} = \frac{\partial E}{\partial net_j^t}\frac{\partial net_j^t}{\partial w_{j,i}} = \delta_j^t s_i^{t-1} \tag{4-28}$$

最终，所有项之和为

$$\nabla_{\boldsymbol{W}}E = \sum_{i=1}^{t}\nabla_{\boldsymbol{W}_i}E \tag{4-29}$$

与 $\boldsymbol{W}$ 类似，用梯度法求权重矩阵 $\boldsymbol{U}$ 的计算为

$$\nabla_U E = \sum_{i=1}^{t} \nabla_{U_i} E \qquad (4-30)$$

4.3.2 深度循环神经网络变体和改进

深度循环神经网络常常需要大量的时间和计算资源进行训练，这也是困扰深度学习算法开发的重大原因。因此需要资源更少、令模型收敛更快的最优化算法，才能从根本上加速深度循环神经网络速度和效果。深度循环神经网络算法实质和 BP 算法是一致的，但是随时间反向传播算法的序列太长，导致梯度消失或梯度爆炸，增加了训练难度，因此需要做出改进，常见的有 LSTM 和广义回归神经网络（General Regression Neural Network，GRNN）。LSTM 通过输入门、输出门和遗忘门结构可以更好地控制信息的流动和传递，具有长短时记忆功能。虽然 LSTM 的计算复杂度比深度神经网络大，但整体性能比深度神经网络有稳定的提升；GRN 只有两个门，也是通过门控制信息流量，这在一定程度上减少了计算量，能够加速网络训练。除了采用门控流量外，改进权重更新算法也是一种思路。适应性矩估计（Adaptive moment estimation，Adam）算法和交叉熵算法都是可以实现快速更新网络权重的算法。

Adam 优化算法是随机梯度下降算法的扩展式，近来广泛用于深度学习应用中，尤其是计算机视觉和自然语言处理等任务。Adam 是一种可以替代传统随机梯度下降过程的一阶优化算法，它能基于训练数据迭代地更新神经网络权重。将该算法应用到深度循环神经网络中，Adam 算法的具体更新规则如下：

$$v = \beta_1 v + (1-\beta_1)\,\mathrm{d}w \qquad (4-31)$$

$$s = \beta_2 s + (1-\beta_2)\,\mathrm{d}w^2 \qquad (4-32)$$

$$w = w - \alpha\frac{v}{\sqrt{s+\varepsilon}} \qquad (4-33)$$

式中，v 为利用指数加权平均值得到的梯度；s 为梯度的二次方被平滑化后的结果；$\mathrm{d}w$ 是计算出来的原始梯度；α 为学习率；β_1 为设定值，例如取 0.9；β_2 也为设定值，例如取 0.999；ε 一般取小的正数，例如取 10^{-8}，是为了保证分母恒大于 0。通过 Adam 算法就可对深度循环神经网络各个层之间的权重实现修正。

在处理多分类问题时，需要定义一种函数来衡量真实值与模型预测的输出值之间差值，被称之为损失函数，并据此来不断地修正神经网络中的权重，使真实值与预测输出值之间的差距尽可能缩小。一般分类问题的深度循环神经网络选用的输出层激活函数为 softmax 函数，损失函数选用与之匹配的交叉熵损失函数计算。交叉熵的表达式为

$$H(p,q) = -\sum_{x} \boldsymbol{p}(x)\log\boldsymbol{q}(x) \qquad (4-34)$$

式中，$\boldsymbol{p}$ 为真实值对应的向量，$\boldsymbol{q}$ 为 softmax 函数的输出向量，也是神经网络的预测值对应的向量。

交叉熵反映的是 $\boldsymbol{q}$ 表达 $\boldsymbol{p}$ 的难易程度，因此交叉熵数值越小，分类效果越理想。在知道

了神经网络预测值和真实值间的差值后，需要通过优化算法（优化器）对神经网络不同层之间的连接权重进行修正，使得新的预测值更接近于真实值。

大多数研究表明，增加神经网络中隐含层的层数可以有效降低神经网络的误差，提高预测精度。但与此同时，网络的复杂程度也随之增加，网络训练时长也相应增加，并容易出现"过拟合"现象，因此需要不断改进网络算法解决这些问题。

4.4　深度价值和策略学习

4.4.1　深度 Q 网络

深度 Q 网络（Deep Q-Network，DQN）作为深度强化学习的代表算法之一，对于强化学习在复杂任务上的应用有里程碑式的意义。它是深度思考团队在 2013 年发表于机器学习的顶级会议"神经信息处理系统大会"上提出的，第一次将深度学习与强化学习有机结合，使得计算机能够在雅达利 2600 型的游戏机上，通过端到端的训练就达到可与人媲美的水平。在 2015 年，深度 Q 网络经过改进和完善后登上了富有盛名的科学杂志《自然》的封面，它在 49 种不同的雅达利游戏中都有不俗的表现，并且其中一半能够超过人类的顶尖水平。这使得深度 Q 网络成为当时通用人工智能的一个标志性研究工作。

深度 Q 网络与强化学习的 Q 学习算法密切相关。Q 学习算法虽然有很好的理论性质，但是 Q 函数的表达却一直是一个大难题。在经典的问题里，都是将 Q 函数设计成表格的形式，一个状态就是一个格子，这样的表达简单直接，但在诸多连续状态的实际应用问题上却难以使用。

在之前的研究中，已经有学者提出可以使用函数来近似连续空间，即对于 Q 函数，可以将它表示为 $Q(s,a)=[F(\theta)](s;a)$，其中 $F(\theta)$ 表示参数为 θ 的函数，只要能够求解 θ 就能有效表达连续状态空间的近似值函数。线性函数由于易于训练和良好的理论性质，经常被用在强化学习中，即 $Q(s,a)=\theta^{\mathrm{T}}(s;a)$。对于复杂的问题，线性函数近似的表达能力并不够用。因此有学者认为可以使用神经网络这种强大的非线性模型代替线性函数。但是由于神经网络非常难以训练，并且由于强化学习中的数据具有很强的前后关联性，不符合监督学习中独立同分布的假设，神经网络拟合的效果往往不尽如人意。而且，为了能够顺利使用这些模型，通常需要用人工领域的专业知识去设计复杂的特征，代价非常高，因此这样的算法并没有太好的实用价值。

随着计算能力的大幅提升和深度学习技术的突飞猛进，神经网络模型在图像任务上不再需要人工提取特征，通过端到端的训练即可直接从原始的图像输入获得非常精确的图像识别能力。这使得神经网络成为一种出色的机器感知机，也为强化学习带来了新的活力。尽管深度学习技术使得神经网络的训练不再那么困难，但是直接将深度学习应用到强化学习中仍然面临着很多困难。首先，深度学习需要成千上万的有标记样本，而在强化学习中，虽然可以通过环境不断获取样本，但样本的标记只是一些稀疏的、有噪声的、带有延迟的奖赏反馈，这些反馈的延迟有时候甚至会高达几千个时间戳；其次，深度学习是有监督学习，它是建立在样本独立同分布的假设之下的，而强化学习是一个序列决策过程，状态之间存在很强的关联性，这一点就违反了监督学习中独立同分布的假设，难以保证监督学习方法的有效性；第三，监督学习通常会假设数据的分布是静态的，但是在强化学习中，当算法学到了新的行为之后，数据的分布会随之改变，这也与监督学习的假设相违背。因此，虽然深度学习成果丰硕，但是在深度 Q 网络之前，将其应用在强化学习任务中并没有特别好的方法。

深度 Q 网络算法的主体是 Q 学习算法，引入深度神经网络之后，算法主要的目标就在于训练以拟合 Q 函数为目标的神经网络，采用损失函数预测与真实值之间的均方差：

$$L(\theta) = E_{\pi_\theta}[(y - Q(s,a,\theta))^2] \tag{4-35}$$

此处的 y 对于终止状态就等于反馈 r，而对于非终止状态，根据 Q 学习算法的设计，则是一个包含自举的值，即

$$y = r + \gamma \max_{a' \in A} Q(s',a',\theta) \tag{4-36}$$

训练这个神经网络是整个深度 Q 网络算法的核心贡献，它能够成功地结合深度学习与强化学习的核心就在于克服监督学习的假设和强化学习场景的冲突，主要体现在以下两个关键技术点：回放内存和固定目标网络。

1. 回放内存

强化学习的每一步都会保留智能体所产生的经验 $e_t = (s_t, a_t, r_t, s_{t+1})$，这些经验所组成的集合 $D = e_1, e_2, \cdots, e_N$ 就是回放内存。在对 Q 函数进行训练的时候，会从这个集合里随机地采样。

$$L(\theta) = E_{(s,a,r,s') \sim U(D)}[(y - Q(s,a,\theta))^2] \tag{4-37}$$

这虽然只是一个简单的改动，却解决了强化学习和深度学习的矛盾。第一，随机采样打断了连续样本之间的关联，降低了权重更新时的方差；第二，每一步的样本都有可能在若干次的更新中被用到，提高了样本利用率；第三，使用经验回放，实际上就是在学习一种策略，通过大量的历史样本，行为的分布在统计上更为平滑，使得学习到的策略不容易产生振荡。

2. 固定目标网络

固定目标网络是在 Q 函数更新时，使用一个独立的网络来生成目标 y，从而增加神经网络训练的稳定性。具体而言，每 C 次更新，就复制一份当前的神经网络 Q，得到一个新的网络（称为目标网络）。在后续的训练中，使用目标网络的预测来产生目标 y，即 $\hat{Q}(s',a',\overline{\theta})$，通常对状态的特征输入采用函数 Φ 将目标网络改为 $\hat{Q}(\Phi(s'),a',\overline{\theta})$。这个改进使得算法比标准的 Q 学习算法更稳定。通常而言，$Q(s_t,a_t)$ 值的增加往往也会增加 $Q(s_{t+1},a_t)$ 的值，使得目标 y 的值变大，导致策略振荡。如果使用本方法生成目标，就可以在 Q 值更新与更新对 y 值产生的影响之间增加延迟，减少策略振荡的发生。具有经验回放的深度 Q 网络学习算法如下。

算法：具有经验回放的深度 Q 网络学习算法
输入：总迭代次数 M，折扣系数 γ，探索率 ε，学习率 a，随机小批量采样样本数量 n，网络目标参数更新频率 C
初始化：容量为 N 的回访经验池 D，随机权重 θ，初始化目标动作值函数 $\hat{Q}$，权重 $\bar{\theta}=\theta$ For e = 1 to M 　初始化 $S_1=\{x_1\}$，预处理序列 $\Phi_1=\Phi(s_1)$ 　For t = 1 to T 　　以概率 ε 随机选择动作 a 　　否则选择 $a_t=\underset{a\in A}{\arg\max}\,Q(\Phi(s_t),a,\theta)$ 　　环境中执行动作 a_t，并且获得反馈 r_{t+1} 和状态 s_{t+1} 　　更新 $s_{t+1}=s_t$，A_t，x_{t+1} 和预处理序列 $\Phi_{t+}=\Phi(s_{t+})$ 　　在回放经验池 D 中存储 $(\Phi_t,a_t,r_t,\Phi_{t+1})$ 　　从 D 中随机采样 $(\Phi_j,a_j,r_j,\Phi_{j+1})$ $$y_j=\begin{cases}r_j, & \text{如果本次实验终止在 }j+1\text{ 步,}\\ r_j+\gamma\,\underset{a'\in A}{\max}\hat{Q}(\Phi_{j+1},\ a',\ \bar{\theta}_i), & \text{其他}\end{cases}$$ 　　更新 θ，对 $(y_j-Q(\Phi_j,a,\theta_i))^2$ 采用梯度下降法更新 　　每隔 C 步更新 $\hat{Q}=Q$ 　End End
输出：最优策略和最优网络参数 θ。

首先，初始化一个容量为 N 的回放内存 D，然后用随机的权重 θ 初始化 Q 函数，与此同时，目标网络也用同样的权重进行初始化，即 $\bar{\theta}=\theta$。假设进行 M 轮的训练，在每一轮中，会有 T 步决策过程。每一步参照 Q 学习算法的做法，使用 ε 贪婪策略，以 ε 的概率随机选择一个动作 a_t，而以 $1-\varepsilon$ 的概率选择当前值函数的值最大的动作，即 $a_t=\underset{a}{\arg\max}\,Q(s_t,a;\theta)$。在环境中执行该动作之后，获得反馈 r_t 和新的状态 s_{t+1}，然后将这一组经验 (s_t,a_t,r_t,s_{t+1}) 存放在之前已初始化的回放内存 D 中，通过从 D 中随机采样，得到一批样本 (s_j,a_j,r_j,s_{j+1})。如果采样出来的 s_{j+1} 是结束状态，那么目标 y_j 即为 r_j；如果 s_{j+1} 不是结束状态，那么 y_j 就设为 $r_j+\gamma\underset{a'\in A}{\max}\hat{Q}(\Phi_{j+1},a',\bar{\theta}_i)$。注意这里的 Q 是用目标网络来预测的，接下来只需要对这个损失函数 $(y_j-Q(s_j,a_j;\theta))^2$ 进行经典的梯度下降，来更新网络的权重 θ 就可以了。最后，间隔 C 步之后，将目标网络的权重同步成当前的网络权重。

4.4.2　基于策略梯度算法

深度 Q 网络学习是基于值函数法，通过学习到的状态值函数或者动作值函数选择动作，对于难以获得状态值函数或动作值函数的情况不适用，此时可考虑采用策略函数选择动作。策略梯度法是常用的参数化策略函数的方法，根据策略类型的不同可以分为随机策略梯度（Stochastic Policy Gradient，SPG）算法和确定性策略梯度（Deterministic Policy Gradient，

DPG）算法。

在随机策略的情况下，假设策略表示为 $\pi_\theta(a\mid s) = P(a\mid s;\theta)$，可以应用策略表达式描述此策略，比如离散空间多用 softmax 策略表达式，连续空间多用高斯策略表达式描述。需要做的工作是通过调整参数 θ 得到较优的策略，使得遵循这个策略产生的行为能够得到较多的回报。具体就是设计一个与策略参数 θ 相关的目标函数 $J(\theta)$，对其使用梯度上升算法优化 θ，使得 $J(\theta)$ 最大，即

$$\theta_{t+1} = \theta_t + \alpha\,\nabla J(\theta_t) \tag{4-38}$$

此方法是基于目标函数 $J(\theta)$ 的梯度进行策略更新的，在更新过程中无论是否同时对值函数进行近似，任何遵循这种更新机制的方法都叫作策略梯度法。

对随机策略来说，目标函数同时取决于状态分布和所选择的动作，而两者又同时受到策略参数的影响。策略参数对行为选择可以由策略函数直接运算，但是对策略状态的影响通常未知，此时计算目标函数对策略函数的梯度十分困难。策略梯度定理解决了此问题。随机策略梯度定理为

$$\nabla J(\theta) \propto \sum_s \mu(s) \sum_a Q_\pi(s,a)\,\nabla_\theta \pi(a\mid s;\theta) \tag{4-39}$$

随机策略梯度定理说明目标函数梯度与右边成正比。但是随机策略梯度方法有以下缺点：即使通过随机策略梯度学习得到了随机策略，在每一步动作时，还需要对得到的最优策略概率分布进行采样，才能获得具体动作值，在高维向量中非常耗费计算能力。在随机策略梯度学习过程中，每一步计算策略梯度都需要在整个动作空间进行积分，同样很耗费计算能力。

为了解决这两个问题，采用确定性策略梯度法。下面介绍确定性策略梯度定理。

假设在一个马尔可夫决策过程模型中，$p(s'\mid s,a)$，$\nabla_a p(s'\mid s,a)$，$\mu_\theta(s)$，$\nabla_\theta \mu_\theta(s)$，$r(s,a)$，$\nabla_a r(s,a)$，$p_1(s)$ 分别存在，并且对 s,s',a,θ 连续，其中 $p_1(s)$ 表示初始状态概率分布，$p(s'\mid s,a)$ 表示状态转移概率，则确定性策略梯度一定存在且满足：

$$\begin{aligned}\nabla_\theta J(\mu_\theta) &= \int_S \rho_\mu(s)\,\nabla_\theta \mu_\theta(s)\,\nabla_a Q_\mu(s,a)\,\big|_{a=\mu_\theta(s)}\,\mathrm{d}s \\ &= E_{s\sim\rho_\mu}\big[\nabla_\theta \mu_\theta(s)\,\nabla_a Q_\mu(s,a)\,\big|_{a=\mu_\theta(s)}\big]\end{aligned} \tag{4-40}$$

式中，$\rho_\mu(s)$ 状态 s 的分布。

一般来说通过确定性策略进行采样无法确保充分探索，最终可能导致一个次优解，但是考虑到环境噪声的影响，只要环境中有足够噪声确保能够对环境充分探索，仍然能够获得最优解。因此 2016 年深度思考（DeepMind）团队结合确定性策略梯度算法和深度 Q 网络思想提出了深度确定性策略梯度（Deep Deterministic Policy Gradient，DDPG）算法，既可以处理高维空间学习问题，又能够处理连续空间的问题。

深度确定性策略梯度算法采用的是行动者——评论家架构，分为行动者和评论家两个部分。同时目标网络和更新网络是两个网络，因此一共四个网络：评论家目标（target）网络 Q′ 和评论家当前（online）网络 Q，行动者目标网络 μ' 和行动者当前网络 μ。具体算法如下。

算法：深度确定性策略梯度法

输入：初始化评论家网络 $Q(s, a \mid \theta_Q)$，行动者网络 $\mu(s \mid \theta_\mu)$ 的参数，评论家和行动者目标网络的参数，初始化记忆池 D，总迭代次数 M

For ep = 1 to M（对每一条轨迹）

初始化一个随机噪声，用来给动作添加噪声

获得初始状态 s_1

For t = 1 to T

根据当前策略探索噪声，获得行为 $a_t = \mu(s_t \mid \theta_\mu) + N_t$

执行动作 a_t，获得回报 r_t，和下一个状态 s_{t+1}

在回放经验池 D 中存储 (s_t, a_t, r_t, s_{t+1})

在 D 中随机抽取 N 个序列，作为当前策略网络 μ 和当前 Q 网络的一小批训练数据

$$y_i = r_i + Q'(s_{i+1}, \mu'(s_{i+1} \mid \theta_{\mu'}) \mid \theta_{Q'})$$

通过最小化损失函数，更新 θ_Q

$$L = E_{\pi_\theta}[(y - Q(s, a, \theta_Q))^2]$$

计算样本策略梯度，更新 θ_μ

$$\nabla_{\theta_\mu} \mu \mid s = E_{\pi_\theta}[\nabla_a Q(s, a, \theta_Q) \nabla_{\theta_\mu} \mu(s, \theta_\mu)]$$

通过滑动平均更新目标网络化参数 $\theta_{Q'}$，$\theta_{\mu'}$

$$\theta_{Q'} \leftarrow \tau\theta_Q + (1-\tau)\theta_{Q'}, \quad \theta_{\mu'} \leftarrow \tau\theta_\mu + (1-\tau)\theta_{\mu'}$$

End

End

输出：最优策略和最有网络参数 θ_Q，θ_μ。

　　深度强化学习仍处于研究的热点，许多问题会有更好的解决方案，以上仅介绍了经典的几种深度强化学习的算法，还有其他大量的算法，感兴趣的读者可查阅相关资料。

习　　题

4-1　深度卷积神经网络的特点有哪些？一般结构包括哪几个部分？

4-2　深度循环神经网络一般结构是什么？分为哪几个步骤计算？

4-3　深度 Q 网络是如何实现深度学习和强化学习结合的？

4-4　说明深度确定性策略梯度算法的过程。

参 考 文 献

[1] 刘驰，王占健，戴子彭. 深度强化学习：学术前沿与实战应用 [M]. 北京：机械工业出版社，2020.

[2] 陈世勇，苏博览，杨敬文. 深度强化学习核心算法与应用 [M]. 北京：电子工业出版社，2021.

[3] LAPAN M. 深度强化学习实践：原书第 2 版 [M]. 林然，王薇，译. 北京：机械工业出版社，2021.

[4] 袁晨晖. 深度卷积神经网络的迁移学习方法研究与应用 [D]. 南京：南京邮电大学，2021.

［5］ 叶凯强. 基于深度循环神经网络的自动变速器自动换挡策略研究 ［D］. 芜湖：安徽工程大学，2020.

［6］ 刘全，黄志刚. 深度强化学习 ［M］. 北京：清华大学出版社，2021.

［7］ 魏翼飞，汪昭颖，李俊. 深度学习：从神经网络到深度强化学习的演进 ［M］. 北京：清华大学出版社，2021.

［8］ 邹伟，鬲玲，刘昱杓. 强化学习 ［M］. 北京：清华大学出版社，2020.

## 第 5 章

模糊控制

本章首先讲述了模糊逻辑的基本内容：模糊集合、隶属函数、模糊集合的运算和模糊关系与推理；接着讲述了基本模糊控制的原理和组成、模糊控制器的结构以及模糊控制的设计步骤；最后讲述了自适应模糊控制，包括模糊逼近的万能逼近定理，以及一类自适应模糊控制器的设计过程。

5.1 模糊控制数学原理

模糊控制是建立在模糊数学的基础上，模糊数学是研究和处理模糊性现象的一种数学理论和方法。在生产实践、科学实验以及日常生活中，人们经常会遇到模糊概念（或现象），例如，大与小、轻与重、快与慢、动与静、深与浅、美与丑等都包含着一定的模糊概念。随着科学技术的发展，各学科领域对于这些模糊概念有关的实际问题往往都需要给出定量的分析，这就需要利用模糊数学这一工具来解决。模糊数学是一个较新的现代应用数学学科，是把数学的应用范围从确定性的领域扩大到了模糊领域，即从精确现象到模糊现象，研究模糊问题的一门学科。1965 年，美国控制论学者扎德（Zadeh）首次提出用"隶属函数"来描述现象差异的中间过渡，从而突破了经典集合论中属于或不属于的绝对关系。扎德的开创性的工作，标志着数学的一个新分支——模糊数学的诞生。

模糊数学的基本思想：用精确的数学手段对现实世界中大量存在的模糊概念和模糊现象进行描述、建模，以达到对其进行恰当处理的目的。模糊数学是以不确定性的事物为其研究对象的。模糊集合的出现是数学适应描述复杂事物的需要，扎德用模糊集合的理论将模糊性对象加以确切化，从而使研究确定性对象的数学与不确定性对象的数学沟通起来，使模糊数学成为一门具有生命力的学科。

模糊控制是利用模糊数学的基本方法，采用模糊推理设计控制器控制系统，主要有两大类：一类是将系统模糊化，设计模糊控制器后再反模糊化控制系统；另一类是系统模糊化后进行模糊推理，设计模糊控制器时直接输出精确控制，不再反模糊化。

要设计模糊控制器首先要了解模糊数学基础，下面将详细介绍模糊控制过程。

5.1.1 模糊集合

模糊控制是以模糊集合论作为数学基础。在讨论模糊集合论之前先简单回顾一下经典集合论。集合一般指具有某种属性的、确定的、彼此间可以区别的事物的全体。事物的含义是广泛的，可以是具体元素也可以是抽象概念。在经典集合论中，一个事物要么属于该集合，要么不属于该集合，两者必居其一，没有模棱两可的情况。这表明经典集合论所表达概念的内涵和外延都必须是明确的，描述的是有明确分界线的元素组合。

在人们的思维中，存在许多没有明确外延的概念，即模糊概念，如"速度的快慢""年龄的大小""温度的高低"等，这些往往是经验控制中不可或缺的。比如"水流速度很快的时候要关小水龙头"，对每个人来讲，既十分容易理解也十分容易操作。但是在确定性控制中，如何认定水流速度快则难以处理，假设水流传感器每一毫秒采样一次，传来大量水流流速数据，这些数据中哪些表示流速快，哪些表示流速慢，可以十分容易地给出某时刻的流速精确值，却无法提供流速"快"或"慢"的信息。同样"关小水龙头"在确定性控制中也难以实现，这就需要新的方法来描述这些模糊的信息。

经典的集合理论中一般采用特征函数表示元素是否属于该集合。集合一般可以分为离散集合和连续集合，例如集合"方向"由"上、下、左、右"组成，定义 $A=$ 方向，$x_1=$ 上，$x_2=$ 下，$x_3=$ 左，$x_4=$ 右，则集合 A 可以表示为

$$A=\{x\mid x_1,x_2,x_3,x_4\} \tag{5-1}$$

一个连续集合的例子如所有大于 10 的实数的集合可以表示为

$$A=\{x\mid x>10,x\in R\} \tag{5-2}$$

不管是离散集合还是连续集合，对于任意元素 x，只有两种可能：要么属于集合 A，要么不属于集合 A。用特征函数来描述这种关系为

$$\mu_A(x)=\begin{cases}1,x\in A\\0,x\notin A\end{cases} \tag{5-3}$$

描述经典集合关系的特征函数无法描述模糊关系，为了能够描述模糊关系的不确定性，比如 x 属于集合 A 的程度是大还是小，将特征函数扩展，引入隶属函数，隶属函数定义为

$$\mu_A(x)=\begin{cases}1,x\in A\\(0,1),x\in A\text{ 的程度}\\0,x\notin A\end{cases} \tag{5-4}$$

式中，A 表示模糊集合；$\mu_A\in[0,1]$ 表示属于模糊集合的程度，称 $\mu_A(x)$ 为 x 属于模糊集合 A 的隶属度。隶属函数将元素属于普通集合的仅有的两个关系 $\{0,1\}$ 扩展到了闭区间 $[0,1]$，即用属于 0 和 1 之间的实数表达元素属于模糊集合的程度。

将特征函数扩展为隶属函数后，模糊集合的表示就可以用隶属函数表达。同样模糊集合也分为离散模糊集合和连续模糊集合。离散模糊集合可以表示为

$$A=\frac{\mu_1}{x_1}+\frac{\mu_2}{x_2}+\cdots+\frac{\mu_i}{x_i}+\cdots \tag{5-5}$$

或

$$A=\{(\mu_1,x_1),(\mu_2,x_2),\cdots,(\mu_i,x_i),\cdots\} \tag{5-6}$$

式（5-5）和式（5-6）表示 A 为模糊集，其元素有 x_1，x_2，$\cdots$，x_i，$\cdots$，且 x_1 的隶属度是 μ_1，x_2 的隶属度是 μ_2，以此类推，式中"+"不是常规意义的加号，在模糊集中一般表示

"与"的关系。连续模糊集合的表达式为

$$A = \int \mu_A(x)/x \tag{5-7}$$

式中，"$\int$"和"$/$"符号也不是一般意义的数学符号，在模糊集中表示"构成"和"隶属"。

例 5-1： 假设论域 $U = \{$管段 1，管段 2，管段 3，管段 4，管段 5$\}$，传感器采集到一组数据 $\{10000，9992，9820，9980，9910\}$，单位为米/分钟，分别对应于以上 5 个管段，假定最高流速为 10000m/min，求各管段的流速的隶属度。

解： 如果对于一般集合，各管段流速都接近于最高流速，只能给出具体数值，没法定性描述流速快慢，但是定义隶属函数 $\dfrac{x}{10000}$，则管段 1（假设为 x_1，以此类推）的隶属度 $\mu_A(x_1) = \dfrac{10000}{10000} = 1$，其余为 $\mu_A(x_2) = \dfrac{9992}{10000} = 0.9992$，$\mu_A(x_3) = \dfrac{9820}{10000} = 0.982$，$\mu_A(x_4) = \dfrac{9980}{10000} = 0.998$，$\mu_A(x_5) = \dfrac{9910}{10000} = 0.991$，整体模糊集可表示：

$$A = \left\{ \frac{1}{x_1} + \frac{0.9992}{x_2} + \frac{0.982}{x_3} + \frac{0.998}{x_4} + \frac{0.991}{x_5} \right\} \tag{5-8}$$

式（5-8）表示了流速快的程度。

例 5-2： 假设年龄的论域为 $x \in [0,100]$，扎德给出了"年轻"的模糊集 Y，隶属函数定义为

$$Y(x) = \begin{cases} 1, x \in [0,25] \\ \left[1 + \left(\dfrac{x-25}{5} \right)^2 \right]^{-1}, x \in (25,100] \end{cases} \tag{5-9}$$

这是连续隶属度的例子，仿真程序如下：

```
%定义年轻的函数
clear all;
close all;

for k=1:1:1001
    x(k)=(k-1)*0.10;
if x(k)>=0&x(k)<=25
    y(k)=1.0;
else
    y(k)=1/(1+((x(k)-25)/5)^2);
end
end
plot(x,y,'k');
```

```
xlabel('年龄');
ylabel('隶属度');
```

"年轻"的隶属度曲线如图 5-1 所示。

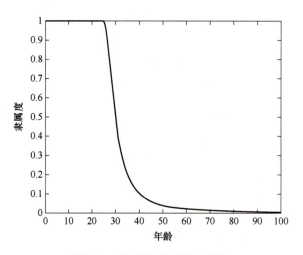

图 5-1 "年轻"的隶属度曲线

5.1.2 隶属函数的种类

隶属函数的选取有不同的定义，目前在 MATLAB 中有 11 种典型的隶属函数，常见的有高斯型隶属函数、广义钟形隶属函数、S 型隶属函数、梯形隶属函数、三角形隶属函数、Z 型隶属函数、双 S 型隶属函数、联合高斯型隶属函数、Π 型隶属函数、双 S 型乘积隶属函数等。下面简单介绍几种隶属函数。

1. 高斯型隶属函数

高斯型隶属函数定义为

$$f(x,a,b) = \mathrm{e}^{-\frac{(x-b)^2}{2a^2}} \tag{5-10}$$

式中，a，b 为参数且一般 a 取正数；b 为曲线的对称轴取值。MATLAB 中函数为 gaussmf(x，[a,b])。

2. 广义钟形隶属函数

广义钟形函数定义为

$$f(x,a,b,c) = \frac{1}{1+\left|\dfrac{x-b}{a}\right|^{2c}} \tag{5-11}$$

式中，a，c 通常取正数；b 为曲线的对称轴取值。MATLAB 中函数为 gbellmf(x，[a,b,c])。

3. S 型隶属函数

S 型隶属函数定义为

$$f(x,a,b) = \frac{1}{1+e^{-a(x-b)}} \tag{5-12}$$

其中 a 的取值决定了曲线的朝向，MATLAB 中函数为 $\mathrm{sigmf}(x,[a,b])$。

4. 梯形隶属函数

梯形隶属函数定义为

$$f(x,a,b,c,d) = \begin{cases} 0, x \leqslant a \\ \dfrac{x-a}{b-a}, a<x \leqslant b \\ 1, b<x \leqslant c \\ \dfrac{d-x}{d-c}, c<x \leqslant d \\ 0, x>d \end{cases} \tag{5-13}$$

式中，参数 a, d 决定下底的大小；b, c 决定两个斜边的形状。MATLAB 中函数为 $\mathrm{trapmf}(x,[a,b,c,d])$。

5. 三角形隶属函数

三角形隶属函数定义为

$$f(x,a,b,c) = \begin{cases} 0, x \leqslant a \\ \dfrac{x-a}{b-a}, a<x \leqslant b \\ \dfrac{c-x}{c-b}, b<x \leqslant c \\ 0, x>c \end{cases} \tag{5-14}$$

式中，a, c 决定三角形的底边；b 决定三角形的高。MATLAB 中函数为 $\mathrm{trimf}(x,[a,b,c])$。

根据隶属函数可以设计模糊系统，通过以下例题说明隶属函数的应用。

例 5-3：在 [-3, 3] 范围内有 7 个模糊等级，定义为 {负大、负中、负小、零、正小、正中、正大}，采用三角形隶属函数时，求 [-3, 3] 内的所有元素的隶属函数。

应用 MATLAB 中 trimf 函数实现，程序实现如下：

```
%定义三角形隶属度函数
clear all;
close all;
N=6;
x=-3:0.01:3;
for i=1:N+1
    f(i)=-3+6/N*(i-1);
end
u=trimf(x,[f(1),f(1),f(2)]);
```

```
figure(1);
plot(x,u);
for j=2:N
    u=trimf(x,[f(j-1),f(j),f(j+1)]);
    hold on;
    plot(x,u);
end
u=trimf(x,[f(N),f(N+1),f(N+1)]);
hold on;
plot(x,u);
xlabel('等级');
ylabel('隶属度');
```

仿真结果如图 5-2 所示。

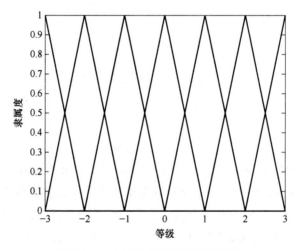

图 5-2　三角形隶属函数的仿真结果

由结果可知 [-3, 3] 中所有元素都被赋予了隶属函数值, 比如-2.5 的隶属函数值: 负大的隶属函数为 0.5, 负中的隶属函数为 0.5, 其余为 0。再比如-2.2 的隶属函数值: 负大约为 0.3, 负中约为 0.7, 其余为 0。

5.1.3　模糊集合的运算

由于模糊集合是由隶属函数表征, 则其基本概念和运算需要重新定义。

1. 空集

模糊集合的空集表示隶属函数为 0, 即

$$A = \varnothing \Leftrightarrow \mu_A(x) = 0 \tag{5-15}$$

2. 全集

模糊集合的全集表示隶属函数为 1，即

$$A = I \Leftrightarrow \mu_A(x) = 1 \tag{5-16}$$

3. 等集

两个模糊集合相等，叫作等集，表示两个集合内任意元素的隶属函数都相等。

$$A = B \Leftrightarrow \mu_A(x) = \mu_B(x) \tag{5-17}$$

4. 补集

补集定义为

$$\overline{A} \Leftrightarrow \mu_{\overline{A}}(x) = 1 - \mu_A(x) \tag{5-18}$$

5. 子集

子集定义为，若 B 是 A 的子集，则

$$B \subseteq A \Leftrightarrow \mu_B(x) \leqslant \mu_A(x) \tag{5-19}$$

6. 并集

并集的定义为，若 C 为 A 和 B 的并集，则

$$C = A \cup B \Leftrightarrow \mu_{A \cup B}(x) = \max(\mu_A(x), \mu_B(x)) = \mu_A(x) \vee \mu_B(x) \tag{5-20}$$

模糊集合并集定义与经典集合的定义不同，这决定了模糊计算也不同。模糊集合的并集是取大运算。

7. 交集

交集的定义为，若 C 为 A 和 B 的交集，则

$$C = A \cap B \Leftrightarrow \mu_{A \cap B}(x) = \min(\mu_A(x), \mu_B(x)) = \mu_A(x) \wedge \mu_B(x) \tag{5-21}$$

模糊集合交集的定义与经典集合的定义不同，这决定了模糊计算也不同。模糊集合的交集是取小运算。

模糊集合的运算规律如下：

1. 幂等律

$$A \cup A = A, A \cap A = A \tag{5-22}$$

2. 交换律

$$A \cup B = B \cup A, A \cap B = B \cap A \tag{5-23}$$

3. 结合律

$$A \cup (B \cup C) = (A \cup B) \cup C, A \cap (B \cap C) = (A \cap B) \cap C \tag{5-24}$$

4. 吸收律

$$A \cup (A \cap B) = A, A \cap (A \cup B) = A \tag{5-25}$$

5. 分配律

$$A \cup (B \cap C) = (A \cup B) \cap (A \cup C),$$
$$A \cap (B \cup C) = (A \cap B) \cup (A \cap C) \tag{5-26}$$

6. 复原律

$$\overline{\overline{A}} = A \tag{5-27}$$

7. 对偶律

$$\overline{A \cup B} = \overline{A} \cap \overline{B}, \overline{A \cap B} = \overline{A} \cup \overline{B} \tag{5-28}$$

8. 两极律

$$A \cup I = I, A \cap I = A, A \cup \varnothing = A, A \cap \varnothing = \varnothing \tag{5-29}$$

因为模糊数学是逻辑判断，根据实际情况其并运算和交运算的逻辑可以有多重定义，统称为模糊算子。常用的模糊算子定义如下。

1. 交运算算子

交运算常见的有 3 类算子：模糊交算子、代数积算子和有界积算子。

设 $C = A \cap B$，则模糊交算子定义为

$$\mu_c(x) = \min\{\mu_A(x), \mu_B(x)\} \tag{5-30}$$

代数积算子定义为

$$\mu_c(x) = \mu_A(x) \cdot \mu_B(x) \tag{5-31}$$

有界积算子定义为

$$\mu_c(x) = \max\{0, \mu_A(x) + \mu_B(x) - 1\} \tag{5-32}$$

2. 并运算算子

并运算也有 3 类算子：模糊并算子、代数和算子和有界和算子。

设 $C = A \cup B$，则模糊并算子定义为

$$\mu_c(x) = \max\{\mu_A(x), \mu_B(x)\} \tag{5-33}$$

代数和算子定义为

$$\mu_c(x) = \mu_A(x) + \mu_B(x) - \mu_A(x) \cdot \mu_B(x) \tag{5-34}$$

有界和算子定义为

$$\mu_c(x) = \min\{1, \mu_A(x) + \mu_B(x)\} \tag{5-35}$$

3. 平衡算子

因为采用隶属函数进行模糊运算时，特别是进行交运算和并运算时，不可避免地会丢失信息（见例 5-5），可采用平衡算子补偿这类情况。平衡算子定义为

$$\mu_C(x) = [\mu_A(x) \cdot \mu_B(x)]^{1-\gamma} \cdot [1 - (1 - \mu_A(x)) \cdot (1 - \mu_B(x))]^{\gamma} \tag{5-36}$$

式中，$\gamma \in [0, 1]$ 表示平衡参数。

例 5-4：设 $A = \dfrac{0.8}{x_1} + \dfrac{0.2}{x_2} + \dfrac{0.7}{x_3} + \dfrac{0.9}{x_4}$，$B = \dfrac{0.4}{x_1} + \dfrac{0.9}{x_2} + \dfrac{0.3}{x_3} + \dfrac{0.5}{x_4}$，应用基本模糊运算，计算 $A \cap B$，$A \cup B$，应用代数积和代数和算子计算结果如何？

解：$A \cap B = \dfrac{0.4}{x_1} + \dfrac{0.2}{x_2} + \dfrac{0.3}{x_3} + \dfrac{0.5}{x_4}$，$A \cup B = \dfrac{0.8}{x_1} + \dfrac{0.9}{x_2} + \dfrac{0.7}{x_3} + \dfrac{0.9}{x_4}$。

代数积为 $A \cap B = \dfrac{0.32}{x_1} + \dfrac{0.18}{x_2} + \dfrac{0.21}{x_3} + \dfrac{0.45}{x_4}$，代数和为 $A \cup B = \dfrac{0.88}{x_1} + \dfrac{0.92}{x_2} + \dfrac{0.79}{x_3} + \dfrac{0.95}{x_4}$。

例 5-5：证明普通集合的互补律在模糊集合中不成立，即 $\mu_A(x) \vee \mu_{\overline{A}}(x) \neq 1$，$\mu_A(x) \wedge \mu_{\overline{A}}(x) \neq 0$。

证明：假设 $\mu_A(x) = 0.3, \mu_{\overline{A}}(x) = 1 - 0.3 = 0.7$，则

$$\mu_A(x) \vee \mu_{\overline{A}}(x) = 0.3 \vee 0.7 = 0.7 \neq 1$$

$$\mu_A(x) \wedge \mu_{\overline{A}}(x) = 0.3 \wedge 0.7 = 0.3 \neq 0$$

得证。

例 5-5 同时说明在进行模糊逻辑计算时，会丢失信息。

5.1.4　模糊关系与推理

模糊逻辑需要模糊推理完成，模糊推理建立在模糊关系的基础上。一般用模糊矩阵表征模糊关系。通常二元模糊关系用模糊矩阵表示。当 $A = |a_i|_{i=1,2,\cdots,m}$，$B = |b_j|_{j=1,2,\cdots,n}$ 是有限集合时，则 $A \times B$ 的模糊关系 $\boldsymbol{R}$ 可用 $m \times n$ 阶矩阵来表示：

$$\boldsymbol{R} = \begin{bmatrix} r_{11} & r_{12} & \cdots & r_{1j} & \cdots & r_{1n} \\ r_{21} & r_{22} & \cdots & r_{2j} & \cdots & r_{2n} \\ \vdots & \vdots & & \vdots & & \vdots \\ r_{i1} & r_{i2} & \cdots & r_{ij} & \cdots & r_{in} \\ \vdots & \vdots & & \vdots & & \vdots \\ r_{m1} & r_{m2} & \cdots & r_{mj} & \cdots & r_{mn} \end{bmatrix} \tag{5-37}$$

式中，元素 $r_{ij} = \mu_R(a_i, b_i)$；$\boldsymbol{R}$ 称为模糊矩阵。

例 5-6：假设一组同学 $X = \{$张三，李四，王五$\}$，学习的课程 $Y = \{$语文，数学，物理，化学$\}$，成绩见表 5-1。取隶属度 $\dfrac{x}{100}$，其中 x 为成绩，求模糊矩阵 $\boldsymbol{R}$。

表 5-1　成绩表

	语文	数学	物理	化学
张三	90	75	85	92
李四	88	90	79	95
王五	60	67	84	77

解：首先将成绩模糊化，得

	语文	数学	物理	化学
张三	0.90	0.75	0.85	0.92
李四	0.88	0.90	0.79	0.95
王五	0.60	0.67	0.84	0.77

然后写成矩阵形式得

$$\boldsymbol{R} = \begin{bmatrix} 0.9 & 0.75 & 0.85 & 0.92 \\ 0.88 & 0.9 & 0.79 & 0.95 \\ 0.6 & 0.67 & 0.84 & 0.77 \end{bmatrix}$$

建立模糊矩阵后，需要对模糊矩阵进行运算，基本的模糊矩阵运算如下。

设有 n 阶模糊矩阵 $\boldsymbol{A}$ 和 $\boldsymbol{B}$，$\boldsymbol{A}=(a_{ij})$，$\boldsymbol{B}=(b_{ij})$，且 $i,j=1,2,\cdots,n$，则定义如下几种模糊矩阵运算方式。

1. 相等

若 $a_{ij}=b_{ij}$，则 $\boldsymbol{A}=\boldsymbol{B}$。

2. 包含

若 $a_{ij}\leqslant b_{ij}$，则 $\boldsymbol{A}\subseteq\boldsymbol{B}$。

3. 并运算

若 $c_{ij}=a_{ij}\vee b_{ij}$，则 $\boldsymbol{C}=(c_{ij})$ 为 $\boldsymbol{A}$ 和 $\boldsymbol{B}$ 的并，记为 $\boldsymbol{C}=\boldsymbol{A}\cup\boldsymbol{B}$。

4. 交运算

若 $c_{ij}=a_{ij}\wedge b_{ij}$，则 $\boldsymbol{C}=(c_{ij})$ 为 $\boldsymbol{A}$ 和 $\boldsymbol{B}$ 的交，记为 $\boldsymbol{C}=\boldsymbol{A}\cap\boldsymbol{B}$。

5. 补运算

若 $c_{ij}=1-a_{ij}$，则 $\boldsymbol{C}=(c_{ij})$ 为 $\boldsymbol{A}$ 的补，记为 $\boldsymbol{C}=\overline{\boldsymbol{A}}$。

模糊关系定义为，假设 X，Y 为两个非空集合，则 $X\times Y$ 的一个模糊子集称为 X 到 Y 的一个模糊关系。模糊关系可以是 X 与 Y 的交，也可以是并，也可以是其他运算或自行定义的运算。

例 5-7： 假设 $\boldsymbol{A}=\begin{bmatrix}0.4 & 0.8\\0.6 & 0.1\end{bmatrix}$，$\boldsymbol{B}=\begin{bmatrix}0.7 & 0.3\\0.9 & 0.5\end{bmatrix}$，求 $\boldsymbol{A}\cup\boldsymbol{B}$，$\boldsymbol{A}\cap\boldsymbol{B}$，$\overline{\boldsymbol{A}}$。

解： $\boldsymbol{A}\cup\boldsymbol{B}=\begin{bmatrix}0.4\vee0.7 & 0.8\vee0.3\\0.6\vee0.9 & 0.1\vee0.5\end{bmatrix}=\begin{bmatrix}0.7 & 0.8\\0.9 & 0.6\end{bmatrix}$

$\boldsymbol{A}\cap\boldsymbol{B}=\begin{bmatrix}0.4\wedge0.7 & 0.8\wedge0.3\\0.6\wedge0.9 & 0.1\wedge0.5\end{bmatrix}=\begin{bmatrix}0.4 & 0.3\\0.6 & 0.1\end{bmatrix}$

$\overline{\boldsymbol{A}}=\begin{bmatrix}1-0.4 & 1-0.8\\1-0.6 & 1-0.1\end{bmatrix}=\begin{bmatrix}0.6 & 0.2\\0.4 & 0.9\end{bmatrix}$

模糊关系除了直接运算外，还有合成运算，典型的合成运算是模糊关系的合成。模糊关系的合成定义为：假设 $\boldsymbol{R}$ 和 $\boldsymbol{S}$ 分别是 $X\times Y$ 和 $Y\times Z$ 上的模糊关系，则 $\boldsymbol{R}$ 和 $\boldsymbol{S}$ 的合成记为 $\boldsymbol{R}\circ\boldsymbol{S}$，且有

$$\mu_{\boldsymbol{R}\circ\boldsymbol{S}}(x,z)=\bigvee_{y\in Y}\{\mu_{\boldsymbol{R}}(x,y)\wedge\mu_{\boldsymbol{S}}(y,z)\},x\in X,z\in Z \tag{5-38}$$

下面通过例题说明合成运算。

例 5-8： 假设 $\boldsymbol{A}=\begin{bmatrix}0.4 & 0.8\\0.6 & 0.1\end{bmatrix}$，$\boldsymbol{B}=\begin{bmatrix}0.7 & 0.3\\0.9 & 0.5\end{bmatrix}$，求 $\boldsymbol{A}\circ\boldsymbol{B}$ 和 $\boldsymbol{B}\circ\boldsymbol{A}$。

$\boldsymbol{A}\circ\boldsymbol{B}=\begin{bmatrix}(0.4\wedge0.7)\vee(0.8\wedge0.9) & (0.4\wedge0.3)\vee(0.8\wedge0.5)\\(0.6\wedge0.7)\vee(0.1\wedge0.9) & (0.6\wedge0.3)\vee(0.1\wedge0.5)\end{bmatrix}=\begin{bmatrix}0.8 & 0.5\\0.6 & 0.3\end{bmatrix}$

$\boldsymbol{B}\circ\boldsymbol{A}=\begin{bmatrix}(0.7\wedge0.4)\vee(0.3\wedge0.6) & (0.7\wedge0.8)\vee(0.3\wedge0.1)\\(0.9\wedge0.4)\vee(0.5\wedge0.6) & (0.9\wedge0.8)\vee(0.5\wedge0.1)\end{bmatrix}=\begin{bmatrix}0.4 & 0.7\\0.5 & 0.8\end{bmatrix}$

通过例题可以看出，$\boldsymbol{A} \circ \boldsymbol{B} \neq \boldsymbol{B} \circ \boldsymbol{A}$，因此模糊推理具有方向性，这符合实际情况。进行合成运算时，需要第一个矩阵的行向量维数等于第二个矩阵的列向量维数。但是实际问题中往往不符合此条件，此时可以将矩阵扩展为张量进行计算（见例 5-10）。

再通过一个例题说明合成运算的应用。

例 5-9： 某家中子女和父母长相相似为模糊关系 $\boldsymbol{R}$，表示为

	父亲	母亲
儿子	0.3	0.7
女儿	0.8	0.2

父母与祖父母的长相相似为模糊关系 $\boldsymbol{S}$，表示为

	祖父	祖母
父亲	0.4	0.7
母亲	0.1	0.1

请用合成计算孙子孙女与祖父祖母的长相相似模糊关系。

解： 用模糊关系矩阵表示：

$$\boldsymbol{R} = \begin{bmatrix} 0.3 & 0.7 \\ 0.8 & 0.2 \end{bmatrix}, \boldsymbol{S} = \begin{bmatrix} 0.4 & 0.7 \\ 0.1 & 0.1 \end{bmatrix}$$

$$\boldsymbol{R} \circ \boldsymbol{S} = \begin{bmatrix} (0.3 \wedge 0.4) \vee (0.7 \wedge 0.1) & (0.3 \wedge 0.7) \vee (0.7 \wedge 0.2) \\ (0.8 \wedge 0.4) \vee (0.2 \wedge 0.1) & (0.8 \wedge 0.7) \vee (0.2 \wedge 0.1) \end{bmatrix} = \begin{bmatrix} 0.3 & 0.3 \\ 0.4 & 0.7 \end{bmatrix}$$

上述合成运算的结果表示孙子和祖父祖母的长相相似程度都是 0.3，孙女和祖父的相似程度是 0.4，和祖母的相似程度是 0.7。

介绍合成运算后，就可以进行模糊推理了。模糊控制依赖于模糊推理，只有经过模糊推理才能体现模糊逻辑的运算。模糊推理依赖模糊推理语句，常用的模糊推理语句有："If $\boldsymbol{A}$ then $\boldsymbol{B}$ else $\boldsymbol{C}$"；"If $\boldsymbol{A}$ and $\boldsymbol{B}$ then $\boldsymbol{C}$"。

推理规则有许多种，常见的推理规则是扎德规则和马丹尼规则。马丹尼推理法是模糊控制普遍使用的规则，本质是模糊合成计算。以 "If $\boldsymbol{A}$ and $\boldsymbol{B}$ then $\boldsymbol{C}$" 语句说明马丹尼推理规则。模糊推理语句 "If $\boldsymbol{A}$ and $\boldsymbol{B}$ then $\boldsymbol{C}$" 蕴涵的关系为 $(\boldsymbol{A} \wedge \boldsymbol{B} \rightarrow \boldsymbol{C})$，根据马丹尼模糊推理法，$\boldsymbol{A} \in X$, $\boldsymbol{B} \in X$, $\boldsymbol{C} \in X$ 是三元模糊关系，其关系矩阵 $\boldsymbol{R}$ 表示为

$$\boldsymbol{R} = (\boldsymbol{A} \times \boldsymbol{B})^{\mathrm{T1}} \circ \boldsymbol{C} \tag{5-39}$$

式中，$(\boldsymbol{A} \times \boldsymbol{B})^{\mathrm{T1}}$ 为模糊关系矩阵 $(\boldsymbol{A} \times \boldsymbol{B})_{m \times n}$ 构成的 $m \times n$ 列向量，n 和 m 分别为 $\boldsymbol{A}$ 和 $\boldsymbol{B}$ 论域元素的个数，即维数。

下面以例题说明马丹尼推理规则，其中采用模糊交和模糊并运算作为交运算和并运算的算子。

例 5-10： 设论域 $X=\{x_1,x_2,x_3\}$，$Y=\{y_1,y_2,y_3\}$，$Z=\{z_1,z_2\}$，已知 $A=\dfrac{0.5}{x_1}+\dfrac{0.7}{x_2}+\dfrac{0.2}{x_3}$，$B=$

$\dfrac{0.3}{y_1}+\dfrac{0.9}{y_2}+\dfrac{0.6}{y_3}$，$C=\dfrac{0.4}{z_1}+\dfrac{0.8}{z_2}$。采用推理语句"If A and B then C"求决定的 R。当 $A_1=\dfrac{0.3}{x_1}+$

$\dfrac{0.5}{x_2}+\dfrac{0.8}{x_3}$，$B_1=\dfrac{0.7}{y_1}+\dfrac{0.6}{y_2}+\dfrac{0.4}{y_3}$，求 C_1。

解： 首先求 R，根据马丹尼推理规则式（5-39），有

$$A\times B=A^{\mathrm{T}}\wedge B=\begin{bmatrix}0.5\\0.7\\0.2\end{bmatrix}\wedge\begin{bmatrix}0.3&0.9&0.6\end{bmatrix}=\begin{bmatrix}0.3&0.5&0.5\\0.3&0.7&0.6\\0.2&0.2&0.2\end{bmatrix}$$

因为 C 是 2 维，而 $A\times B$ 为 3×3 矩阵，所以维数不对等，将采用张量法计算。扩展 $A\times B$ 为 9×1 向量：

$$(A\times B)^{\mathrm{T1}}=\begin{bmatrix}0.3&0.5&0.5&0.3&0.7&0.6&0.2&0.2&0.2\end{bmatrix}^{\mathrm{T}}$$

$$R=(A\times B)^{\mathrm{T1}}\circ C$$

$$=\begin{bmatrix}0.3&0.5&0.5&0.3&0.7&0.6&0.2&0.2&0.2\end{bmatrix}^{\mathrm{T}}\circ\begin{bmatrix}0.4&0.8\end{bmatrix}$$

$$=\begin{bmatrix}0.3&0.4&0.4&0.3&0.4&0.4&0.2&0.2&0.2\\0.3&0.5&0.5&0.3&0.7&0.6&0.2&0.2&0.2\end{bmatrix}^{\mathrm{T}}$$

$$A_1\times B_1=A_1^{\mathrm{T}}\wedge B_1=\begin{bmatrix}0.3\\0.5\\0.8\end{bmatrix}\wedge\begin{bmatrix}0.7&0.6&0.4\end{bmatrix}=\begin{bmatrix}0.3&0.3&0.3\\0.5&0.5&0.4\\0.7&0.6&0.4\end{bmatrix}$$

将上式矩阵扩展为张量：

$$(A_1\times B_1)^{\mathrm{T2}}=\begin{bmatrix}0.3&0.3&0.3&0.5&0.5&0.4&0.7&0.6&0.4\end{bmatrix}$$

$$C_1=(A_1\times B_1)^{\mathrm{T2}}\circ R$$

$$=\begin{bmatrix}0.3&0.3&0.3&0.5&0.5&0.4&0.7&0.6&0.4\end{bmatrix}\circ$$

$$\begin{bmatrix}0.3&0.4&0.4&0.3&0.4&0.4&0.2&0.2&0.2\\0.3&0.5&0.5&0.3&0.7&0.6&0.2&0.2&0.2\end{bmatrix}^{\mathrm{T}}$$

$$=\begin{bmatrix}0.4&0.5\end{bmatrix}$$

除马丹尼规则外，还有其他模糊推理规则，模糊控制时将根据实际情况选择合适的推理规则。

5.2 模糊控制原理及设计

5.2.1 基本原理和组成

模糊控制是以模糊集理论、模糊语言变量和模糊逻辑推理为基础的控制方法，从行为上模仿人类的推理和决策过程，属于智能控制的一类。模糊控制首先根据事物内部原理或专家

经验制定模糊规则，然后将采集到的传感器的信息模糊化作模糊规则的输入，通过规则进行模糊逻辑推理，生成控制结果；将模糊控制器生成的模糊控制结果反模糊化后加在被控对象，完成模糊控制。近年来部分模糊控制器推理后直接生成精确控制，省去了反模糊化的过程，精炼了控制结构，拓展了控制范围，取得了较好的控制效果。

模糊控制规则由模糊条件语句来描述，因此模糊控制器是一种语言型控制器，也称为模糊语言控制器或模糊逻辑控制器。

一般来讲，模糊控制器由模糊化接口，模糊推理机和解模糊接口三部分组成，其中模糊推理机通过知识库完成，知识库包括数据库和规则库两部分构成，组成框图如图 5-3 所示。

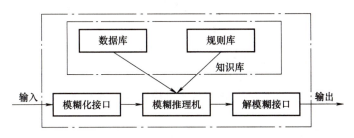

图 5-3 模糊控制器组成框图

1. 模糊化接口

模糊控制器要进行模糊逻辑推理，因此只接收模糊变量的输入，实际输入或传感器采集的信号都是精确信号，不能直接输入模糊控制器进行处理，需要首先进行模糊化处理。模糊化的过程需要隶属函数，比如三角形隶属函数、高斯型隶属函数等，将某范围内采集的输入信号模糊化。如某电机的电压传感器采集的信号在 [-48，48] 伏之间，为正弦信号，此时可以采用三角形隶属函数将此电压信号模糊化为 {负大、负中、负小、零、正小、正中、正大} 七个模糊子集。此时精确的电机电压信号就模糊化为模糊信号，每一个采样对应这七个等级的隶属函数取值，就可以根据知识库进行模糊推理了。

2. 知识库

知识库是模糊逻辑推理的核心要素，由数据库和规则库组成，所有推理语句依赖于规则库。数据库存放的是所有输入、输出变量的全部模糊子集的隶属度向量值，若论域为连续域，则存放隶属函数。数据库在推理时向模糊推理机提供数据。

规则库是基于实际原理或专家经验形成的规则，用语句描述。一般情况下用 If-then 语句或 If-then-else 语句说明规则。通常把 If 部分称为 "前件" 或 "前提"，then 部分称为 "后件" 或 "结论"。比如一条规则可以写为

If E is NB and EC is NB then U is PB

假设 E 表示误差模糊化后的隶属函数值，EC 表示误差的导数模糊化后的隶属函数值，NB 表示负大，PB 表示正大，U 表示控制器输入，则上一条规则的意思是，当误差和误差的导数（即误差的变化率）都向负大方向变化时，控制器输入为正大。举例说明上一条规则：假设 U 是控制水池进水的阀门，要保证水池维持恒定水位，当水位低于恒定水位很大并且

还在快速向水位更低的方向变化时，将进水阀门开到正大，加快进入让水位尽快达到恒定水位。

规则库是存放模糊规则并提供给模糊推理机使用的。

3. 推理与解模糊接口

模糊推理机根据知识库提供的数据和规则进行推理。推理过程常用的有扎德推理规则和马丹尼推理规则等，应用时根据实际问题选用不同的推理规则。比如例 5-10 就使用模糊合成运算进行马丹尼规则的推理。推理可以是正向的，也可以是逆向的，根据系统和控制器的特点具体设计。推理得到的结果一般来说仍然是模糊变量（一些模糊推理机可以直接得到精确控制输入，此时不需要再反模糊化），需要进行反模糊化处理，这就是解模糊接口需要完成的功能。

5.2.2 模糊控制器的结构和分类

模糊控制器根据变量的个数可以分为单变量模糊控制器和多变量模糊控制器两大类。

1. 单变量模糊控制器

单变量模糊控制器可以分为一维模糊控制器、二维模糊控制器、三维模糊控制器等。控制器主体都是误差或误差的导数等作为输入，首先模糊化为隶属函数，然后根据规定的模糊规则进行推理得到模糊控制输入。

一维模糊控制器如图 5-4 所示。误差信号经过模糊化后进入模糊控制器，经模糊推理后得到模糊控制器结果反模糊化后输出。此类控制器结构简单，由于只控制误差，因此控制精度和动态性能往往不能令人满意。

图 5-4 一维模糊控制器

二维模糊控制器如图 5-5 所示，与一维模糊控制器相比，增加了误差的导数项，这样不仅控制误差，还控制误差的变化率，因此动态性能较好，是目前应用广泛的一类模糊控制器结构。

三维模糊控制器如图 5-6 所示，三维模糊控制器不仅控制误差和误差的变化率，同时可以控制误差变化的速度，即误差的加速度。这种控制精度高，动态性能和稳态性能都很好，但是控制复杂、推理运算时间长。

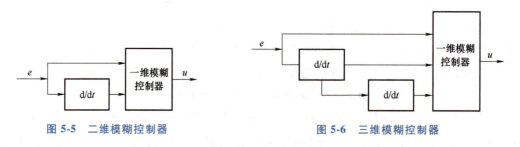

图 5-5 二维模糊控制器　　　　图 5-6 三维模糊控制器

理论上控制器维数越高，控制精度和动态性能就越高，但是维数太高，控制律会过于复杂，模糊推理时间过长，失去实时性而无法实用。因此模糊控制器的维数一般选择二维控制器，三维控制器只有在一些精度和动态性能要求很高的场合使用。

2. 多变量模糊控制器

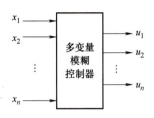

图 5-7　多变量模糊控制器

多变量模糊控制器结构如图 5-7 所示，其中 $x_1, x_2, \cdots, x_n$ 为多变量模糊控制器输入，$u_1, u_2, \cdots, u_n$ 为多变量模糊控制器输出。要直接设计一个多变量模糊控制器是困难的。在某些特殊系统下可以设计多变量模糊控制器，一些耦合系统或复杂的多输入多输出系统的模糊控制器设计困难，并且建立在大量关键假设之上。如果系统可解耦，则可以将多变量模糊控制解耦成多个单变量控制器进行设计。

模糊控制器按照不同的分类标准可以分为不同种类。如果按照信号的时变特性可以分为恒值模糊控制系统和随动模糊控制系统；按照是否存在静态误差可以分为有静差模糊控制系统和无静差模糊控制系统；按照系统输入变量的个数可以分为单变量模糊控制系统和多变量模糊控制系统。单变量模糊控制系统和多变量模糊控制系统在上面讨论过了。恒值模糊控制系统是指控制目标是恒定值，通过模糊控制器消除外界干扰，让系统输出跟踪给定的恒定值，这样的系统也叫作自镇定模糊控制系统。比如水池中要求水面高度恒定，采用模糊控制其进出口的阀门，保证水面恒定在给定值。随动模糊控制系统要求系统模糊控制器跟踪给定的变化的信号，系统的指令信号是时间函数，也称为模糊跟踪系统或模糊伺服控制系统。模糊控制系统中存在静差的系统叫作有静差模糊控制系统；在有静差模糊控制系统的基础上引入积分作用以最大可能的消除静差，叫作无静差模糊控制系统。

5.2.3　模糊控制的工作原理和设计步骤

本节将通过一个具体的例子说明模糊控制器的工作原理，并说明简单模糊控制器的设计步骤。

例 5-11：假设水池液位控制如图 5-8 所示，可以通过调节阀门向水池内注水或放水，要求设计合适的模糊控制将水位控制在高度为 O 处。

解：这是一个典型的恒值模糊控制系统。要想将水位控制在 O 处，则根据朴素的经验可知如下基本规则。

若水位高于 O 点，则向外放水，高得越多，放得越快；若水位低于 O 点，则向内注水，低的越多，注水越快。

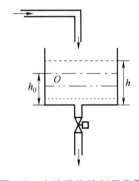

图 5-8　水池液位控制示意图

根据基本的经验规则，首先第一步要确定输入输出量、观测量和控制量。放水和注水的调节阀门的开度是控制器设计的量，需要根据实际水的高度和期望点 O 的水位高度的差来调节，因此定义误差为

$$e = h_0 - h$$

所以误差 e 为观测量。将误差 e 模糊化后作为模糊控制的输入，阀门开度 u 作为模糊控

制的输出，并且是下一级控制输入，即通过模糊推理得到 u，经过解模糊后作为下一级控制的输入来控制系统，以达到控制效果。

确定输入量、输出量、观测量和控制量后，第二步对确定的量进行模糊化处理。将误差 e 分为五个模糊量：｛负大（NB），负小（NS），零（ZO），正小（PS），正大（PB）｝，每个模糊量分为七个模糊等级（假设取值范围在 $[-3,3]$）：｛$-3,-2,-1,0,1,2,3$｝，得到的水位误差隶属矩阵 A 为

$$A = \begin{bmatrix} 0 & 0 & 0 & 0 & 0 & 0.5 & 1 \\ 0 & 0 & 0 & 0 & 1 & 0.5 & 0 \\ 0 & 0 & 0.5 & 1 & 0.5 & 0 & 0 \\ 0 & 0.5 & 1 & 0 & 0 & 0 & 0 \\ 1 & 0.5 & 0 & 0 & 0 & 0 & 0 \end{bmatrix}$$

其中第一行表示正大，依次为正小，零，负小，负大。第一列表示-3，依次为-2，-1，0，1，2，3。

同样阀门开度 u 也定义五个模糊量：｛负大（NB），负小（NS），零（ZO），正小（PS），正大（PB）｝，每个模糊量定义九个模糊等级（假设范围在 $[-4,4]$）：-4，-3，-2，-1，0，1，2，3，4。按照与 e 同样的方法建立隶属矩阵 B 为

$$B = \begin{bmatrix} 0 & 0 & 0 & 0 & 0 & 0 & 0 & 0.5 & 1 \\ 0 & 0 & 0 & 0 & 0 & 0.5 & 1 & 0.5 & 0 \\ 0 & 0 & 0 & 0.5 & 1 & 0.5 & 0 & 0 & 0 \\ 0 & 0.5 & 1 & 0.5 & 0 & 0 & 0 & 0 & 0 \\ 1 & 0.5 & 0 & 0 & 0 & 0 & 0 & 0 & 0 \end{bmatrix}$$

第三步确定模糊规则，根据以上两条经验，可以确立 5 条模糊规则如下：

$$\text{If } e = \text{NB then } u = \text{NB}$$
$$\text{If } e = \text{NS then } u = \text{NS}$$
$$\text{If } e = \text{ZO then } u = \text{ZO}$$
$$\text{If } e = \text{PS then } u = \text{PS}$$
$$\text{If } e = \text{PB then } u = \text{PB}$$

第四步确定模糊关系矩阵 R，采用马丹尼规则，有

$$R = A \times B = A^{\mathrm{T}} \wedge B = \begin{bmatrix} 1 & 0.5 & 0 & 0 & 0 & 0 & 0 & 0 & 0 \\ 0.5 & 0.5 & 0.5 & 0.5 & 0 & 0 & 0 & 0 & 0 \\ 0 & 0.5 & 1 & 0.5 & 0.5 & 0.5 & 0 & 0 & 0 \\ 0 & 0 & 0 & 0.5 & 1 & 0.5 & 0 & 0 & 0 \\ 0 & 0 & 0 & 0.5 & 0.5 & 0.5 & 1 & 0.5 & 0 \\ 0 & 0 & 0 & 0 & 0 & 0.5 & 0.5 & 0.5 & 0.5 \\ 0 & 0 & 0 & 0 & 0 & 0 & 0 & 0.5 & 1 \end{bmatrix}$$

第五步，根据模糊关系矩阵 R 进行模糊决策，即合成运算：

$$u = e \circ \boldsymbol{R}$$

例如当误差为负大即 NB 时，有

$$u = e \circ \boldsymbol{R} = \begin{bmatrix} 1 & 0.5 & 0.5 & 0.5 & 0 & 0 & 0 & 0 & 0 \end{bmatrix}$$

即当水位远低于期望水位时，按照经验应该把进水阀门开最大，即 $u = -4$。根据结果：-4 时 u 隶属函数为 1，-3 时为 0.5，-2 时为 0.5，-1 时为 0.5，即最大开度，符合实际情况。

第六步解模糊化，有多种解模糊化方法，这里可以按照隶属度最大原则解模糊化，即 $u = -4$。

通过例 5-11 说明了模糊控制器的工作原理和设计步骤，将设计步骤整理如下。

第一步：分析问题，确定模糊控制器结构类型、输入量、输出量、观测量、控制量等。

第二步：定义模糊集和模糊等级，将变量模糊化。

第三步：定义输入、输出量的隶属函数矩阵。

第四步：建立模糊控制规则。

第五步：选定合适推理规则进行模糊推理，得到模糊控制的输出量。

第六步：如果推理规则输出的是模糊量，需要解模糊化，得到模糊控制结果；如果输出精确量，则直接利用模糊控制结果进行下一级控制设计。

对于解模糊化，常见的方法有最大隶属函数法、重心法和加权平均法。

最大隶属函数法是选取推理结果模糊集合中隶属度最大的元素作为输出值，即

$$u_o = \frac{1}{N} \sum_{i=1}^{N} u_i, \quad u_i = \max_{u \in U}(u(x)) \tag{5-40}$$

式中，N 表示具有相同最大隶属函数的个数。式（5-40）表示当有多个相同最大隶属函数值时，取平均值。在某些情况下，也可以直接选取第一个最大值作为输出值。最大隶属函数法不考虑输出隶属函数的形状等，难免会丢失大量信息，但是突出特点是简单明了，因此有不少场合可采用最大隶属函数法。

重心法考虑了输出隶属函数的形状，能够更平滑地输出。重心法是取隶属函数曲线与横坐标围成的图形面积的重心作为模糊函数作终输出值，即

$$u_o = \frac{\displaystyle\int_U u\mu_u(u)\,\mathrm{d}u}{\displaystyle\int_U \mu_u(u)\,\mathrm{d}u} \tag{5-41}$$

若模糊控制系统为离散系统，则为

$$u_o = \frac{\displaystyle\sum_{k=1}^{m} u_k \mu_u(u_k)}{\displaystyle\sum_{k=1}^{m} \mu_u(u_k)} \tag{5-42}$$

与最大隶属函数法相比，重心法更具灵敏性和平滑性，考虑了所有模糊推理输出的影响。

加权平均法也是常用的解模糊化方法。加权平均法定义为

$$u_o = \frac{\sum_{i=1}^{m} k_i u_i}{\sum_{i=1}^{m} k_i}$$

（5-43）

式中，k_i 为加权平均法中的权重，根据实际情况和经验值以及实验等设定。

5.3 自适应模糊控制

通过例 5-11 可以看出，模糊控制器设计时并不需要被控对象的模型，但是非常依靠控制专家或操作者的经验知识。模糊控制的突出优点是能够比较容易地将人的控制经验融入控制器中。经验知识决定了模糊规则的设计，但若缺乏经验知识，则很难设计出高水平的模糊控制器。而且，由于模糊控制器采用了 If-then 控制规则，不便于控制参数的学习和调整，使得构造具有自适应的模糊控制器较困难。

自适应模糊控制有多种形式，可以只将模糊控制作为自适应控制器的一部分以估计未知的非线性部分，也可以设计整体模糊控制器控制系统。整体模糊控制一般分为两种情况：一种是直接自适应模糊控制，即根据实际系统性能与理想性能之间的偏差，通过一定的方法直接调整控制器的参数；另一种是间接自适应模糊控制，即通过在线辨识获得控制对象的模型，然后根据所得模型在线设计模糊控制器。

5.3.1 模糊逼近和万能逼近定理

设二维模糊系统 $g(x)$ 为集合 $U \in [\alpha_1, \beta_1] \times [\alpha_2, \beta_2] \subset R^2$ 上的一个函数，其解析式形式未知。对任意一个 $x \in U$，可设计一个逼近的模糊系统逼近 $g(x)$。模糊系统的设计步骤如下。

步骤 1：在 $[\alpha_i, \beta_i]$ 上定义 N_i（$i = 1, 2$）个标准的、一致的和完备的模糊集 A_i^1，A_i^2，$\cdots$，A_i^N。

步骤 2：组建 $M = N_1 \times N_2$ 条模糊集 If-Then 规则，即

$$R_u^{i_1 i_2} : \text{If } x_1 \text{ is } A_1^{i_1} \text{ and } x_2 \text{ is } A_2^{i_2} \text{ then } y \text{ is } B^{i_1 i_2}$$

其中模糊集 $B^{i_1 i_2}$ 中心表示为

$$\bar{y}^{i_1 i_2} = g(e_1^{i_1}, e_2^{i_2})$$

（5-44）

式中，e_i^j 表示 x_i 在模糊集 A_i^j 上的中间值或边界值。

步骤 3：采用乘积推理机，单值模糊器和中心平均解模糊化根据 M 条规则构造模糊系统 $f(x)$ 为

$$f(x) = \frac{\sum_{i_1=1}^{N_1} \sum_{i_2=1}^{N_2} \left[\bar{y}^{i_1 i_2} \left(\mu_{A_1}^{x_1}(x_1) \mu_{A_2}^{x_2}(x_2) \right) \right]}{\sum_{i_1=1}^{N_1} \sum_{i_2=1}^{N_2} \left[\mu_{A_1}^{x_1}(x_1) \mu_{A_2}^{x_2}(x_2) \right]}$$

（5-45）

式中，乘积推理机表示［·］用交运算算子实现，$\sum_{i_1=1}^{N_1}\sum_{i_2=1}^{N_2}\left[\bar{y}^{i_1i_2}(\mu_{A_1^{x_1}}(x_1)\mu_{A_2^{x_2}}(x_2))\right]$ 采用并运算算子实现；$\bar{y}^{i_1i_2}$ 采用单值模糊器实现，即隶属函数对应 $g(e_1^{i_1},e_2^{i_2})$ 的最大值，解模糊算法为中心平均解模糊算法。

因此设计的模糊函数 $f(x)$ 可以逼近未知非线性 $g(x)$。万能逼近定理可以证明此结论，万能逼近定理如下。

万能逼近定理：假设 $f(x)$ 为式（5-45）所设计的二维模糊系统，$g(x)$ 为集合 $U \in [\alpha_1,\beta_1]\times[\alpha_2,\beta_2]\subset R^2$ 上的一个未知函数，如果 $g(x)$ 连续可微，则 $f(x)$ 可以逼近 $g(x)$，且逼近精度为

$$\|g-f\|_\infty \leqslant \left\|\frac{\partial g}{\partial x_1}\right\|_\infty h_1 + \left\|\frac{\partial g}{\partial x_2}\right\|_\infty h_2 \tag{5-46}$$

式中

$$h_i = \max_{1\leqslant j\leqslant N_{i-1}}\left|e_i^{j+1}-e_i^j\right|,\ i=1,2 \tag{5-47}$$

式中，无穷维范数 $\|\cdot\|_\infty$ 表示上确界，即 $\|d(x)\|_\infty = \sup_{x\in U}|d(x)|$。

由该定理可以得到：

1）若 x_i 的模糊集的个数为 N_i，变化范围的长度为 L，则模糊系统逼近精度满足 $h_i = \dfrac{L_i}{N_{i-1}}$。因此，模糊规则越多，产生的模糊系统精度越高。

2）式（5-45）为万能逼近器，对任意给定的 $\varepsilon>0$，只要 h_1，h_2 足够小，使得 $\left\|\dfrac{\partial g}{\partial x_1}\right\|_\infty h_1 + \left\|\dfrac{\partial g}{\partial x_2}\right\|_\infty h_2<\varepsilon$ 成立，则 $\sup_{x\in U}|g(x)-f(x)|<\varepsilon$。

3）为了设计一个预知精度的模糊控制器，必须知道 $\left\|\dfrac{\partial g}{\partial x_1}\right\|_\infty$，$\left\|\dfrac{\partial g}{\partial x_2}\right\|_\infty$，同时必须知道 $g(e_1^{i_1},e_2^{i_2})$ 的值。

下面以一个例子说明自适应模糊控制器的设计过程。

5.3.2　系统描述

考虑如下方程所描述的研究对象

$$x^{(n)} = f(x,\dot{x},\cdots,x^{(n-1)})+bu \tag{5-48}$$

$$y = x \tag{5-49}$$

式中，f 为未知函数；b 为未知的正常数。

设计自适应模糊控制器控制系统，其中模糊规则采用下面 if—then 规则描述：

$$\text{如果 } x_1 \text{ 是 } P_1^r \text{ 且} \cdots \text{ 且 } x_n \text{ 是 } P_n^r，\text{则 } u \text{ 是 } Q^r \tag{5-50}$$

式中，P_i^r，Q^r 为 R 中的模糊集合，且 $r=1,2,\cdots,L_u$。

已知期望输出为 y_m，定义误差：

$$e = y_m - y = y_m - x, e = (e, \dot{e}, \cdots, e^{(n-1)})^T \tag{5-51}$$

为了保证系统稳定性和设计更加简单，设计滤波器 $\boldsymbol{K} = (k_n, \cdots, k_1)^T$，使多项式 $s^n + k_1 s^{(n-1)} + \cdots + k_n$ 的所有根实部都在复平面左半平面上。

自适应控制器设计为

$$u^* = \frac{1}{b}[-f(x) + y_m^{(n)} + \boldsymbol{K}^T e] \tag{5-52}$$

将式（5-48）代入式（5-44），得到闭环控制系统得方程

$$e^{(n)} + k_1 e^{(n-1)} + \cdots + k_n e = 0 \tag{5-53}$$

根据滤波器 $\boldsymbol{K}$ 的性质，可得 $t \to \infty$ 时 $e(t) \to 0$，即系统的输出 y 渐进地收敛于理想输出 y_m。也就是说，自适应控制器可以自适应调节误差，使得系统输出最终跟踪期望输出。但是式（5-52）中 $f(x)$ 未知，因此需要设计自适应模糊控制器 $u = u(\boldsymbol{x} \mid \boldsymbol{\theta})$ 控制系统。其中 θ 是调整参数向量的自适应律，使得系统输出 y 尽可能的跟踪理想输出 y_m。自适应模糊控制器结构如图 5-9 所示。

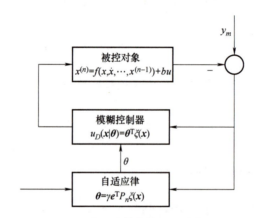

图 5-9　自适应模糊控制器结构图

5.3.3　模糊控制器设计

设计自适应模糊控制器为

$$u = u_D(\boldsymbol{x} \mid \boldsymbol{\theta}) \tag{5-54}$$

式中，u_D 是模糊系统；$\boldsymbol{\theta}$ 是可调参数集合。模糊系统 u_D 可由以下两步来构造：

1）对变量 $x_i(i = 1, 2, \cdots, n)$，定义 m_i 个模糊集合 $A_{i^i}^{l}(l_i = 1, 2, \cdots, m_i)$。

2）用 $\prod_{i=1}^{n} m_i$ 条模糊规则推理模糊系统 $u = u_D(\boldsymbol{x} \mid \boldsymbol{\theta})$。

模糊规则为，如果 x_1 是 $A_1^{l_1}$ 且 $\cdots$ 且 x_n 是 $A_n^{l_n}$，则 u_D 是 $S^{l_1 \cdots l_n}$，其中，$l_1 = 1, 2, \cdots, m_i$，$i = 1, 2, \cdots, n$。

根据上面模糊规则和式（5-50），定义模糊控制器为

$$u_D(\boldsymbol{x} \mid \boldsymbol{\theta}) = \dfrac{\displaystyle\sum_{l_1=1}^{m_1} \cdots \sum_{l_n=1}^{m_n} \overline{y}_u^{l_1 \cdots l_n} \left(\prod_{i=1}^{n} \mu_{A_i}^{l_i}(x_i) \right)}{\displaystyle\sum_{l_1=1}^{m_1} \cdots \sum_{l_n=1}^{m_n} \left(\prod_{i=1}^{n} \mu_{A_i}^{l_i}(x_i) \right)} \tag{5-55}$$

式中，$\overline{y}_u^{l_1 \cdots l_n}$ 是自由参数，分别放在集合 $\boldsymbol{\theta} \in R^{\prod\limits_{i=1}^{n} m_i}$ 中，则模糊控制器为

$$u_D(\boldsymbol{x} \mid \boldsymbol{\theta}) = \boldsymbol{\theta}^{\mathrm{T}} \xi(\boldsymbol{x}) \tag{5-56}$$

式中，$\xi(\boldsymbol{x})$ 为 $\prod\limits_{i=1}^{n} m_i$ 维向量，其第 $l_1, l_2, \cdots, l_n$ 个元素为

$$\boldsymbol{\xi}_{l_1 - l_n}(\boldsymbol{x}) = \dfrac{\displaystyle\prod_{i=1}^{n} \mu_{A_i}^{l_i}(x_i)}{\displaystyle\sum_{l_1=1}^{m_1} \cdots \sum_{l_n=1}^{m_n} \left(\prod_{i=1}^{n} \mu_{A_i}^{l_i}(x_i) \right)} \tag{5-57}$$

将式（5-52）、式（5-54）代入式（5-48），并整理得

$$e^{(n)} = -\boldsymbol{K}^{\mathrm{T}} e + \boldsymbol{b} [u^* - u_D(\boldsymbol{x} \mid \boldsymbol{\theta})] \tag{5-58}$$

令

$$\boldsymbol{\Lambda} = \begin{bmatrix} 0 & 1 & 0 & 0 & \cdots & 0 & 0 \\ 0 & 0 & 1 & 0 & \cdots & 0 & 0 \\ \vdots & \vdots & \vdots & \vdots & & \vdots & \vdots \\ 0 & 0 & 0 & 0 & \cdots & 0 & 1 \\ -k_n & -k_{n-1} & \cdots & \cdots & \cdots & \cdots & -k_1 \end{bmatrix}, \boldsymbol{b} = \begin{bmatrix} 0 \\ 0 \\ \vdots \\ 0 \\ b \end{bmatrix} \tag{5-59}$$

将闭环系统动态方程式（5-58）可写成向量形式：

$$\dot{e} = \boldsymbol{\Lambda} e + \boldsymbol{b} [u^* - u_D(\boldsymbol{x} \mid \boldsymbol{\theta})] \tag{5-60}$$

定义最优参数为

$$\boldsymbol{\theta}^* = \arg \prod_{\boldsymbol{\theta} \in R}^{n} \min m_i \left[\sup_{x \in R^n} \left| u_D(\boldsymbol{x} \mid \boldsymbol{\theta}) - u^* \right| \right] \tag{5-61}$$

定义最小逼近误差：

$$\omega = u_D(\boldsymbol{x} \mid \boldsymbol{\theta}^*) - u^* \tag{5-62}$$

由式（5-60）可得

$$\dot{e} = \boldsymbol{\Lambda} e + \boldsymbol{b} (u_D(\boldsymbol{x} \mid \boldsymbol{\theta}^*) - u_D(\boldsymbol{x} \mid \boldsymbol{\theta})) - \boldsymbol{b} (u_D(\boldsymbol{x} \mid \boldsymbol{\theta}^*) - u^*) \tag{5-63}$$

考虑式（5-56），将误差方程式（5-63）改写为

$$\dot{e} = \boldsymbol{\Lambda} e + \boldsymbol{b} (\boldsymbol{\theta}^* - \boldsymbol{\theta})^{\mathrm{T}} \boldsymbol{\xi}(\boldsymbol{x}) - \boldsymbol{b} \omega \tag{5-64}$$

定义 Lyapunov 函数

$$V = \frac{1}{2} e^{\mathrm{T}} \boldsymbol{P} e + \frac{b}{2\gamma} (\boldsymbol{\theta}^* - \boldsymbol{\theta})^{\mathrm{T}} (\boldsymbol{\theta}^* - \boldsymbol{\theta}) \tag{5-65}$$

式中，参数 γ 是正的常数；$\boldsymbol{P}$ 为正定对称矩阵且满足：

$$\boldsymbol{\Lambda}^{\mathrm{T}} \boldsymbol{P} + \boldsymbol{P} \boldsymbol{\Lambda} = -\boldsymbol{Q} \tag{5-66}$$

式中，Q 是正定对称矩阵；Λ 由式（5-59）给出。

取 $V_1 = \dfrac{1}{2}e^{\mathrm{T}}Pe$，$V_2 = \dfrac{b}{2\gamma}(\boldsymbol{\theta}^* - \boldsymbol{\theta})^{\mathrm{T}}(\boldsymbol{\theta}^* - \boldsymbol{\theta})$，令 $M = b(\boldsymbol{\theta}^* - \boldsymbol{\theta})^{\mathrm{T}}\boldsymbol{\xi}(\boldsymbol{x}) - b\omega$，

则式（5-64）变为

$$\dot{e} = \Lambda e + M \tag{5-67}$$

且有

$$\dot{V}_1 = \frac{1}{2}\dot{e}^{\mathrm{T}}Pe + \frac{1}{2}e^{\mathrm{T}}P\dot{e} = \frac{1}{2}(e^{\mathrm{T}}\Lambda^{\mathrm{T}} + M^{\mathrm{T}})Pe + \frac{1}{2}e^{\mathrm{T}}P(\Lambda e + M)$$

$$= \frac{1}{2}e^{\mathrm{T}}(\Lambda^{\mathrm{T}}P + P\Lambda)e + \frac{1}{2}M^{\mathrm{T}}Pe + \frac{1}{2}e^{\mathrm{T}}PM$$

$$= -\frac{1}{2}e^{\mathrm{T}}Qe + \frac{1}{2}(M^{\mathrm{T}}Pe + e^{\mathrm{T}}PM)$$

$$= -\frac{1}{2}e^{\mathrm{T}}Qe + e^{\mathrm{T}}PM \tag{5-68}$$

进一步化简为

$$\dot{V}_1 = -\frac{1}{2}e^{\mathrm{T}}Qe + e^{\mathrm{T}}Pb((\boldsymbol{\theta}^* - \boldsymbol{\theta})^{\mathrm{T}}\boldsymbol{\xi}(\boldsymbol{x}) - \omega)$$

$$\dot{V}_2 = -\frac{b}{y}(\boldsymbol{\theta}^* - \boldsymbol{\theta})^{\mathrm{T}}\dot{\boldsymbol{\theta}} \tag{5-69}$$

则 V 的导数为

$$\dot{V} = -\frac{1}{2}e^{\mathrm{T}}Qe + e^{\mathrm{T}}Pb\{(\boldsymbol{\theta}^* - \boldsymbol{\theta})^{\mathrm{T}}\boldsymbol{\xi}(\boldsymbol{x}) - \omega\} - \frac{b}{y}(\boldsymbol{\theta}^* - \boldsymbol{\theta})^{\mathrm{T}}\dot{\boldsymbol{\theta}} \tag{5-70}$$

令 $\boldsymbol{p}_n$ 为 P 的最后一列，由 $\boldsymbol{b} = [0, \cdots, 0, b]^{\mathrm{T}}$ 可知 $e^{\mathrm{T}}Pb = e^{\mathrm{T}}\boldsymbol{p}_n b$，则式（5-70）变为

$$\dot{V} = -\frac{1}{2}e^{\mathrm{T}}Qe + \frac{b}{y}(\boldsymbol{\theta}^* - \boldsymbol{\theta})^{\mathrm{T}}[\gamma e^{\mathrm{T}}\boldsymbol{p}_n \boldsymbol{\xi}(\boldsymbol{x}) - \dot{\boldsymbol{\theta}}] - e^{\mathrm{T}}\boldsymbol{p}_n b\omega \tag{5-71}$$

自适应律取为

$$\dot{\boldsymbol{\theta}} = \gamma e^{\mathrm{T}}\boldsymbol{p}_n \boldsymbol{\xi}(\boldsymbol{x}) \tag{5-72}$$

则

$$\dot{V} = -\frac{1}{2}e^{\mathrm{T}}Qe - e^{\mathrm{T}}\boldsymbol{p}_n b\omega \tag{5-73}$$

由于 $Q > 0$，ω 是最小逼近误差，通过设计足够多规则的模糊系统，可使 ω 充分小，并且满足 $|e^{\mathrm{T}}\boldsymbol{p}_n b\omega| \leqslant -\dfrac{1}{2}e^{\mathrm{T}}Qe$，从而使得 $\dot{V} \leqslant 0$，闭环系统为渐近稳定。

可进一步求出收敛范围，根据

$$\dot{V} = -e^{\mathrm{T}}Qe - e^{\mathrm{T}}\boldsymbol{p}_n b\omega \tag{5-74}$$

由于

$$2e^{\mathrm{T}}\boldsymbol{p}_n b\omega \leqslant d(e^{\mathrm{T}}\boldsymbol{p}_n b)(e^{\mathrm{T}}\boldsymbol{p}_n b)^{\mathrm{T}} + \frac{1}{d}\omega^2 \tag{5-75}$$

式中，$d>0$。

则有

$$e^{\mathrm{T}}p_n b\omega \leqslant \frac{d}{2}(e^{\mathrm{T}}p_n b)(e^{\mathrm{T}}p_n b)^{\mathrm{T}}+\frac{1}{2d}\omega^2 = \frac{d}{2}e^{\mathrm{T}}(p_n bb^{\mathrm{T}}p_n^{\mathrm{T}})e+\frac{1}{2d}\omega^2$$

$$\dot{V}\leqslant -\frac{1}{2}e^{\mathrm{T}}Qe+\frac{d}{2}e^{\mathrm{T}}(p_n bb^{\mathrm{T}}p_n^{\mathrm{T}})+\frac{1}{2d}\omega^2 = -\frac{1}{2}e^{\mathrm{T}}(Q-d(p_n bb^{\mathrm{T}}p_n^{\mathrm{T}}))e+\frac{1}{2d}\omega^2$$

$$\leqslant -\frac{1}{2}e^{\mathrm{T}}l_{\min}(Q-d(p_n bb^{\mathrm{T}}p_n^{\mathrm{T}}))e+\frac{1}{2d}\omega_{\max}^2 \tag{5-76}$$

式中，$l(\cdot)$ 为矩阵的特征值，$l(Q)>l(dp_n bb^{\mathrm{T}}p_n^{\mathrm{T}})$。则满足 $\dot{V}\leqslant 0$ 的收敛结果为

$$\|e\|\leqslant \frac{|\omega|_{\max}}{\sqrt{dl_{\min}(Q-dp_n bb^{\mathrm{T}}p_n^{\mathrm{T}})}} \tag{5-77}$$

可见，收敛误差 $\|e\|$ 与 Q 和 p_n 的特征值、最小逼近误差 ω 有关，Q 的特征值越大，p_n 的特征值越小，$|\omega|_{\max}$ 越小，收敛误差越小。由于 $V\geqslant 0$，$\dot{V}\leqslant 0$，则 V 有界，因此 θ 有界，但无法保证 θ 收敛于 θ^*，即无法保证 $f(x)$ 的有效逼近，只能保证控制器最后使得输出信号能够跟踪系统期望输出信号。

5.3.4 仿真实例

例 5-12：假设被控对象为一个二阶系统

$$\dot{x}=-25x+133u$$

期望输出为 $y_m=\sin(0.1t)$。取以下 6 种隶属函数：$\mu_{N3}(x)=\dfrac{1}{1+\exp(5(x+2))}$，$\mu_{N2}(x)=\exp(-(x+1.5)^2)$，$\mu_{N1}(x)=\exp(-(x+0.5)^2)$，$\mu_{P1}(x)=\exp(-(x-0.5)^2)$，$\mu_{P1}(x)=\exp(-(x-1.5)^2)$，$\mu_{P1}(x)=1/(1+\exp(-5(x-2)))$。

假设系统初始状态为 $[1,0]$，θ 的初始值选取 0，模糊控制器为（5-52），取 $Q=\begin{bmatrix}50 & 0\\ 0 & 50\end{bmatrix}$，$k_1=3$，$k_2=1$，$\gamma=20$。

根据隶属函数设计程序，可得隶属函数图；在控制系统仿真程序中，分别用 FS_2、FS_1 和 FS 表示模糊系统 $\xi(x)$，自适应模糊控制的仿真程序如下。

1. 隶属函数设计程序

```
clear all;
close all;

L1 = -3;
L2 = 3;
L = L2-L1;
T = 0.001;
```

```
x=L1:T:L2;
figure(1);
for i=1:1:6
  if i==1
     u=1./(1+exp(5*(x+2)));
  elseif i==6
     u=1./(1+exp(-5*(x-2)));
  else
  u=exp(-(x+2.5-(i-1)).^2);
end
    hold on;
    plot(x,u);
end
xlabel('x');ylabel('隶属度函数');
```

2. Simulink 主程序

图 5-10 是 Simulink 仿真主程序。系统输入为正弦信号，控制量为 u，输出为 y，chap5_5ctrl 是控制器函数，chap5_5plant 是被控对象函数。

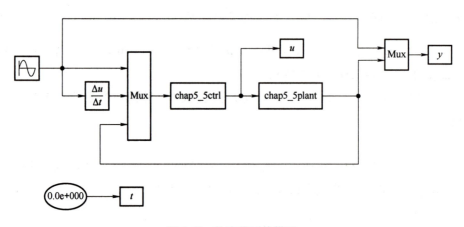

图 5-10　仿真模型的搭建

3. 控制程序

```
function [sys,x0,str,ts]=spacemodel(t,x,u,flag)

switch flag,
case 0,
```

```
    [sys,x0,str,ts]=mdlInitializeSizes;
case 1,
    sys=mdlDerivatives(t,x,u);
case 3,
    sys=mdlOutputs(t,x,u);
case {2,4,9}
    sys=[];
otherwise
error(['Unhandled flag=',num2str(flag)]);
end

function [sys,x0,str,ts]=mdlInitializeSizes
sizes=simsizes;
sizes.NumContStates=36;
sizes.NumDiscStates=0;
sizes.NumOutputs=1;
sizes.NumInputs=4;
sizes.DirFeedthrough=1;
sizes.NumSampleTimes=0;
sys=simsizes(sizes);
x0=[zeros(36,1)];
str=[];
ts=[];

function sys=mdlDerivatives(t,x,u)
r=u(1);
dr=u(2);
xi(1)=u(3);
xi(2)=u(4);
e=r-xi(1);
de=dr-xi(2);
gama=50;
k2=1;
k1=10;
E=[e,de]';
```

```
A=[0-k2;
  1-k1];
Q=[50 0;0 50];
P=lyap(A,Q);


FS1=0;
u1(1)=1/(1+exp(5*(xi(1)+2)));
u1(6)=1/(1+exp(-5*(xi(1)-2)));
for i=2:1:5
    u1(i)=exp(-(xi(1)+1.5-(i-2))^2);
end


u2(1)=1/(1+exp(5*(xi(2)+2)));
u2(6)=1/(1+exp(-5*(xi(2)-2)));
fori=2:1:5
    u2(i)=exp(-(xi(2)+1.5-(i-2))^2);
end


for i=1:1:6
  for j=1:1:6
    FS2(6*(i-1)+j)=u1(i)*u2(j);
    FS1=FS1+u1(i)*u2(j);
  end
end
FS=FS2/FS1;


b=[0;1];
S=gama*E'*P(:,2)*FS;


for i=1:1:36
    sys(i)=S(i);
end


function sys=mdlOutputs(t,x,u)
r=u(1);
```

```
dr=u(2);
xi(1)=u(3);
xi(2)=u(4);

fori=1:1:36
thtau(i,1)=x(i);
end

FS1=0;
u1(1)=1/(1+exp(5*(xi(1)+2)));
u1(6)=1/(1+exp(-5*(xi(1)-2)));
for i=2:1:5
    u1(i)=exp(-(xi(1)+1.5-(i-2))^2);
end

u2(1)=1/(1+exp(5*(xi(2)+2)));
u2(6)=1/(1+exp(-5*(xi(2)-2)));
fori=2:1:5
    u2(i)=exp(-(xi(2)+1.5-(i-2))^2);
end

for i=1:1:6
  for j=1:1:6
    FS2(6*(i-1)+j)=u1(i)*u2(j);
    FS1=FS1+u1(i)*u2(j);
  end
end
FS=FS2/FS1;

ut=thtau'*FS';
sys(1)=ut;
```

4. 被控对象 S 函数程序

```
%连续状态方程的 S 函数
function [sys,x0,str,ts]=s_function(t,x,u,flag)
```

```
switch flag,
%初始化
  case 0,
    [sys,x0,str,ts]=mdlInitializeSizes;
  case 1,
    sys=mdlDerivatives(t,x,u);
%输出
  case 3,
    sys=mdlOutputs(t,x,u);
%未处理标志
  case {2,4,9}
    sys=[];
%意外标志
  otherwise
error(['Unhandled flag=',num2str(flag)]);
end

function [sys,x0,str,ts]=mdlInitializeSizes
sizes=simsizes;
sizes.NumContStates  =2;
sizes.NumDiscStates  =0;
sizes.NumOutputs     =2;
sizes.NumInputs      =1;
sizes.DirFeedthrough =0;
sizes.NumSampleTimes =0;

sys=simsizes(sizes);
x0=[1 0];
str=[];
ts=[];

function sys=mdlDerivatives(t,x,u)
sys(1)=x(2);
sys(2)=-25*x(2)+133*u;
```

```
function sys=mdlOutputs(t,x,u)
sys(1)=x(1);
sys(2)=x(2);
```

5. 作图程序

```
close all;

figure(1);
plot(t,y(:,1),'r',t,y(:,2),'b');
xlabel('时间(s)');ylabel('位置跟踪');

figure(2);
plot(t,y(:,1)-y(:,2),'r');
xlabel('时间(s)');ylabel('速度跟踪');

figure(3);
plot(t,u(:,1),'r');
xlabel('时间(s)');
ylabel('控制输入');
```

隶属度函数图如图 5-11 所示，控制器的仿真结果如图 5-12 和图 5-13 所示。

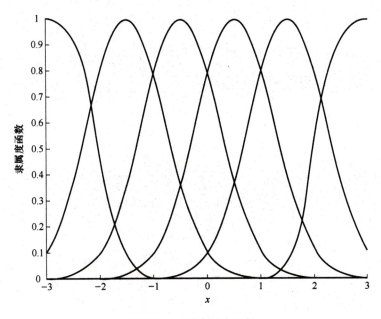

图 5-11 x 的隶属度函数

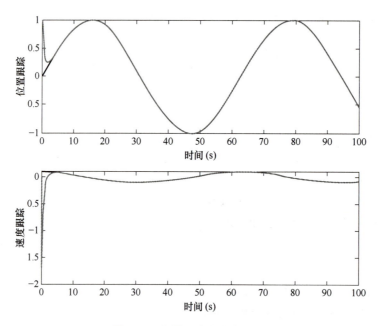

图 5-12　位置跟踪和速度跟踪

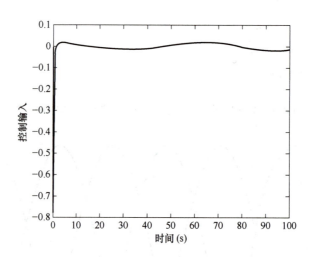

图 5-13　控制输入信号

习　　题

5-1　什么是隶属函数？隶属函数的种类有哪些？

5-2　已知模糊矩阵 $A = \begin{bmatrix} 0.6 & 0.8 \\ 0.3 & 0.1 \end{bmatrix}$，$B = \begin{bmatrix} 0.2 & 0.6 \\ 1 & 0.3 \end{bmatrix}$，$C = \begin{bmatrix} 0.7 & 0.4 \\ 0.5 & 0.8 \end{bmatrix}$，求 $A \cup B$，$B \cap C$，$(A \cap B) \circ C$ 和 $(A \circ B) \cup (A \circ C)$。

5-3 设论域 $X = \{a_1, a_2, a_3, a_4\}$，$Y = \{b_1, b_2, b_3, b_4\}$，$Z = \{c_1, c_2\}$，已知 $A = \dfrac{0.4}{a_1} + \dfrac{0.8}{a_2} + \dfrac{1}{a_3} +$

$\dfrac{0.2}{a_4}$，$B = \dfrac{0.9}{b_1} + \dfrac{0.1}{b_2} + \dfrac{0.7}{b_3} + \dfrac{0.6}{b_4}$，$C = \dfrac{0.4}{c_1} + \dfrac{0.8}{c_2}$，试确定"A and B then C"所确定的模糊矩阵 $\boldsymbol{R}$，

当 $A_1 = \dfrac{0.6}{a_1} + \dfrac{0.2}{a_2} + \dfrac{0.7}{a_3} + \dfrac{0.8}{a_4}$，$B_1 = \dfrac{0.3}{b_1} + \dfrac{0.5}{b_2} + \dfrac{0.1}{b_3} + \dfrac{0.2}{b_4}$时，根据模糊关系 $\boldsymbol{R}$，求 C_1。

参 考 文 献

［1］刘金琨. 智能控制理论基础、算法设计与应用［M］. 北京：清华大学出版社, 2019.

［2］刘金琨. 智能控制［M］. 4版. 北京：电子工业出版社, 2017.

## 第 6 章

进化算法

本章讲述了遗传算法、粒子群算法和蚁群算法三种典型的进化算法。目前进化算法种类较多，本章选取了其中具有特点且应用广泛的三种算法进行了介绍。三种进化算法都是模拟自然界中不同进化行为设计的，各具特点。本章还应用不同算法计算同一问题以说明各自算法的特点。

6.1 进化算法概述

智能控制或智能方法研究的最终目标之一是制造出具有人脑功能（如识别、学习、推理、综合、分析、判断和决策等）的机器，诸如学习机、智能计算机、智能机器人等。目前已经比较实用化的智能方法主要有两类：一是基于"符号和逻辑"的传统人工智能派；二是基于"连接主义"神经网络理论派。这些方法的核心都是利用优化技术来解决实际的问题。一般来说，在控制系统的建模与辨识、各类控制系统的设计（从简单的 PID 调节器设计到复杂的离散事件系统设计）、高级控制算法的实现（如自适应控制、鲁棒控制、容错控制、学习控制等）都需要优化技术。

遗传学习算法是当今随机优化理论中相当活跃的一个分支。它与其他一些进化算法一起构成了随机搜索优化的新理论。应用广泛的进化算法还有粒子群算法、蚁群算法等。粒子群算法是通过模拟鸟群觅食行为而发展起来的一种基于群体协作的随机搜索算法，通常认为它是群集智能的一种，它可以被纳入多主体优化系统。蚁群算法是由意大利学者多里戈（Dorigo）、马涅佐（Maniezzo）等人于 20 世纪 90 年代首先提出来的。他们在研究蚂蚁觅食的过程中，发现单个蚂蚁的行为比较简单，但是蚁群整体却可以体现一些智能的行为。例如蚁群可以在不同的环境下，寻找最短到达食物源的路径，这是因为蚁群内的蚂蚁可以通过某种信息机制实现信息的传递。后又经进一步研究发现，蚂蚁会在其经过的路径上释放一种可以称为"信息素"的物质，蚁群内的蚂蚁对"信息素"具有感知能力，它们会沿着"信息素"浓度较高路径行走，而每只路过的蚂蚁都会在路上留下"信息素"，这就形成一种类似正反馈的机制，这样经过一段时间后，整个蚁群就会沿着最短路径到达食物源了。

遗传算法是建立在自然选择和自然遗传学机理基础上的迭代自适应随机搜索算法，其基本思想是由美国密歇根大学霍兰德（Holland）教授在 1967 年首先提出来的，并在 1970 年用计算机程序模拟了进化过程。遗传学习算法的正式确立是以 1975 年霍兰德教授出版的专著《*Adaption in Natural Artificial System*》为标志。遗传学习算法是通过机器来模仿生物界自然选择机制的一种方法。它涉及高维空间的优化搜索，虽然它的解并不一定是最优的，但肯定是一个优良的解。

除了这几种算法之外，还有大量新的进化算法被提出，如差分进化算法、模拟退火算法、进化策略、进化规划、人工免疫算法等，这些算法的共同点都是从现有存在或自然界的事物出发，观察其规律和内在机理，根据观察到的规律设计算法模拟自然界的过程，达到优化计算的目的。总之，遗传算法等进化算法的优点在于算法简单、鲁棒性强，而且大部分无须知道搜索空间的先验知识。它同神经元网络优化模型一样拥有强大的并行处理性能。因此，它们的执行时间与优化系统的规模是一种线性关系，而不会随着系统复杂程度增加带来计算量猛增的现象。一旦进化算法在某一领域应用成熟，也可利用大规模集成电路芯片来实现。下面将以遗传算法、粒子群算法和蚁群算法为例说明各种进化算法的工作原理。

6.2   遗传算法

6.2.1   遗传算法的发展历史

1962 年，霍兰德的学生巴格利（Bagley）在博士论文中首次提出"遗传算法"一词，此后，霍兰德指导学生完成了多篇有关遗传算法研究的论文；1971 年，霍尔斯泰因（Hollstien）在他的博士论文中首次把遗传算法用于函数优化；1975 年是遗传算法研究历史上十分重要的一年，这一年霍兰德出版了他的著名专著《自然系统和人工系统的自适应》，这是第一本系统论述遗传算法的专著，因此有人把 1975 年作为遗传算法的诞生年。霍兰德在该书中系统地阐述了遗传算法的基本理论和方法，并提出了对遗传算法的理论研究和发展极其重要的模式理论。该理论首次确认了结构重组遗传操作对于获得隐含并行性的重要性。同年，德荣（K. A. De Jong）完成了他的博士论文《一类遗传自适应系统的行为分析》，该论文所做的研究工作，可看作遗传算法发展进程中的一个里程碑，这是因为，他把霍兰德的模式理论与他的计算实验结合起来。尽管德荣和霍尔斯泰因一样主要侧重于函数优化的应用研究，但他将选择、交叉和变异操作进一步完善和系统化，同时又提出了诸如代沟等新的遗传操作技术。可以认为，德荣的研究工作为遗传算法及其应用打下了坚实的基础，他所得出的许多结论，迄今仍具有普遍的指导意义。

20 世纪 80 年代，遗传算法迎来了兴盛发展时期，无论是理论研究还是应用研究都成了十分热门的课题。1985 年，在美国召开了第一届遗传算法国际会议，并且成立了国际遗传算法学会，此会议日后每两年举行一次。

1989 年，霍兰德的学生戈德堡（D. E. Goldberg）出版了专著《搜索、优化和机器学习中的遗传算法》，该书总结了遗传算法研究的主要成果，对遗传算法及其应用作了全面而系统的论述；同年，美国斯坦福大学的科扎（Koza）基于自然选择原则创造性地提出了用层次化的计算机程序来表达问题的遗传程序设计方法，成功地解决了许多问题。

在欧洲，从 1990 年开始每隔一年举办一次"自然思想求解并行问题（Parallel Problem

Solving from Nature)"学术会议，其中遗传算法是会议主要内容之一。此外，以遗传算法的理论基础为中心的学术会议还有"遗传算法基础"（Foundations of Genetic Algorithms），该会议也是从 1990 年开始隔年召开一次。这些国际会议论文，集中反映了遗传算法近些年来的最新发展和动向。

1991 年，戴维斯（L. Davis）出版了《遗传算法手册》，其中包括了遗传算法在工程技术和社会生活中的大量应用实例；1994 年，科扎出版了《遗传程序设计，第二册：可重用程序的自动发现》，深化了对遗传程序设计的研究，使程序设计自动化展现了新局面。越来越多的从事不同领域的研究人员已经或正在置身于有关遗传算法的研究或应用之中。

进入 20 世纪 90 年代，遗传算法迎来了高速发展时期，特别是遗传算法的持续改进和应用引起了研究人员的广泛关注。遗传算法的相关研究领域不断扩展，其算法和其他方法结合的研究逐渐深入，大量改进的遗传算法研究层出不穷。遗传算法解决一些复杂或公开问题的能力持续增强，利用遗传算法进行优化和规则学习的能力也显著提高，同时遗传算法研究在产业化方面也进行了一些探索，为遗传算法增添了新的活力。

1991 年瓦提（D. Whitey）在他的论文中提出了基于领域交叉的交叉算子，这个算子是特别针对用序号表示基因的个体的交叉，并将其应用到了旅行商问题（TSP）中，通过实验对其进行了验证；阿克利（D. H. Ackley）等人提出了随机迭代遗传爬山法，该方法采用了一种复杂的概率选举机制，此机制中由 m 个"投票者"来共同决定新个体的值（m 表示群体的大小）。实验结果表明，该方法与单点交叉、均匀交叉的神经遗传算法相比，所测试的六个函数中有四个表现出更好的性能，而且总体来讲，该方法比现存的许多算法在求解速度方面更有竞争力。

贝尔西尼（H. Bersini）和斯旺特（G. Seront）将遗传算法与单一方法结合起来，形成了一种叫单一操作的多亲交叉算子，该算子再根据两个母体以及一个额外的个体产生新个体，事实上它的交叉结果与对三个个体用选举交叉产生的结果一致。国内也有不少的专家和学者对遗传算法的交叉算子进行改进。2002 年，戴晓明等人应用多种群遗传并行进化的思想，对不同种群基于不同的遗传策略，如变异概率、不同的变异算子等搜索变量空间，并利用种群间迁移算子来进行遗传信息交流，以解决经典遗传算法的收敛到局部最优值的问题；2004 年，赵宏立等人针对简单遗传算法在较大规模组合优化问题上搜索效率不高的现象，提出了一种用基因块编码的并行遗传算法，该方法以粗粒度并行遗传算法为基本框架，在染色体群体中识别出可能的基因块，然后用基因块作为新的基因单位对染色体重新编码，产生长度较短的染色体，再用重新编码的染色体群体作为下一轮以相同方式演化的初始群体；2005 年，江雷等人针对并行遗传算法求解 TSP，探讨了使用弹性策略来维持群体的多样性，使得算法跨过局部收敛的障碍，向全局最优解方向进化。

随着应用领域的扩展，遗传算法的研究出现了几个引人注目的新动向：一是基于遗传算法的机器学习，这一新的研究课题把遗传算法从历来离散搜索空间的优化搜索算法扩展到具有独特规则生成功能的崭新的机器学习算法，为解决人工智能中知识获取和知识优化精炼的瓶颈难题带来了希望；二是遗传算法正日益和神经网络、模糊推理以及混沌理论等其他智能计算方法相互渗透和结合，这对开拓 21 世纪新的智能计算技术将具有重要的意义；三是对于并行处理的遗传算法的研究十分活跃，这无论是对遗传算法本身的发展，还是对于新一代智能计算机体系结构的研究都是十分重要的；四是遗传算法和另一个称为人工生命的崭新研究领域正不断渗透，人工生命即是用计算机模拟自然界丰富多彩的生命现象，其中生物的自适应、进化和免疫等现象是人工生命的重要研究对象，而遗传算法在这方面将会发挥一定的作用；五是遗传算法和进化规划以及进化策略等进化计算理论日益结合。进化规划和进化策略几乎是和遗传算法同时独立发展起来的，同遗传算法一样，它们也是模拟自然界生物进化机制的智能计算方法，与遗传算法具有相同之处，也有各自的特点。目前，这三者之间的比较研究和彼此结合的探讨正形成热点。

6.2.2 遗传算法的基本原理

遗传算法的提出是从生物界的进化理论中得到启发。在自然界，优秀的品种个体能够在贫乏的环境下生存。对环境的适应能力是每一物种生存的本能。表征个体的独特性决定了它本身的生存能力，而这些特性是由其个体的遗传码决定的。确切地讲，每一特性是由基因控制的。控制个体特性的基因集就是染色体，它是在竞争环境中个体生存的关键因素。进化的驱动力在于自然选择和繁殖以及它们重组的联合作用。在有限的资源如食物、空间等条件下，每一物种为了生存只有进行竞争，其结果是适应能力强的个体优于弱者，也只有那些适应能力强的个体得到生存和繁殖，这种自然现象就是自然界的"适者生存"规律。因此，强者的基因生存下来，弱者的基因渐渐消亡，自然选择就是适者生存。

繁殖过程使得基因呈现多样性。进化是从父辈中的遗传物质（染色体）在繁殖中的重新组合时开始的，新的基因组合是从父母辈基因中繁殖下来的，这一过程又称为"交叉"，交叉运算的本质是将两个父母辈的基因的某一段进行交换，以便通过可能的正确结合产生更优秀的下一代。不断地进行自然选择和交叉运算使得基因链不断地进化，最终产生更好的个体。

遗传算法的实质是通过操作一组最优化问题潜在解的全体来实现的，即通过问题解的编码操作来寻优，而这种编码正等同于自然界物种的基因链。每一个体都与反映自身适应能力相对强弱的"适应度"相联系，较高"适应度"的个体具有较大的生存和繁殖机会，以及在下一代中占有更大的份额。在遗传算法中染色体的重组是通过对两个父母辈编码串之间相互交换这样的"交叉"机制来实现的。

遗传算法的另一个重要算子"变异"，通过随机地改变编码串中的某一位达到下一代能够呈现一定的分散性（变异模拟生物在自然的遗传环境中由于各种偶然因素引起的基因突变，以很小的概率随机地改变遗传基因的值，在染色体以二进制编码的系统中，它随机地将染色体的某一个基因由 1 变为 0，或由 0 变为 1）。从优化的角度来分析，"变异"的作用在于能够实现全局优化，避免陷入局部极小值。

传统的优化理论都是通过调整模型的参数来得到期望的结果，例如多层前向传播神经元网络的反向传播学习算法就是通过调节连接权系数来实现输入输出的映射。然而遗传算法是根据生物界的遗传和自然选择的原理来实现的，它的学习过程是通过保持和修改群体解中的个体特性，并且保证这种修改能够使下一代的群体中有利于与期望特性相近的个体在整个群体份额中占有的比例越来越多。同自然选择一样，这一过程是概率收敛的，并不能做到完全随机。遗传算法中的遗传规则要求使那些与期望特性相近的个体具有迅速繁殖的最大概率。

遗传算法是通过连续不断地对群体进行改进来搜索函数的最大值的，要注意这一搜索过程与搜索最优群体的概念是不一样的。此外，遗传算法搜索的结果会有很大的差异。遗传学习的基本机理是使那些优于群体中其他个体的个体具有生存、繁殖以及保持更多基因给下一代的机会。因此，遗传算法实质上是在群体空间中寻求较优解。

霍兰德教授在遗传学的基础上利用计算机来模拟生物的进化过程，从而实现复杂问题的优化求解。他提出对由染色体（即由 0 或 1 组成的二进制串）构成的种群进行操作，并利用一些简单的编码、选择、繁殖等机制解决了一些极端复杂的问题。与自然界中的进化过程相类似，这些算法没有用到系统的任何先验知识。它们仅仅是利用一些简单的染色体操作算子，通过不断地重复这些操作过程，直至达到给定的准则指标或达到预定的最大重复次数为止。霍兰德教授提出的遗传学习算法可以归结为以下几个步骤。

1）群体的初始化；

2）评价群体中每一个体的性能；

3）选择下一代个体；

4）执行简单的操作算子（如交叉、变异）；

5）评价下一代群体的性能；

6）判断终止条件满足否？若不满足，则转到步骤 3）继续；否则结束进程。

要完成遗传算法，必须首先解决以下几个部分的选择问题。

1）编码机制；

2）选择机制；

3）控制参数选择；

4）二进制字符串的群体构成；

5）适应度函数的计算；

6）遗传算子（交叉、变异）的定义。

下面分别来讨论遗传算法中这些问题的实现。

1. 编码机制

遗传算法的基础是编码机制，编码解决的问题就是如何将最优化问题中的变量用某种编码方式构成一种遗传规则能够运算的字符串。编码规则与待求问题的自然特性相关，例如在解决道路的最佳流量控制时，不同道路的流量是一个连续变量，因此需要对连续变量进行编码。而在解决旅行商最优路径时可以用二进制数来表示，因而可以直接用二进制编码来实现问题的求解。但不管是何种编码方式，编码规则必须满足每一个解对应于唯一的二进制字符串编码。

绝大多数最优化问题处理的都是实值连续变量，常用的编码是使用整数表示的，即每一个变量首先经线性变换，转换到某一给定范围内的整数，然后用固定长度的二进制进行编

码，并将所有变量的二进制编码合并成一个二进制字符串。例如，对于定义在-1.28~1.28
之间的连续变量的编码可以简单地对变量值乘以一个实数 100，并舍弃其小数部分得到相应
的二进制整数。这样，连续变量可以通过线性变换，转换到一个整数区间 [-128，128]。
不难看出，这个整数区间的二进制编码是相当容易的。

上面介绍的是霍兰德教授首先提出和使用的二进制编码法，即每一个位（基因）有两
个取值，0 或 1，每一个参数被编码成一个二进制数，所有参数的二进制编码排列在一起形
成一个长的字符串（又称染色体）。因此，要构成一个寻优参数比较多的系统优化问题，其
字符串是相当长的。为了减小字符串的长度，人们又提出了基因的多值编码方法（如用 0~
9 来表示一个基因），这样可以用较少的基因来表示同样的信息。但在实际应用中已表明，
二进制编码具有较好的优化特性。

与编码问题密切相关的另一问题是染色体的结构选择问题，即参数的排序，它也是影响遗
传算法收敛性的重要因素。由于群体的繁殖是通过遗传算子来进行的，而这些算子的操作是针
对所有参数的，尤其是交叉算子，它将父母辈字符串（染色体）在某一点上断裂后通过相互
交换其中一部分而产生下一代。因此在这个算子的运算过程中隐含着排序相近的基因将在下一
代中保持下来，而相距较远的基因将赋予不同的子代。这一特点希望尽量将一些相关性较强
的参数基因排在一起。但遗憾的是在实际系统中哪些参数相关性强事先难以确定。

2. 适应度函数

任何一个优化问题都是与一定的目标函数相联系的，遗传算法也不例外。目标函数是用
来评价每一个字符串个体性能的指标，然而它的值域变化范围会随待求问题的不同而有很大
的差异。为了使得遗传算法与待求问题的本身无关且便于遗传优化的计算，人们引入了一个
新的指标函数，即"适应度值"。它的大小反映了群体中个体性能的优劣，它的值域范围为
[0，1]。"适应度值"的计算是直接将目标函数经一定的线性变换映射到 [0，1] 区间内的
某一值，这一过程又称为目标函数的正规化过程。遗传算法的选择机制就是通过评价"适
应度值"来进行的。

3. 选择机制

选择机制的基本思想取自于自然界进化论的"适者生存"。适应性强的个体得到生存，
而适应性弱的个体将逐渐消失。在遗传学习算法中选择机制的操作思想是：适应能力强的个
体将有更多的机会繁殖它们的后代。选择机制只采用比例选择法（proportionate selection
scheme），比例选择法的基本思想如下。

记 $\overline{f}$ 为群体的平均适应度值，f_i 为第 i 个个体的适应度值，则比例选择的原则是在下一
代群体中应有 $f_i/\overline{f}$ 的第 i 个个体的子代。即如果某一父母辈染色体具有比平均适应度值更高
的适应度时，可以有多于一个的子代位置；而比平均适应度值更小的个体将产生至多只有一
个自身个体的后代。

在具体计算上由于比例选择法给出的只是子代拥有量的一个分数值，即 $f_i/\overline{f}$ 表示了这
一字符串产生期望子代的分数数目，而在实际的繁殖过程中得到的子代数必须是整数。因此

最后选择出来的下一代会出现某些个体的数目比 $f_i/\bar{f}$ 更大，而某些个体的数目比 $f_i/\bar{f}$ 小。最终的选择结果仍然存在一定的随机性。为了完成既有"优胜劣汰"又有一定随机性的进化过程，霍兰德将幸运游戏中的转轮法引入到遗传学习中来，提出了转轮选择法，即每一个体在转轮上占有一个扇区，且扇区角的大小正比于 $2\pi f_i/\bar{f}$。

转轮选择法的具体计算方法可以描述为，随机产生一个 $0\sim2\pi$ 之间的数，一旦落入某一个个体扇区时，则此个体被选中作为下一代的一个个体；一直继续下去，直至下一代群体内的所有个体都被选择出来。在这里应注意到，适应度值越大的个体，它占有扇区的面积也越大，被随机选中的概率也越大。因此从概率角度来分析转轮选择法满足"优胜劣汰"自然法则。但是必须指出的是，由于随机性的存在，不可避免地会产生与基本比例选择法的结果有差异，即有些个体可能并没有得到它应该拥有的 $f_i/\bar{f}$ 个个体的数目。但是这一现象在群体规模比较大时影响较小，即群体规模越大，这种情况出现的可能性越小。因此，遗传算法属于随机搜索方法，具有概率收敛性。规模越大，呈现的概率性越正确，学习算法也就越完善。

4. 交叉算子

一旦下一代的群体全部选择，即当前这一代的个体是由上一代中适应能力较强的一些个体组成。接下去的任务是如何利用这些适应能力强的父母辈个体进行繁殖以得到更优秀的下一代。交叉算子就是繁殖运算过程中的一个重要算子。

交叉算子操作过程可以这样来描述，随机地从父母辈集合中选取两个个体作为双亲。设 L 表示个体的字符串（染色体）长度，随机地产生 $0\sim L$ 之间的一个数 d，并把此点位置称为交叉点。交叉运算就是将双亲的基因链在交叉点断裂，且将在交叉点之后的基因根据交叉率的条件决定是否进行相互交换形成下一代。所谓交叉率 p_c 是根据优化问题预先确定的一个 $0\sim1$ 之间的值。双亲基因是否交换的条件是在此刻又随机产生一个 $0\sim1$ 之间的数 p，只有当 $p>p_c$ 时双亲染色体在交叉点之后的基因进行相互交换；否则双亲直接传入下一代。交叉率 p_c 通常取 $0.6\sim0.9$，p_c 越大，在下一代中产生的新结构越多。

5. 变异算子

变异算子是在交叉运算结束后进行的。由于自然界的物种进化既包含了继承又包含了突变，因此在模拟自然物种进化论的遗传学习算法中也应具有这样的双重特性。在前面讨论的选择、交叉主要解决的是继承问题，而变异则是突变现象的遗传算法实现。

不失一般性，假设染色体的编码是由二进制方式进行的，则所谓变异指的是随机地选取染色体中的某个基因（即字符串中的某一位）进行取反运算，即将原有的"1"变为"0"，原来的"0"变为"1"。为了控制变异算子运算的概率，同交叉运算一样，变异算子也引入变异率 p_m 来控制变异运算的发生率。

染色体中各基因的变异操作是相互独立的，一位的变异操作并不影响另一位的变异率。变异算子是恢复染色体中优秀基因的一个重要因素，例如当群体中所有个体在某一位置上都趋于"0"，而期望的最优解在此位置上应该是"1"，在这种情况下选择和交叉运算是无法在这一位置上得到"1"的，只有通过变异算子才能实现。因此变异算子是实现全局优化不可缺少的一个重要算子。为了保证"优胜劣汰"的自然规律，遗传和繁殖是进化的主要部分，变异只是进化的补充。因此，通常变异率取比较小的数值，一般 p_m 取 $0.001 \sim 0.2$。在群体中只有 $p_m \cdot NQ$ 个基因发生变异，其中 NQ 为群体的总基因数。

例 6-1：利用遗传算法求 Rosenbrock 函数的最大值：

$$\begin{cases} f(x_1,x_2) = 100(x_1^2 - x_2)^2 + (1 - x_1)^2 \\ -2.048 \leq x_i \leq 2.048(i = 1, 2) \end{cases}$$

当 x 取如上范围时，该函数有两个局部极大点，分别是 $f(2.048, -2.048) = 3897.7342$ 和 $f(-2.048, -2.048) = 3905.9262$，其中后者为全局最大点。函数 $f(x_1,x_2)$ 的三维图如图 6-1 所示，通过图像可以发现该函数在指定的定义域上有两个接近的极点，即一个全局极大值和一个局部极大值。因此，采用寻优算法求极大值时，需要避免陷入局部最优解。

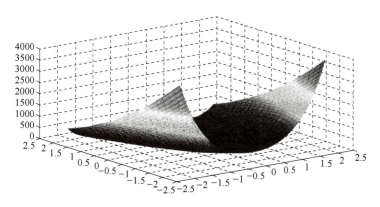

图 6-1　函数 $f(x_1,x_2)$ 的三维图

解：求解该问题遗传算法的构造过程如下。

第一步：确定决策变量和约束条件，决策变量为 x_1 和 x_2，约束条件为 $-2.048 \leq x_i \leq 2.048(i = 1, 2)$。

第二步：建立优化模型，模型即为 Rosenbrock 表达式。

第三步：确定编码方法。

用长度为 10 位的二进制编码串来分别表示两个决策变量 x_1 和 x_2。10 位二进制编码串可以表示 $0 \sim 1023$ 的 1024 个不同的数，故将 x_1 和 x_2 的定义域离散化为 1023 个均等的区域，包括两个端点在内共有 1024 个不同的离散点。从离散点 -2.048 到离散点 2.048，依次让它们分别对应于 $000000000(0) \sim 1111111111(1023)$ 的二进制编码。将分别表示 x_1 和 x_2 的两个 10 位长的二进制编码串连接在一起，组成一个 20 位长的二进制编码串，就构成了这个函数优化问题的染色体编码方法。使用这种编码方法，解空间和遗传算法的搜索空间就具有一一对应的关系。例如，x：00001101111101110001 就表示一个个体的基因型，其中前 10 位表示 x_1，后 10 位表示 x_2。

第四步：确定解码方法。

解码时需要将 20 位长的二进制编码串切断为两个 10 位长的二进制编码串，然后分别将它们转换为对应的十进制整数代码，记为y_1和y_2。依据个体编码方法和定义的离散化方法可知，将代码y_i转换为变量x_i的解码公式为

$$x_i = 4.096 \times \frac{y_i}{1023} - 2.048 \,(i = 1,2) \tag{6-1}$$

例如个体x：00001101111101110001，它由两个代码所组成$y_1 = 55$，$y_2 = 881$。上述两个代码经过解码后，可得到两个实际的值：

$$x_1 = -1.828, \ x_2 = 1.476$$

第五步：确定个体评价方法。

由于 Rosenbrock 函数的值域总是非负的，并且优化目标是求函数的最大值，故可将个体的适应度直接取为对应的目标函数值，即

$$F(x) = f(x_1, x_2) \tag{6-2}$$

选个体适应度的倒数作为目标函数：

$$J(x) = \frac{1}{F(x)} \tag{6-3}$$

第六步：设计遗传算子。

选择运算使用比例选择算子，交叉运算使用单点交叉算子，变异运算使用基本位变异算子。

第七步：确定遗传算法的运行参数。

群体大小$M = 80$，终止进化代数$G = 100$，交叉概率$p_c = 0.60$，变异概率$p_m = 0.10$。

上述 7 个步骤构成了求 Rosenbrock 函数极大值优化计算的二进制编码遗传算法。二进制编码求函数极大值的仿真程序，经过 100 步迭代，最佳样本如下：

$$\text{Best}S = [0\ 0\ 0\ 0\ 0\ 0\ 0\ 0\ 0\ 0\ 0\ 0\ 0\ 0\ 0\ 0\ 0\ 0\ 0\ 0]$$

即当$x_1 = -2.0480$，$x_2 = -2.0480$时，Rosenbrock 函数具有极大值，极大值为 3905.9。仿真程序如下：

```
%遗传算法
clear all;
close all;
```

1. 参数设置：对运行参数进行设置

```
Size=80;
G=100;
CodeL=10;
umax=2.048;
umin=-2.048;
E=round(rand(Size,2 * CodeL));      %初始化
```

2. 主程序

```
for k=1:1:G
time(k)=k;


for s=1:1:Size
m=E(s,:);
y1=0;y2=0;


%解码
m1=m(1:1:CodeL);
for i=1:1:CodeL
y1=y1+m1(i)*2^(i-1);
end
x1=(umax-umin)*y1/1023+umin;
m2=m(CodeL+1:1:2*CodeL);
for i=1:1:CodeL
y2=y2+m2(i)*2^(i-1);
end
x2=(umax-umin)*y2/1023+umin;


F(s)=100*(x1^2-x2)^2+(1-x1)^2;
End
Ji=1./F;
```

Step1：评价最优解

```
BestJ(k)=min(Ji);
fi=F;
[Oderfi,Indexfi]=sort(fi);        %适应度函数
Bestfi=Oderfi(Size);              %从小到大排列
BestS=E(Indexfi(Size),:);         %最优值
bfi(k)=Bestfi;                    %取出最大值
```

Step2：选择 & 复制

```
fi_sum=sum(fi);
```

```
fi_Size = (Oderfi/fi_sum) * Size;

fi_S = floor(fi_Size);          %选择最大值
kk = 1;
for i = 1:1:Size
forj = 1:1:fi_S(i)              %选择和复制
TempE(kk,:) = E(Indexfi(i),:);
kk = kk+1;                      %复制迭代
end
end
```

Step 3：交叉操作

```
pc = 0.60;
n = ceil(20 * rand);
for i = 1:2:(Size-1)
temp = rand;
if pc>temp
for j = n:1:20                  %交叉条件
TempE(i,j) = E(i+1,j);
TempE(i+1,j) = E(i,j);
end
end
end
TempE(Size,:) = BestS;
E = TempE;
```

Step 4：变异操作

```
pm = 0.1;                       %最大变异

for i = 1:1:Size
for j = 1:1:2 * CodeL
temp = rand;
if pm>temp
if TempE(i,j) == 0
TempE(i,j) = 1;
```

```
Else
TempE(i,j)=0;
end
end
end
end
%确保TempPop(30,:)最优
TempE(Size,:)=BestS;
E=TempE;
end

Max_Value=Bestfi
BestS
x1
x2
figure(1);
plot(time,BestJ);
xlabel('时间');ylabel('最优 J');
figure(2);
plot(time,bfi);
xlabel('时间');ylabel('最优 F');
```

　　遗传算法的优化过程中，目标函数 *J* 和适应度函数 *F* 的优化过程如图 6-2 和图 6-3 所示。由仿真结果可知，随着进化过程的进行，群体中适应度较低的一些个体被逐渐淘汰掉，而适应度较高的一些个体会越来越多，并且它们都集中在所求问题的最优点附近，从而搜索到问题的最优解。

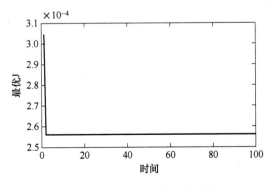

图 6-2　目标函数 *J* 的优化过程

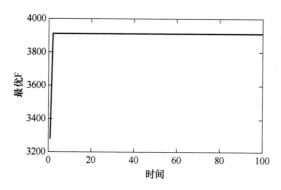

图 6-3　适应度函数 *F* 的优化过程

6.3　粒子群算法

粒子群算法是对鸟群飞行觅食行为的研究，此算法基于群体迭代，使鸟群中的所有个体在解空间中追随最优个体进行搜索，通过集体协作方式达到最优，是近些年来迅速发展的一种进化算法。

6.3.1　粒子群算法的发展历史

粒子群算法，也叫粒子群优化（Particle Swarm Optimization，PSO）算法，最早由美国电气工程师艾伯哈特（Eberhart）和社会心理学家肯尼（Kenney）于 1995 年提出，是一种进化计算技术。粒子群算法源于对鸟群捕食行为的研究，是一种基于迭代的优化工具。从随机解出发，通过迭代来寻找最优解并用适应度的概念对解的品质进行评价。粒子群中的每个粒子都代表问题的一个可能解，通过粒子个体的行为，实现群体内的信息交互，体现出问题求解的智能性。

粒子群算法实现方便，收敛速度较快，参数设置相对较少且无须梯度信息，是一种高效的搜索算法，目前已经被广泛应用于函数优化、神经网络的训练等领域。算法提出以后，很快受到重视，但是粒子群算法中粒子向自身历史最佳位置和邻域或群体历史最佳位置聚集，形成粒子种群的快速趋同效应，容易出现陷入局部极值、早熟收敛或停滞现象。同时，粒子群算法的性能也依赖于算法参数。为了克服上述不足，各国研究人员相继提出了各种改进措施，主要有四类：粒子群初始化、邻域拓扑、参数选择和混合策略。

为了初始种群尽可能均匀覆盖整个搜索空间，提高全局搜索能力，理查德（Richard）和文图拉（Ventura）提出了基于质心结构（CVTs）的种群初始化方法；薛明志等人采用正交设计方法对种群进行初始化；坎帕纳（Campana）将标准粒子群迭代公式改写成线性动态系统，并基于此研究粒子群的初始位置，使它们具有正交的运动轨迹。上述研究都从不同方面改进了粒子群算法。

根据粒子邻域是否为整个群体，粒子群算法可以分为全局模型 gbest 和局部模型 lbest。

对于全局模型，每个粒子与整个群体的其他粒子进行信息交换，并有向所有粒子中的历史最佳位置移动的趋势。肯尼指出，全局模型虽然具有较快的收敛速度，但更容易陷入局部极值。为了克服全局模型的缺点，研究人员使每个粒子仅在一定的邻域内进行信息交换，提出各种局部模型。苏格汗（Suganthan）引入一个时变的欧式空间邻域算子：在搜索初始阶段，将邻域定义为每个粒子自身；随着迭代次数的增加，将邻域范围逐渐扩展到整个种群。

性能空间指根据性能指标（如适应度、目标函数值）划分的邻域。研究最多的方法是按粒子存储阵列的索引编号进行划分，主要有环形拓扑、轮形拓扑或星形拓扑、塔形拓扑、冯·诺伊曼拓扑以及随机拓扑等。针对不同的优化问题，这些拓扑的性能表现各异；但总的来说，随机拓扑往往对大多数问题能表现出较好的性能，其次是冯·诺伊曼拓扑。克莱尔（Clere）对随机拓扑进行了进一步分析，并在 2006 年版和 2007 年版的标准粒子群算法中采用了随机拓扑。

混合 PSO 就是将其他进化算法或传统优化算法或其他技术应用到粒子群算法中，用于提高粒子多样性、增强粒子的全局探索能力，或者提高局部开发能力、增强收敛速度与精度。这种结合的途径通常有两种：一是利用其他优化技术自适应调整收缩因子/惯性权重、加速常数等；二是将粒子群算法与其他进化算法操作算子或其他技术结合。有学者将蚁群算法与粒子群结合用于求解离散优化问题，罗宾逊（Robinson）和庄振益将遗传算法与粒子群算法结合分别用于天线优化设计和递归神经网络设计；还有研究者将粒子群种群动态划分成多个子种群，再对不同的子种群利用粒子群算法或遗传算法或爬山法进行独立进化；纳卡（Naka）将遗传算法中的选择操作引入到粒子群算法中，按一定选择率复制较优个体；安吉丽（Angeline）则将锦标赛选择引入粒子群算法，根据个体当前位置的适应度，将每一个个体与其他若干个体相比较，然后依据比较结果对整个群体进行排序，用粒子群中最好一半的当前位置和速度替换最差一半的位置和速度，同时保留每个个体所记忆的个体最好位置；米兰达（Miranda）使用了变异、选择和繁殖多种操作，同时自适应确定速度更新公式中的邻域最佳位置以及惯性权重和加速常数。还有其他学者对粒子群做了其他有益的改进，这些改进都极大地推动了粒子群算法的发展。

6.3.2　粒子群算法的原理

受到鸟类群体行为的启发，肯尼和艾尔伯特利用生物学家赫珀（Hepper）的模型提出了粒子群算法。在赫珀模型当中，所有鸟类在一块栖息地附近聚群，它们知道栖息地中有一处食物，但只知道自身距离食物的相对位置，不明确食物的具体位置。因此，为了找到食物，所有鸟类需要搜索距离食物最近鸟类的周围区域。

在粒子群算法中，每个鸟类个体用一个无质量的粒子来表示，其适应值由被优化的函数所决定；每个粒子具有速度和位置两个参数，分别表示鸟类个体飞行的快慢和方向。粒子会单独地在解空间内不断搜寻最优解，并将目前搜索到的局部最优解与其他粒子共享，称作个体极值；整个种群目前搜寻到的最优解称作全局极值。所有粒子会根据这两个极值来不断更新自己的速度和位置，向目标不断靠近。

粒子群算法采用实数编码，在适应度函数中，有以下几个参数需要调整。

1）粒子数：一般取值为 20~40。

2）最大速度 V_{max}：影响粒子的移动距离，通常小于其范围宽度。较大的 V_{max} 可以增强全局搜索能力，较小的 V_{max} 可以增强局部搜索能力。

3）学习因子 c：c_1 为局部学习因子，c_2 为全局学习因子，通常 $c_1 < c_2$。

4）惯性因子 w：较大的惯性因子有利于全局寻优，较小的惯性因子有利于局部寻优。在 V_{max} 较小时，一般取 $w = 1$；在 V_{max} 较大时，一般取 $w = 0.8$。在实际的迭代过程当中，开始时使用较大的惯性因子有利于在前期保持良好的全局搜索性能，以便快速接近寻优区域；线性递减惯性因子后，在后期具有良好的局部搜索性能，以便精确逼近全局最优解。

5）中止条件：满足最大迭代次数或者误差要求。

算法的具体流程主要有以下几个部分。

1）初始化：设置相关参数，在一个 D 维参数的搜索空间中，粒子群的种群规模为 S，进化代数为 k，最大进化代数为 G，第 i 个粒子在搜索空间中的位置为 X_i，速度为 V_i，个体极值为 p_i，整个种群的最优值为 Q，随机产生初始种群的位置矩阵和速度矩阵。

2）适应度评价：将每个粒子的初始位置作为 p_i，计算每个粒子的初始适应值 $f(X_i)$，并求出种群最优位置。

3）更新粒子的速度和位置并产生新种群。对粒子的速度和位置两个参数进行越界检查，为避免陷入局部最优解，加入一个局部自适应算子进行调整：

$$V_i^{k+1} = w(t) \times V_i^k + c_1 r_1 (p_i^k - X_i^k) + c_2 r_2 (Q_i^k - X_i^k) \qquad (6\text{-}4)$$

$$X_i^{k+1} = X_i^k + V_i^{k+1} \qquad (6\text{-}5)$$

式中，$k = 1, 2, \cdots, G$；$i = 1, 2, \cdots, S$；c_1 和 c_2 分别是局部学习因子和全局学习因子；r_1 和 r_2 分别是大于 0 且小于 1 的随机数。

4）比较当前适应度值 $f(X_i)$ 与个体极值 P_i，若 $f(X_i)$ 优于 P_i，则用 $f(X_i)$ 取代原来的 P_i，并更新粒子位置。

5）比较当前适应度值 $f(X_i)$ 与种群的最优值 Q，若 $f(X_i)$ 优于 Q，则用 $f(X_i)$ 取代原来的 Q，并更新种群全局最优值。

6）若满足结束条件，则结束寻优；否则跳转至第 3 步。

PSO 算法流程图如图 6-4 所示。

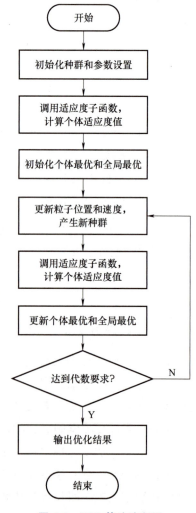

图 6-4　PSO 算法流程图

例 6-2： 利用粒子群算法，对如下 Rosenbrock 函数的极大值进行求解：

$$\begin{cases} f(x_1,x_2) = (1-x_1)^2 + 100(x_1^2-x_2)^2 \\ -2.048 \le x_i \le 2.048(i=1,2) \end{cases}$$

此函数存在两个局部极大值点 $f(2.048,-2.048) = 3897.7342$ 和 $f(-2.048,-2.048) = 3905.9262$，其中 $f(-2.048,-2.048)$ 为全局最大值点。

解： 采用实数编码求解极大值，将 x_1 和 x_2 的定义域离散化为 $-2.048\sim2.048$ 之间的 S 个实数，适应度函数取

$$F(x) = f(x_1,x_2) \tag{6-6}$$

在全局粒子群算法当中，粒子根据自身的历史最优值 p_i 和群体的全局最优值 Q 进行更新，第一次迭代开始时，其邻域粒子个数为 0，随着迭代次数的增加，其邻域逐渐扩大至整个粒子群，此算法具有较快的收敛速度，但容易陷入局部最优问题。

在局部粒子群算法当中，粒子根据自身的历史最优值 p_i 和粒子邻域内的最优值 P_L 进行更新，此算法收敛速度较慢，但可以有效避免陷入局部最优。

在邻域的选取过程中，局部粒子算法采用环形邻域法，如图 6-5 所示，在进行速度和位置更新时，粒子 1 追踪 1、2 和 5 三个粒子中的最优值，粒子 2 追踪 1、2 和 3 三个粒子中的最优值，以此类推。

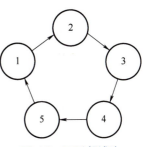

图 6-5 环形邻域法

粒子速度更新的公式为

$$V_i^{k+1} = w(t) \times V_i^k + c_1 r_1(p_i^k - X_i^k) + c_2 r_2(p_{iL}^k - X_i^k) \tag{6-7}$$

式中，p_{iL}^k 是局部寻优粒子。

粒子位置更新的公式为

$$X_i^{k+1} = X_i^k + V_i^{k+1} \tag{6-8}$$

在对粒子进行越界检查时，需要加入一个局部自适应变异算子进行调整，以免陷入局部最优解。

在仿真中，设置粒子群个数 $S=50$，最大进化代数 $G=100$，最大速度 $V_{max}=1$，学习因子 $C_1=1.3$，$C_2=1.7$，惯性因子 w 从 0.9 线性递减到 0.1；取 $M=2$，采用局部粒子群算法，根据式（6-4）和式（6-5）来更新粒子群的速度和位置，随着迭代的进行，粒子群不断向最优解靠近。仿真代码如下。

1. 主程序

```
clear all;
close all;

min=-2.048;max=2.048;                    % 粒子位置范围
Vmax=1;Vmin=-1;                          % 粒子运动速度范围
```

```
c1=1.3;c2=1.7;                                    %学习因子[0,4]

wmin=0.10;wmax=0.90;
G=100;                                            %最大迭代次数
S=50;                                             %初始化群体个体数目

for i=1:G
    w(i)=wmax-((wmax-wmin)/G)*i;                  %降低自身权重
end

for i=1:S
    for j=1:2
        x(i,j)=min+(max-min)*rand(1);             %随机初始化位置
        v(i,j)=Vmin+(Vmax-Vmin)*rand(1);          %随机初始化速度
    end
end

%计算适应度,并初始化 Pi、Pl 和最优个体 Q
for i=1:S
    p(i)=chap15_3func(x(i,:));
y(i,:)=x(i,:);

    if i==1
Pl(i,:)=chap15_3lbest(x(S,:),x(i,:),x(i+1,:));
    elseif i==S
Pl(i,:)=chap15_3lbest(x(i-1,:),x(i,:),x(1,:));
        else
Pl(i,:)=chap15_3lbest(x(i-1,:),x(i,:),x(i+1,:));
    end
end
Q=x(1,:);                                         %初始化最优个体 Q
for i=2:S
    if chap15_3func(x(i,:))>chap15_3func(Q)
        Q=x(i,:);
    end
end
```

```
%进入主循环
for kg=1:G
    for i=1:S

        M=1;
        if M==1
            v(i,:)=w(kg)*v(i,:)+c1*rand*(y(i,:)-x(i,:))+c2*rand*
(Pl(i,:)-x(i,:));
        elseif M==2
            v(i,:)=w(kg)*v(i,:)+c1*rand*(y(i,:)-x(i,:))+c2*rand*
(Q-x(i,:));
        end
        for j=1:2                        %检查速度是否越界
            if v(i,j)<Vmin
                v(i,j)=Vmin;
            elseif  x(i,j)>Vmax
                v(i,j)=Vmax;
            end
        end
        x(i,:)=x(i,:)+v(i,:)*1;          %实现位置的更新
        for j=1:2                        %检查位置是否越界
            if x(i,j)<min
                x(i,j)=min;
            elseif  x(i,j)>max
                x(i,j)=max;
            end
        end
%自适应变异,避免粒子群算法陷入局部最优
        if rand>0.60
            k=ceil(2*rand);
            x(i,k)=min+(max-min)*rand(1);
        end
%判断和更新
        if i==1
Pl(i,:)=chap15_3lbest(x(S,:),x(i,:),x(i+1,:));
```

```
        elseif i==S
 Pl(i,:)=chap15_3lbest(x(i-1,:),x(i,:),x(1,:));
        else
 Pl(i,:)=chap15_3lbest(x(i-1,:),x(i,:),x(i+1,:));
        end
        if chap15_3func(x(i,:))>p(i)   %判断此时的位置是否为最优的情况
            p(i)=chap15_3func(x(i,:));
 y(i,:)=x(i,:);
        end
        if p(i)>chap15_3func(Q)
            Q=y(i,:);
        end
    end
Best_value(kg)=chap15_3func(Q);
end
figure(1);
kg=1:G;
plot(kg,Best_value,'r','linewidth',2);
xlabel('迭代次数');ylabel('适应度函数');
display('Best Sample=');disp(Q);
display('Biggest value=');
disp(Best_value(G));
```

2. 局部最优排序函数程序

```
function f=evaluate_localbest(x1,x2,x3)
K0=[x1;x2;x3];
K1=[chap15_3func(x1),chap15_3func(x2),chap15_3func(x3)];
[maxvalueindex]=max(K1);
Plbest=K0(index,:);
f=Plbest;
```

3. 计算程序

```
function f=func(x)
f=100*(x(1)^2-x(2))^2+(1-x(1))^2;
```

仿真结果如图 6-6 所示。由图 6-6 可知,当 $x_1 = -2.048$, $x_2 = -2.048$ 时,Rosenbrock 函

数的极大值为 3905.9262。

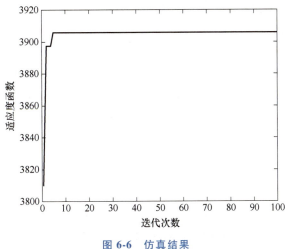

图 6-6 仿真结果

6.4 蚁群算法

蚁群算法（Ant Colony Optimization，ACO）是一种模拟自然界当中蚁群觅食行为的模拟进化算法，由多里戈等人提出，后被应用到了解决 TSP 上。这种算法具有分布计算、信息正反馈和启发式搜索的特征，在本质上是一种新型优化算法，目前已经在大规模集成电路设计问题、通信网络中的路由问题等取得了一定成就，同时作为一种全局搜索算法，可以有效地避免局部最优问题。

6.4.1 蚁群算法的发展历史

昆虫学家通过对蚁群觅食规律的研究，发现蚂蚁可以在没有任何提示的情况下找到从蚁穴到食物源的最短路径，并且能够根据环境状态的改变来搜索新路径。在往返于蚁穴和食物源的过程中，蚂蚁可以在路径上分泌一种称作信息素的化学物质，当一条路径上通过的蚂蚁数量越来越多时，它们会留下更多的信息素轨迹，使信息素的强度增大，导致后来者更有可能选择该路径，形成了一种正反馈机制，最后将整个蚁群聚集到最短路径上。

受蚁群觅食行为的启发，意大利学者多里戈在 1991 年首次提出了一种基于蚂蚁种群的新型优化算法——蚁群算法，并将其应用到了实际的优化问题当中。蚁群算法最初用于解决 TSP。TSP 是指给定 N 个城市之间的相互距离，商家从其中一个城市出发，要求经过每个城市且只经过一次，最后回到起点城市，需要求解商家访问这些城市的最优次序，使得总路径最短。蚁群算法凭借在 TSP 和工件排序问题上的良好表现，慢慢渗入到其他领域当中。特别是在组合优化问题上，包括以 TSP 和二次分配问题为代表的静态组合优化问题和以网络路由问题为代表的动态组合优化问题中，蚁群算法都具有良好性能。

对于蚁群算法而言，在明确基本原理的情况下，应将研究重点放在算法模型的开发上，在实际应用中，要对模型的收敛性和算法的复杂性重点把握。蚁群算法为自组织算法，采用并行和正反馈机制，这是不同于其他仿生优化算法的最重要特点[1]。

6.4.2 蚁群算法的原理

在蚁群算法当中，每只蚂蚁都会从初始状态出发，经过有限步移动后建立一个符合问题的可行解，它们之间通过信息素这种化学物质进行交流，以相互协作的方式，不断对目标问题的较优解进行搜索，最终找到高质量解。在蚂蚁的内部，存储了其过去的相关信息，例如在 TSP 当中，会给每只蚂蚁设置一个禁忌表，用于记录蚂蚁走过的城市，同时避免让它们重复经过这些城市，从而满足 TSP 的约束条件；蚂蚁在建立可行解后会释放信息素，选择同一路径的蚂蚁越多，路径上的信息素浓度就越高，在决策表的指引下越来越多的蚂蚁会向着搜索空间中最具吸引力的区域移动，体现出路径上信息素的浓度与解的优劣程度成正比；当一只蚂蚁完成移动方案的建立并释放信息素后，就会被系统删除。

蚁群算法流程如下。

1. 初始化参数

在计算开始前需要对参数进行初始化，如蚂蚁数量、信息素因子、启发函数因子、信息素挥发因子、信息素常数、最大迭代次数等。蚁群算法的参数设置需要注意以下几点。

蚂蚁数量如果设置过大，将会使每条路径上的信息素趋于平均，使正反馈作用减弱，从而使收敛速度减慢；如果蚂蚁数量设置过小，可能会导致一些从来没有被搜索过的路径信息素浓度减少为 0，从而使算法过早收敛，解的全局最优性降低。一般将蚂蚁数量设置为目标数的 1.5 倍。

信息素常量如果设置过大会导致蚁群的搜索范围减小，造成算法过早收敛，使种群陷入局部最优；如果设置过小会使每条路径上信息含量差别较小，容易陷入混沌状态。信息素常量根据经验一般取值在 [10,100] 之间。

最大迭代次数如果设置过大会导致算法运行时间过长；设置过小会导致可选路径较少，使种群陷入局部最优。最大迭代次数一般取值在 [100,500] 之间，建议取值为 200。

信息素因子表示蚂蚁运动过程中路径上积累的信息素的量在指导蚁群搜索中的相对重要程度。如果参数设置过大，蚂蚁选择之前走过的路径的可能性较大，容易使算法的随机性减弱；如果该参数设置过小，会导致蚁群的搜索范围过小，进而使算法过早收敛，使种群陷入局部最优。该参数一般取值在 [1,4] 之间。

启发函数因子表示启发式信息在指导蚁群搜索过程中的相对重要程度。如果该参数设置过大，会使收敛速度加快，但是容易陷入局部最优；如果该参数设置过小，会导致蚁群搜索随机性变大，很难找到最优解。根据经验该参数的取值范围一般在 [0,5] 之间。

信息素挥发因子表示信息素的消失水平，该参数设置过大会使信息素发挥较快，容易导致较优路径被排除；设置过小导致各路径上信息素含量差别较少，使收敛速度降低。该参数的取值范围通常在 [0.2,0.5] 之间。

2. 构建解空间

将各个蚂蚁随机放置在不同的出发地,对于每个蚂蚁 $k(k \in (1,m))$,计算下一个待访问城市,直至每个蚂蚁都访问完所有城市。蚂蚁在构建路径的每一步中,采用轮盘赌法选择下一个要到达的城市。选择每一个路径的概率表示为

$$P_{ij}^k(t) = \begin{cases} \dfrac{\tau_{ij}^{\alpha}(t)\,\eta_{ij}^{\beta}(t)}{\sum\limits_{s \in \text{allowed}_k} \tau_{is}^{\alpha}(t)\,\eta_{is}^{\beta}(t)}, & j \in \text{allowed}_k \\[4mm] 0, & \text{其他} \end{cases} \tag{6-9}$$

式中,i、j 分别表示每段路径的起点和终点;τ 表示时刻 t 由 i 到 j 的信息素浓度;η 的值等于路径长度 d 的倒数;allowed_k 表示未访问过的节点的集合;α 和 β 是积累的信息与启发信息对蚂蚁路径选择的影响。在蚂蚁当中,设置了禁忌表,以防在本次循环中蚂蚁重复经过某一城市;循环结束后,禁忌表用于存放蚂蚁 k 所建立起的经过方案,之后禁忌表被清空,以便下一只蚂蚁可以对路径自由选择。

根据当前路径 ij 上的信息素浓度以及启发式函数便可确定从起点 i 选择终点 j 的概率。对式 (6-9) 进行分析可知,两地的距离越短,信息素浓度越大的路径被选择的概率应该越大。

3. 更新信息素

计算各个蚂蚁经过的路径长度 L,记录当前迭代次数中的历史最优解,即最短路径;同时,对各个城市所连接的路径的信息素浓度进行更新。

信息素更新的表达式为

$$\tau_{ij}(t+1) = \rho \cdot \tau_{ij}(t) + \Delta\tau_{ij}(t, t+1) \tag{6-10}$$

$$\Delta\tau_{ij}(t, t+1) = \sum_{k=1}^{m} \Delta\tau_{ij}^k(t, t+1) \tag{6-11}$$

式中,$\Delta\tau_{ij}^k(t,t+1)$ 是蚂蚁 k 在时刻 t 到 $t+1$ 内留在路径 ij 上的信息素量;$\Delta\tau_{ij}(t,t+1)$ 是本次循环中路径 ij 上的信息素增加量;$(1-\rho)$ 是信息素的衰减系数。

第 $t+1$ 次循环后从 i 到 j 上的信息素含量等于第 t 次循环后从 i 到 j 上的信息素含量乘以信息素残留系数并加上新增信息素含量,其中新增信息素含量可表示为所有蚂蚁在 i 到 j 的路径上留下的信息素总和。新增信息素含量根据不同规则可以将蚁群算法分为以下三种模型,分别是蚁周模型、蚁量模型以及蚁密模型。

三者的区别在于 $\Delta\tau_{ij}^k(t,t+1)$ 不同,蚁密系统在路径 i 到 j 上释放的信息素为每单位长度 Q,蚁量系统则为每单位长度 Q/d_{ij},二者都是在建立方案的同时释放出信息素,利用了建立方案的局部信息;而蚁周系统则是在完成全程后再释放信息素,利用了建立方案的整体信息,更新公式为

$$\Delta\tau_{ij}^k(t, t+1) = \begin{cases} \dfrac{Q}{L_k}, & \text{蚂蚁 } k \text{ 在本次循环中经过路径 } i \text{ 到 } j \\[3mm] 0, & \text{其他} \end{cases} \tag{6-12}$$

4. 判断是否达到终止条件

蚁群算法的终止条件是，判断是否达到最大迭代次数。

下面以 20 个城市的路径优化为例，说明蚁群算法的工作原理。

例 6-3： 对 20 个城市的旅行商问题，求最优路径。

解： 相关的参数设置为，蚂蚁数量 $M = 50$，城市数量 $n = 20$，最大迭代次数 $G = 200$，信息素重要程度 $A = 1$，启发函数因子 $B = 20$，信息素挥发因子 $V = 0.1$，信息素增强系数 $Q = 100$，禁忌表 Tabu(50,20)，启发信息表 Eta(20,20)，信息素浓度表 Tau(20,20)。

每当蚂蚁经过一个城市时，禁忌表 Tabu(50,20) 都会进行更新，以防重复经过某一城市，选择下一个未走城市的概率 $P(k)$ 受到启发信息表 Eta(20,20) 和信息素浓度表 Tau(20,20) 的影响。仿真代码如下。

1. 主程序

```
clear all;
close all;
clc;

M=50;                    %蚂蚁个数
A=1;                     %表征信息素重要程度的参数
B=5;                     %表征启发式因子重要程度的参数
V=0.1;                   %信息素挥发因子
G=100;                   %最大迭代次数
Q=100;                   %信息素增强系数

C=[
1304 2312;
3639 1315;
3712 1399;
3488 1535;
3326 1556;
2788 1491;
2381 1676;
1332 695;
3715 1678;
4061 2370;
3780 2212;
```

```
    3676 2578;
    4029 2838;
    3429 1908;
    3507 2367;
    3439 3201;
    2935 3240;
    3140 3550;
    2778 2826;
    2370 2975
    ];%20 个城市坐标
% 变量初始化
n=size(C,1);                      %n 表示城市个数
D=zeros(n,n);                     %表示完全图的赋权邻接矩阵


for i=1:n
    for j=1:n
        if i~=j
            D(i,j)=((C(i,1)-C(j,1))^2+(C(i,2)-C(j,2))^2)^0.5;
        else
            D(i,j)=eps;          %i=j 时为 0,启发因子取倒数用 eps 表示
        end
        D(j,i)=D(i,j);
    end
end


Eta=1./D;                        %Eta 为启发信息表,维度为(20,20),表中数值
                                   设为距离的倒数
Tau=ones(n,n);                   %Tau 为信息素浓度表,维度为(20,20)
Tabu=zeros(M,n);                 %存储并记录路径的生成
NC=1;                            %迭代计数器,记录迭代次数
R_best=zeros(G,n);               %各代最佳路线
L_best=inf.*ones(G,1);           %各代最佳路线的长度
L_ave=zeros(G,1);                %各代路线的平均长度


while NC<=G                      %停止条件之一:达到最大迭代次数,停止
```

```
%将 M 只蚂蚁放到 n 个城市上
Randpos=[];
    for i=1:(ceil(M/n))
Randpos=[Randpos,randperm(n)];%{执行两次操作之后 Randpos 的维度为
1×62%}
    end
    Tabu(:,1)=(Randpos(1,1:M))';


%M 只蚂蚁按概率函数选择下一座城市,完成各自的搜索
    for j=2:n       %所在城市不计算
        for i=1:M
            visited=Tabu(i,1:(j-1));   %记录已访问的城市
            J=zeros(1,(n-j+1));          %存储待访问的城市
            P=J;                        %待访问城市的选择概率分布 Jc=1
            for k=1:n                   %找到未访问的城市,并存在数组 J 中
                if isempty(find(visited==k,1))   %{开始时置 0,find 函
数返回在 visited 数组中 k 所在的位置,没有则返回 0;1 表示只找 1 次%}
                J(Jc)=k;
                Jc=Jc+1;                          %访问的城市个数加 1
                end
            end
    %计算待选城市的概率分布
            for k=1:length(J)
                P(k)=(Tau(visited(end),J(k))^A)*(Eta(visited
(end),J(k))^B);
            end
            P=P/(sum(P));   %更新待访问城市概率数组中元素的值
    %按轮盘赌法选取下一个城市
Pcum=cumsum(P);   %元素的逐次累加和,返回值为和 P 维度相同的行矩阵
            Select=find(Pcum>=rand);%选择概率相对较大的那个节点
to_visit=J(Select(1));
            Tabu(i,j)=to_visit;
        end
    end

    if NC>=2
```

```
            Tabu(1,:)=R_best(NC-1,:);%{保留上次最优路线至Tabu第一行保障
迭代情况%}
        end
    %{记录本次迭代每只蚂蚁所走距离L,记录每次迭代最佳路线距离L_best和最佳路
线信息R_best%}
            L=zeros(M,1);                        %开始距离为0,M×1的列向量
            for i=1:M
                R=Tabu(i,:);
                for j=1:(n-1)
                    L(i)=L(i)+D(R(j),R(j+1));%原距离加上第j个城市到第j+
                                                1个城市的距离
                end
                L(i)=L(i)+D(R(1),R(n));          %一轮下来后走过的距离
            end

    L_best(NC)=min(L);                          %最佳距离取最小
    L_ave(NC)=mean(L);                          %此轮迭代后的平均距离

        pos=find(L==L_best(NC));
    R_best(NC,:)=Tabu(pos(1),:);                %此轮迭代后的最佳路线

        NC=NC+1
    %更新信息素
    Delta_Tau=zeros(n,n);
        for i=1:M
            for j=1:(n-1)

    Delta_Tau(Tabu(i,j),Tabu(i,j+1))=Delta_Tau(Tabu(i,j),Tabu(i,j+
1))+Q/L(i);
            %此次循环在路径(i,j)上的信息素增量
            end
    Delta_Tau(Tabu(i,n),Tabu(i,1))=Delta_Tau(Tabu(i,n),Tabu(i,1))+Q/
L(i);
        %此次循环在整个路径上的信息素增量
        end
```

```
            Tau = (1-V). * Tau+Delta_Tau;        %考虑信息素挥发,更新后的信息素

%禁忌表清零
    Tabu = zeros (M,n);                          %直到最大迭代次数
end
%输出结果
Pos = find (L_best == min (L_best));             %找到最佳路径( 非 0 为真)
Shortest_Route = R_best (Pos(1),:)              %最大迭代次数后最佳路径
Shortest_Length = L_best (Pos(1))              %最大迭代次数后最短距离
```

2. 画出路线图和 L_best，L_ave 迭代曲线

```
figure(1)
subplot(1,2,1)
N = length(Shortest_Route);
scatter(C(:,1),C(:,2));
for i =1:size(C,1)
    text(C(i,1),C(i,2),[' 'num2str(i)]);
end
hold on
plot([C(Shortest_Route(1),1),C(Shortest_Route(N),1)],[C(Shortest_
Route(1),2),C(Shortest_Route(N),2)],'g')
hold on
for ii =2:N
plot([C(Shortest_Route(ii-1),1),C(Shortest_Route(ii),1)],[C(Shor-
test_Route(ii-1),2),C(Shortest_Route(ii),2)],'g')
    hold on
end
title('优化结果')

subplot(1,2,2)
plot(L_best)
hold on
plot(L_ave,'r')
title('平均距离以及最短距离')
```

仿真结果如图 6-7 所示。

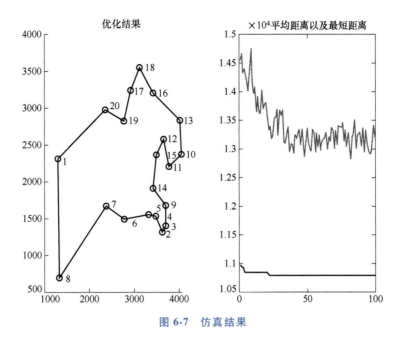

图 6-7 仿真结果

习 题

6-1 遗传算法有哪些特点？计算步骤是什么？

6-2 粒子群算法有哪些特点？计算步骤是什么？

6-3 蚁群算法有哪些特点？计算步骤是什么？

参 考 文 献

[1] 纪震，廖惠连，吴青华. 粒子群算法及应用 [M]. 北京：科学出版社，2009.

[2] 刘金琨. 智能控制理论基础、算法设计与应用 [M]. 北京：清华大学出版社，2019.

[3] 李士勇. 蚁群算法及其应用 [M]. 哈尔滨：哈尔滨工业大学出版社，2004.

[4] 韦巍，何衍. 智能控制基础 [M]. 北京：清华大学出版社，2008.

[5] 戴朝华. 粒子群优化算法综述 [EB/OL]. [2022-07-21]. https://image. sciencenet. cn/olddata/kexue. com. cn/upload/blog/file/2011/1/201115231020741252. pdf.

[6] 小白 VREP. 蚁群算法详解 [EB/OL]. (2022-05-04) [2021-07-05]. https://blog. csdn. net/m0_46435566/article/details/124567110.

第 2 部分

实用篇

## 第 7 章

机械臂控制实例

7

本书第 1 部分介绍了人工智能控制的各种方法，第 2 部分将应用这些控制方法对一些实际系统进行控制。首先以机械臂为例介绍神经网络控制和模糊控制。机械臂系统是目前工业中常见的机器人系统，在多个生产环节已经替代人类完成一些重复性强、劳动强度高的工作；此外，大量服务机器人替代人类完成生活中的多种工作，这些都用到了机械臂控制。如图 7-1 所示为几种常见的机械臂。本章针对机械臂介绍两种控制方法：神经网络控制和自适应模糊控制，通过机械臂的实例说明前面所学神经网络和模糊控制的内容。

图 7-1　常见的机械臂

中国空间站包括天和核心舱、梦天实验舱、问天实验舱、载人飞船（即已经命名的"神舟"号飞船）和货运飞船（天舟飞船）五个模块组成。空间站配备一大一小两个机械臂，长度为 10m 的核心舱机械臂和长度为 5m 的实验舱机械臂可达范围直接拓展为 14.5m，活动范围可直接覆盖空间站三个舱段，随时实现对空间站舱体表面的巡检。我国空间站机械臂技术体现了我国的科技水平已经处于世界最顶尖行列。

机械臂配合
航天员完成
出舱任务

7.1 机械臂神经网络控制

在针对机械臂的不同控制方案当中，如果能够知道机械臂精确模型和负载的精确变化曲线，采用基于精确模型的力矩控制是最好的，但是实际上往往难以实现，因此不依赖模型的 PID 控制成为多数机械臂控制的选择方案。在许多实际应用场景下，PID 控制方法效果不好或者应用 PID 控制无法达到想要的效果，此时需要考虑采用智能控制方法实现。下面介绍神经网络自适应控制机械臂系统。

7.1.1 问题的提出

考虑到控制对象为机械臂，假设有 n 个关节，则根据运动定律，机械臂的动力学方程可以描述为

$$M(q)\ddot{q}+C(q,\dot{q})\dot{q}+G(q)=\tau \tag{7-1}$$

式中，q 是关节变量向量；$M(q)$ 是 $n \times n$ 阶正定惯性矩阵；$C(q,\dot{q})$ 是 $n \times n$ 阶离心和哥氏力项；$G(q)$ 是 $n \times 1$ 阶重力项；τ 是作用在关节上的力矩。在实际的系统中，$M(q)$、$C(q,\dot{q})$ 和 $G(q)$ 一般是未知的。因此需要采用神经网络或者其他方法估计系统的未知项，设计合适的控制器控制系统。

机械臂的动力学模型特点如下。

1）动力学模型包含未知项较多。随着机械臂关节的增加，自由度增加，未知项也随之增加。

2）高度非线性，还有大量非线性元素。

3）高度耦合，各关节互相耦合影响。

4）模型的不确定性和时变性。由于机械臂所持负载不同时，模型发生变化，同时考虑到摩擦、迟滞、死区等影响，模型不确定性增加。

因此需要采用智能控制方法设计控制器控制机械臂才能达到好的效果。

7.1.2 神经网络设计

针对 $M(q)$、$C(q,\dot{q})$ 和 $G(q)$ 三个未知量，采用 RBF 神经网络对这三项分别进行估计逼近，三个神经网络的对应输出分别为 $M_{SNN}(q)$、$C_{DNN}(q,\dot{q})$ 和 $G_{SNN}(q)$，其表达式为

$$\begin{cases} M(q) = M_{SNN}(q) + E_M \\ C(q, \dot{q}) = C_{DNN}(q, \dot{q}) + E_C \\ G(q) = G_{SNN}(q) + E_G \end{cases} \tag{7-2}$$

式中，E 是相应的逼近误差。将式（7-2）代入式（7-1）当中，得到

$$M(q)\ddot{q}_r + C(q, \dot{q})\dot{q}_r + G(q) = M_{SNN}(q)\ddot{q}_r + C_{DNN}(q, \dot{q})\dot{q}_r + G_{SNN}(q) + E$$

$$= [\{W_M\}^T \cdot \{\Xi_M(q)\}]\ddot{q}_r + [\{W_C\}^T \cdot \{\Xi_C(z)\}]\dot{q}_r + [\{W_G\}^T \cdot \{\Xi_G(q)\}] + E \tag{7-3}$$

式中，W 是理想权重；Ξ 是隐层输出；$E = E_M \ddot{q}_r + E_C \dot{q}_r + E_G$。

RBF 神经网络输出的估计值为

$$\begin{cases} \hat{M}_{SNN}(q) = [\{\hat{W}_M\}^T \cdot \{\Xi_M(q)\}] \\ \hat{C}_{DNN}(q, \dot{q}) = [\{\hat{W}_C\}^T \cdot \{\Xi_C(z)\}] \\ \hat{G}_{SNN}(q) = [\{\hat{W}_G\}^T \cdot \{\Xi_G(q)\}] \end{cases} \tag{7-4}$$

式中，$\{\hat{W}\}$ 是估计值；$z = [q^T \quad \dot{q}^T]^T$。

7.1.3 控制器设计

定义误差为

$$e(t) = q_d(t) - q(t) \tag{7-5}$$

则有下式：

$$\dot{q}_r = r(t) + \dot{q}(t) \tag{7-6}$$

$$\ddot{q}_r = \dot{r}(t) + \ddot{q}(t) \tag{7-7}$$

式中，$q_d(t)$ 是理想指令；$q(t)$ 是实际角度。定义

$$r = \dot{e} + \Lambda e \tag{7-8}$$

根据式（7-6）、式（7-7）可以得到 $\dot{q}_r = \dot{q}_d + \Lambda e$ 和 $\ddot{q}_r = \ddot{q}_d + \Lambda \dot{e}$，$\Lambda > 0$。

将式（7-6）和式（7-7）代入系统动力学方程中，得到

$$\tau = M(q)\ddot{q}_r + C(q, \dot{q})\dot{q}_r + G(q) - M(q)\dot{r} - C(q, \dot{q})r$$

$$= [\{W_M\}^T \cdot \{\Xi_M(q)\}]\ddot{q}_r + [\{W_C\}^T \cdot \{\Xi_C(z)\}]\dot{q}_r + [\{W_G\}^T \cdot \{\Xi_G(q)\}] - M(q)\dot{r} - C(q, \dot{q})r + E$$

$$\tag{7-9}$$

针对 n 个关节的机械臂系统，设计控制器为

$$\tau = \tau_m + K_p r + K_i \int r \mathrm{d}t + \tau_r$$

$$= [\{\hat{W}_M\}^T \cdot \{\Xi_M(q)\}]\ddot{q}_r +$$

$$[\{\hat{W}_C\}^T \cdot \{\Xi_C(z)\}]\dot{q}_r + [\{\hat{W}_G\}^T \cdot \{\Xi_G(q)\}] + K_p r + K_i \int r \mathrm{d}\tau + \tau_r \tag{7-10}$$

式中，$K_p > 0$；$K_i > 0$。

模型自适应控制律设计为

$$\boldsymbol{\tau}_m = \hat{\boldsymbol{M}}_{SNN}(\boldsymbol{q})\ddot{\boldsymbol{q}}_r + \hat{\boldsymbol{C}}_{DNN}(\boldsymbol{q},\dot{\boldsymbol{q}})\dot{\boldsymbol{q}}_r + \hat{\boldsymbol{G}}_{SNN}(\boldsymbol{q}) \tag{7-11}$$

鲁棒项设计为

$$\boldsymbol{\tau}_r = K_r \mathrm{sgn}(\boldsymbol{r}) \tag{7-12}$$

式中，$K_r = \mathrm{diag}[k_{rii}]$，$k_{rii} > |E_i|$。

由式（7-9）和式（7-10）可得

$$\boldsymbol{M}(\boldsymbol{q})\dot{\boldsymbol{r}} + \boldsymbol{C}(\boldsymbol{q},\dot{\boldsymbol{q}})\boldsymbol{r} + K_p\boldsymbol{r} + K_i\int_0^t \boldsymbol{r}\mathrm{d}\tau + \boldsymbol{\tau}_r = [\{\widetilde{\boldsymbol{W}}_M\}^{\mathrm{T}} \cdot \{\boldsymbol{\Xi}_M(\boldsymbol{q})\}]\ddot{\boldsymbol{q}}_r +$$

$$[\{\widetilde{\boldsymbol{W}}_C\}^{\mathrm{T}} \cdot \{\boldsymbol{\Xi}_C(z)\}]\dot{\boldsymbol{q}}_r + [\{\widetilde{\boldsymbol{W}}_G\}^{\mathrm{T}} \cdot \{\boldsymbol{\Xi}_G(\boldsymbol{q})\}] + E \tag{7-13}$$

式中，$\widetilde{\boldsymbol{W}}_M = \boldsymbol{W}_M - \hat{\boldsymbol{W}}_M$；$\widetilde{\boldsymbol{W}}_C = \boldsymbol{W}_C - \hat{\boldsymbol{W}}_C$；$\widetilde{\boldsymbol{W}}_G = \boldsymbol{W}_G - \hat{\boldsymbol{W}}_G$。

进一步将上式写为

$$\boldsymbol{M}(\boldsymbol{q})\dot{\boldsymbol{r}} + \boldsymbol{C}(\boldsymbol{q},\dot{\boldsymbol{q}})\boldsymbol{r} + K_i\int_0^t \boldsymbol{r}\mathrm{d}\tau = -K_p\boldsymbol{r} - K_r\mathrm{sgn}(\boldsymbol{r}) +$$

$$[\{\widetilde{\boldsymbol{W}}_M\}^{\mathrm{T}} \cdot \{\boldsymbol{\Xi}_M(\boldsymbol{q})\}]\ddot{\boldsymbol{q}}_r + [\{\widetilde{\boldsymbol{W}}_C\}^{\mathrm{T}} \cdot \{\boldsymbol{\Xi}_C(z)\}]\dot{\boldsymbol{q}}_r + [\{\widetilde{\boldsymbol{W}}_G\}^{\mathrm{T}} \cdot \{\boldsymbol{\Xi}_G(\boldsymbol{q})\}] + E \tag{7-14}$$

相应的神经网络更新律设计为

$$\dot{\hat{\boldsymbol{W}}}_{Mk} = \boldsymbol{\Gamma}_{Mk} \cdot \{\boldsymbol{\xi}_{Mk}(\boldsymbol{q})\}\ddot{\boldsymbol{q}}_r r_k \tag{7-15}$$

$$\dot{\hat{\boldsymbol{W}}}_{Ck} = \boldsymbol{\Gamma}_{Ck} \cdot \{\boldsymbol{\xi}_{Ck}(z)\}\dot{\boldsymbol{q}}_r r_k \tag{7-16}$$

$$\dot{\hat{\boldsymbol{W}}}_{Gk} = \boldsymbol{\Gamma}_{Gk} \cdot \{\boldsymbol{\xi}_{Gk}(\boldsymbol{q})\}r_k \tag{7-17}$$

式中，$k = 1, 2, \ldots, n$。

7.1.4　稳定性证明

根据设计的控制器（7-10），设计积分型 Lyapunov 函数：

$$V = \frac{1}{2}\boldsymbol{r}^{\mathrm{T}}\boldsymbol{M}\boldsymbol{r} + \frac{1}{2}\left(\int_0^t \boldsymbol{r}\mathrm{d}\tau\right)^{\mathrm{T}}K_i\left(\int_0^t \boldsymbol{r}\mathrm{d}\tau\right) + \frac{1}{2}\sum_{k=1}^n \widetilde{\boldsymbol{W}}_{Mk}^{\mathrm{T}}\boldsymbol{\Gamma}_{Mk}^{-1}\widetilde{\boldsymbol{W}}_{Mk} +$$

$$\frac{1}{2}\sum_{k=1}^n \widetilde{\boldsymbol{W}}_{Ck}^{\mathrm{T}}\boldsymbol{\Gamma}_{Ck}^{-1}\widetilde{\boldsymbol{W}}_{Ck} + \frac{1}{2}\sum_{k=1}^n \widetilde{\boldsymbol{W}}_{Gk}^{\mathrm{T}}\boldsymbol{\Gamma}_{Gk}^{-1}\widetilde{\boldsymbol{W}}_{Gk} \tag{7-18}$$

式中，$\boldsymbol{\Gamma}_{Mk}$、$\boldsymbol{\Gamma}_{Ck}$ 和 $\boldsymbol{\Gamma}_{Gk}$ 是正定对称矩阵。对函数 V 进行求导，得到

$$\dot{V} = \boldsymbol{r}^{\mathrm{T}}\left[\boldsymbol{M}\dot{\boldsymbol{r}} + \frac{1}{2}\dot{\boldsymbol{M}}\boldsymbol{r} + K_i\int_0^t \boldsymbol{r}\mathrm{d}\tau\right] + \sum_{k=1}^n \widetilde{\boldsymbol{W}}_{Mk}^{\mathrm{T}}\boldsymbol{\Gamma}_{Mk}^{-1}\dot{\widetilde{\boldsymbol{W}}}_{Mk} + \sum_{k=1}^n \widetilde{\boldsymbol{W}}_{Ck}^{\mathrm{T}}\boldsymbol{\Gamma}_{Ck}^{-1}\dot{\widetilde{\boldsymbol{W}}}_{Ck} + \sum_{k=1}^n \widetilde{\boldsymbol{W}}_{Gk}^{\mathrm{T}}\boldsymbol{\Gamma}_{Gk}^{-1}\dot{\widetilde{\boldsymbol{W}}}_{Gk}$$

$$\tag{7-19}$$

根据机械臂动态方程的斜对称特性 $\boldsymbol{r}^{\mathrm{T}}(\dot{\boldsymbol{M}} - 2\boldsymbol{C})\boldsymbol{r} = 0$，可得

$$\dot{V} = \boldsymbol{r}^{\mathrm{T}}\left[\boldsymbol{M}\dot{\boldsymbol{r}} + \boldsymbol{C}\boldsymbol{r} + K_i\int_0^t \boldsymbol{r}\mathrm{d}\tau\right] + \sum_{k=1}^n \widetilde{\boldsymbol{W}}_{Mk}^{\mathrm{T}}\boldsymbol{\Gamma}_{Mk}^{-1}\dot{\widetilde{\boldsymbol{W}}}_{Mk} +$$

$$\sum_{k=1}^n \widetilde{\boldsymbol{W}}_{Ck}^{\mathrm{T}}\boldsymbol{\Gamma}_{Ck}^{-1}\dot{\widetilde{\boldsymbol{W}}}_{Ck} + \sum_{k=1}^n \widetilde{\boldsymbol{W}}_{Gk}^{\mathrm{T}}\boldsymbol{\Gamma}_{Gk}^{-1}\dot{\widetilde{\boldsymbol{W}}}_{Gk} \tag{7-20}$$

将式（7-14）代入式（7-20）可得

$$\dot{V} = -\boldsymbol{r}^{\mathrm{T}}K_p\boldsymbol{r} - \boldsymbol{r}^{\mathrm{T}}K_r\mathrm{sgn}(\boldsymbol{r}) + \boldsymbol{r}^{\mathrm{T}}[\{\widetilde{\boldsymbol{W}}_M\}^{\mathrm{T}} \cdot \{\boldsymbol{\Xi}_M\}]\ddot{\boldsymbol{q}}_r + \boldsymbol{r}^{\mathrm{T}}[\{\widetilde{\boldsymbol{W}}_C\}^{\mathrm{T}} \cdot \{\boldsymbol{\Xi}_C\}]\dot{\boldsymbol{q}}_r +$$

$$r^{\mathrm{T}}[\{\widetilde{W}_G\}^{\mathrm{T}} \cdot \{\Xi_G\}] + r^{\mathrm{T}}E + \sum_{k=1}^{n} \widetilde{W}_{Mk}^{\mathrm{T}} \Gamma_{Mk}^{-1} \dot{\widetilde{W}}_{Mk} + \sum_{k=1}^{n} \widetilde{W}_{Ck}^{\mathrm{T}} \Gamma_{Ck}^{-1} \dot{\widetilde{W}}_{Ck} +$$

$$\sum_{k=1}^{n} \widetilde{W}_{Gk}^{\mathrm{T}} \Gamma_{Gk}^{-1} \dot{\widetilde{W}}_{Gk} \tag{7-21}$$

根据

$$r^{\mathrm{T}}[\{\widetilde{W}_M\}^{\mathrm{T}} \cdot \{\Xi_M\}]\ddot{q}_r = [r_1 \quad \cdots \quad r_n] \begin{bmatrix} \{\widetilde{W}_{M1}\}^{\mathrm{T}} \cdot \{\xi_{M1}\}\ddot{q}_r \\ \vdots \\ \{\widetilde{W}_{Mn}\}^{\mathrm{T}} \cdot \{\xi_{Mn}\}\ddot{q}_r \end{bmatrix}$$

$$= \sum_{k=1}^{n} \{\widetilde{W}_{Mk}\}^{\mathrm{T}} \cdot \{\xi_{Mk}\}\ddot{q}_r r_k r^{\mathrm{T}}[\{\widetilde{W}_C\}^{\mathrm{T}} \cdot \{\Xi_C\}]\ddot{q}_r \tag{7-22}$$

$$= \sum_{k=1}^{n} \{\widetilde{W}_{Ck}\}^{\mathrm{T}} \cdot \{\xi_{Ck}\}\ddot{q}_r r_k r^{\mathrm{T}}[\{\widetilde{W}_G\}^{\mathrm{T}} \cdot \{\Xi_G\}] \tag{7-23}$$

$$= \sum_{k=1}^{n} \widetilde{W}_{Gk}^{\mathrm{T}} \cdot \xi_{Ck} r_k \tag{7-24}$$

得到

$$\dot{V} = -r^{\mathrm{T}}K_p r + r^{\mathrm{T}}E - r^{\mathrm{T}}K_r \mathrm{sgn}(r) + \sum_{k=1}^{n} \{\widetilde{W}_{Mk}\}^{\mathrm{T}} \cdot \{\xi_{Mk}\}\ddot{q}_r r_k +$$

$$\sum_{k=1}^{n} \{\widetilde{W}_{Ck}\}^{\mathrm{T}} \cdot \{\xi_{Ck}\}\ddot{q}_r r_k + \sum_{k=1}^{n} \widetilde{W}_{Gk}^{\mathrm{T}} \cdot \xi_{Ck} r_k + \sum_{k=1}^{n} \widetilde{W}_{Mk}^{\mathrm{T}} \Gamma_{Mk}^{-1} \dot{\widetilde{W}}_{Mk} +$$

$$\sum_{k=1}^{n} \widetilde{W}_{Ck}^{\mathrm{T}} \Gamma_{Ck}^{-1} \dot{\widetilde{W}}_{Ck} + \sum_{k=1}^{n} \widetilde{W}_{Gk}^{\mathrm{T}} \Gamma_{Gk}^{-1} \dot{\widetilde{W}}_{Gk} \tag{7-25}$$

又由于

$$\dot{\widetilde{W}}_{Mk} = -\dot{\hat{W}}_{Mk}, \dot{\widetilde{W}}_{Ck} = -\dot{\hat{W}}_{Ck}, \dot{\widetilde{W}}_{Gk} = -\dot{\hat{W}}_{Gk} \tag{7-26}$$

将设计的自适应律式（7-15）、式（7-16）和式（7-17）代入式（7-26）中，结合条件
$k_{rii} > |E_i|$，得到

$$\dot{V} = -r^{\mathrm{T}}K_p r + r^{\mathrm{T}}E - r^{\mathrm{T}}K_r \mathrm{sgn}(r) \leqslant -r^{\mathrm{T}}K_p r \leqslant 0 \tag{7-27}$$

由于 $V \geqslant 0$，$\dot{V} \leqslant 0$，根据李雅普诺夫稳定性理论，r、$\widetilde{W}_{Mk}$、$\widetilde{W}_{Ck}$ 和 $\widetilde{W}_{Gk}$ 有界。当 $\dot{V} \equiv 0$ 时，
$r = 0$，根据 LaSalle 不变性原理，闭环系统为渐近稳定，当 $t \to \infty$ 时，$r \to 0$，使得 $e \to 0$、$\dot{e} \to 0$。

7.1.5 仿真实例

对于如下机械臂系统

$$M(q)\ddot{q} + C(q,\dot{q})\dot{q} + G(q) = \tau \tag{7-28}$$

式中，$M = 0.1 + 0.06\sin q$；$C = 3\dot{q} + 3\cos\dot{q}$；$G = mgl\cos q$；$m = 0.02$；$l = 0.05$；$g = 9.8$。

系统的初始状态为 $q(0) = 0.15$，$\dot{q}(0) = 0$，理想跟踪指令为 $q_d = \sin t$。

选取结构如图 2-11 所示的 RBF 神经网络，中间层取 7 个节点，其输入 $z = [q \quad \dot{q}]$；每个节点
的初始权重都为 0；高斯函数的参数取 $c_i = [-1.5 \quad -1 \quad -0.5 \quad 0 \quad 0.5 \quad 1 \quad 1.5]$ 和 $b_i = 20$。

采用的自适应控制律为

$$\begin{cases} \tau = \tau_m + K_p r + K_i \int r \mathrm{d}t + \tau_r \\ \tau_m = \hat{M}_{SNN}(q)\,\ddot{q}_r + \hat{C}_{DNN}(q,\dot{q})\,\dot{q}_r + \hat{G}_{SNN}(q) \\ \tau_r = K_r \mathrm{sgn}(r) \end{cases} \quad (7\text{-}29)$$

采用的神经网络更新律为

$$\begin{cases} \dot{\hat{W}}_{Mk} = \varGamma_{Mk} \cdot \{\xi_{Mk}(q)\}\ddot{q}_r r_k \\ \dot{\hat{W}}_{Ck} = \varGamma_{Ck} \cdot \{\xi_{Ck}(z)\}\dot{q}_r r_k \\ \dot{\hat{W}}_{Gk} = \varGamma_{Gk} \cdot \{\xi_{Gk}(q)\}r_k \end{cases} \quad (7\text{-}30)$$

式中，控制参数的取值分别为 $K_r = 0.1$，$K_p = 15$，$K_i = 15$，$\varLambda = 5$；自适应更新律的增益为 $\varGamma_{Mk} = 100$，$\varGamma_{Ck} = 100$，$\varGamma_{Gk} = 100$。仿真程序如下。

1. 主程序

图 7-2 为 Simulink 仿真主程序，控制量为 u，输出量为位置信号。利用 S-function 完成了输入信号、系统方程、控制器的编写，每个模块的具体程序都已在后文中给出。

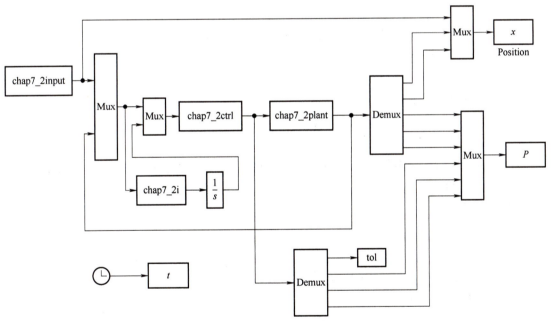

图 7-2　仿真模型的搭建

2. 系统程序

```
function[sys,x0,str,ts]=spacemodel(t,x,u,flag)
switch flag,
case 0,
    [sys,x0,str,ts]=mdlInitializeSizes;
```

```
case 1,
    sys=mdlDerivatives(t,x,u);
case 3,
    sys=mdlOutputs(t,x,u);
case {2,4,9}
    sys=[];
otherwise
    error(['Unhandled flag=',num2str(flag)]);
end
function[sys,x0,str,ts]=mdlInitializeSizes
sizes=simsizes;
sizes.NumContStates    =2;
sizes.NumDiscStates    =0;
sizes.NumOutputs       =5;
sizes.NumInputs        =4;
sizes.DirFeedthrough   =0;
sizes.NumSampleTimes   =1;
sys =simsizes(sizes);
x0  =[0.15;0];
str =[];
ts  =[0 0];
function sys=mdlDerivatives(t,x,u)
tol=u(1);
M=0.1+0.06*sin(x(1));
C=3*x(2)+3*cos(x(1));

m=0.020;g=9.8;l=0.05;
G=m*g*l*cos(x(1));

sys(1)=x(2);
sys(2)=1/M*(-C*x(2)-G+tol);
function sys=mdlOutputs(t,x,u)
M=0.1+0.06*sin(x(1));
C=3*x(2)+3*cos(x(1));

m=0.020;g=9.8;l=0.05;
```

```
G=m*g*l*cos(x(1));

sys(1)=x(1);
sys(2)=x(2);
sys(3)=M;
sys(4)=C;
sys(5)=G;
```

3. 控制器程序

```
function[sys,x0,str,ts]=spacemodel(t,x,u,flag)

switch flag,
case 0,
    [sys,x0,str,ts]=mdlInitializeSizes;
case 1,
    sys=mdlDerivatives(t,x,u);
case 3,
    sys=mdlOutputs(t,x,u);
case {2,4,9}
    sys=[];
otherwise
    error(['Unhandled flag=',num2str(flag)]);
end

function[sys,x0,str,ts]=mdlInitializeSizes
global node c_M c_C c_G b Fai
node=7;
c_M=[-1.5-1-0.5 0 0.5 1 1.5];
c_G=[-1.5-1-0.5 0 0.5 1 1.5];
c_C=[-1.5-1-0.5 0 0.5 1 1.5;
     -1.5-1-0.5 0 0.5 1 1.5];
b=20;
Fai=5;

sizes=simsizes;
sizes.NumContStates  =3*node;
sizes.NumDiscStates  =0;
```

```
sizes.NumOutputs        =4;
sizes.NumInputs         =9;
sizes.DirFeedthrough    =1;
sizes.NumSampleTimes    =0;
sys=simsizes(sizes);
x0=zeros(1,3*node);
str=[];
ts=[];
function sys=mdlDerivatives(t,x,u)
global node c_M c_C c_G b Fai
qd=u(1);
dqd=u(2);
ddqd=u(3);
q=u(4);
dq=u(5);

for j=1:1:node
    h_M(j)=exp(-norm(q-c_M(:,j))^2/(b*b));
end
for j=1:1:node
    h_G(j)=exp(-norm(q-c_G(:,j))^2/(b*b));
end

z=[q;dq];
for j=1:1:node
    h_C(j)=exp(-norm(z-c_C(:,j))^2/(b*b));
end
e=qd-q;
de=dqd-dq;
r=de+Fai*e;
dqr=dqd+Fai*e;
ddqr=ddqd+Fai*de;
T_M=100;
for i=1:1:node
    sys(i)=T_M*h_M(i)*ddqr*r;
end
```

```
T_C=100;
for i=1:1:node
    sys(2*node+i)=T_C*h_C(i)*dqr*r;
end
T_G=100;
for i=1:1:node
    sys(node+1)=T_G*h_G(i)*r;
end

function sys=mdlOutputs(t,x,u)
global node c_M c_C c_G b Fai
qd=u(1);
dqd=u(2);
ddqd=u(3);
q=u(4);
dq=u(5);

for j=1:1:node
    h_M(j)=exp(-norm(q-c_M(:,j))^2/(b*b));
end

for j=1:1:node
    h_G(j)=exp(-norm(q-c_G(:,j))^2/(b*b));
end

z=[q;dq];
for j=1:1:node
    h_C(j)=exp(-norm(z-c_C(:,j))^2/(b*b));
end

W_M=x(1:node)';
MSNN=W_M*h_M';
W_C=x(2*node+1:3*node)';
CDNN=W_C*h_C';
W_G=x(node+1:2*node)';
```

```
GSNN = W_G * h_G';

e = qd-q;
de = dqd-dq;

r = de+Fai * e;

dqr = dqd+Fai * e;
ddqr = ddqd+Fai * de;

tolm = MSNN * ddqr+CDNN * dqr+GSNN;

Kr = 0.10;
tolr = Kr * sign(r);

Kp = 15;
Ki = 15;

I = u(9);
tol = tolm+Kp * r+Ki * I+tolr;

sys(1) = tol(1);
sys(2) = MSNN;
sys(3) = CDNN;
sys(4) = GSNN;
```

4. 输入程序

```
function[sys,x0,str,ts]=spacemodel(t,x,u,flag)

switch flag,
case 0,
    [sys,x0,str,ts]=mdlInitializeSizes;
case 1,
    sys=mdlDerivatives(t,x,u);
case 3,
    sys=mdlOutputs(t,x,u);
case {2,4,9}
```

```
    sys=[];
otherwise
    error(['Unhandled flag=',num2str(flag)]);
end
function[sys,x0,str,ts]=mdlInitializeSizes
sizes=simsizes;
sizes.NumContStates   =0;
sizes.NumDiscStates   =0;
sizes.NumOutputs      =3;
sizes.NumInputs       =0;
sizes.DirFeedthrough  =0;
sizes.NumSampleTimes  =1;
sys=simsizes(sizes);
x0=[];
str=[];
ts=[0 0];
function sys=mdlOutputs(t,x,u)
qd=sin(t);
dqd=cos(t);
ddqd=-sin(t);

sys(1)=qd;
sys(2)=dqd;
sys(3)=ddqd;
```

5. 画图程序

```
closeall;

figure(1);
subplot(211);
plot(t,x(:,1),'r',t,x(:,4),'k:','linewidth',2);
xlabel('时间(s)');ylabel('位置跟踪');
legend('理想位置信号','位置信号跟踪');
subplot(212);
plot(t,x(:,2),'r',t,x(:,5),'k:','linewidth',2);
xlabel('时间(s)');ylabel('速度跟踪');
```

```
legend('理想速度信号','速度信号跟踪');

figure(2);
plot(t,tol(:,1),'k','linewidth',2);
xlabel('时间(s)');ylabel('控制输入');
legend('控制输入');

figure(3);
subplot(311);
plot(t,P(:,1),'r',t,P(:,4),'k:','linewidth',2);
xlabel('时间(s)');ylabel('M 和 MSNN');
legend('理想 M','估计 M');
subplot(312);
plot(t,P(:,2),'r',t,P(:,5),'k:','linewidth',2);
xlabel('时间(s)');ylabel('C 和 CDNN');
legend('理想 C','估计 C');
subplot(313);
plot(t,P(:,3),'r',t,P(:,6),'k:','linewidth',2);
xlabel('时间(s)');ylabel('G 和 GSNN');
legend('理想 G','估计 G');
```

仿真结果如图 7-3~图 7-5 所示。

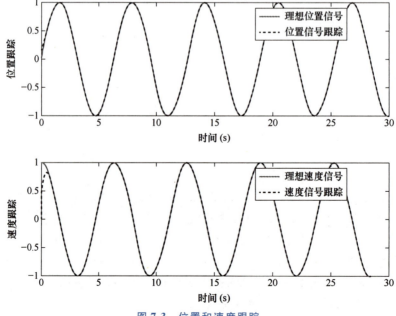

图 7-3　位置和速度跟踪

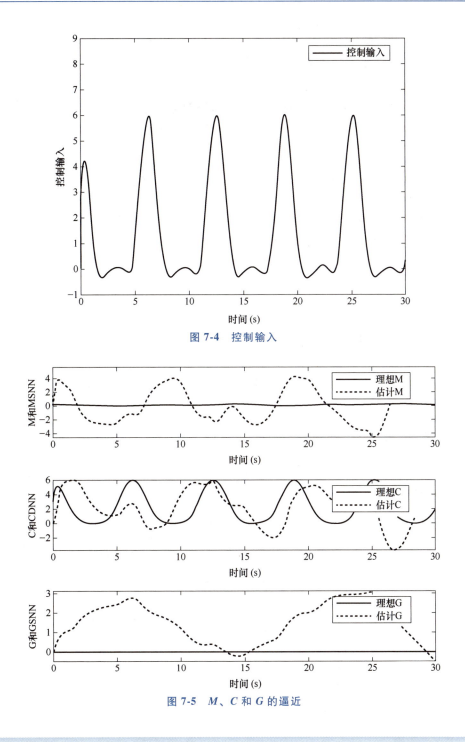

图 7-4　控制输入

图 7-5　*M*、*C* 和 *G* 的逼近

7.2　机械臂自适应模糊控制

7.2.1　系统描述

仍然以上节中机械臂的模型为例，采用模糊控制器控制机械臂。假设机械臂模型如

式（7-1）所示，在模糊控制器设计过程中，为了不与上节神经网络控制设计重复，假设惯性力矩 $M(q)$，离心力和哥氏力 $C(q,\dot{q})$，以及重力项 $G(q)$ 均已知，且状态可测，考虑摩擦力、扰动、负载变化等构成的非线性项 $F(q,\dot{q},\ddot{q})$ 未知，将系统改为

$$M(q)\ddot{q}+C(q,\dot{q})\dot{q}+G(q)+F(q,\dot{q},\ddot{q})=\tau \tag{7-31}$$

在此系统下设计自适应模糊控制器控制机械臂系统。根据实际机械臂系统，机械臂的动力学模型有如下特性。

1. $M(q)$ 为正定对称矩阵，且有界，即存在已知正常数 ε_1、ε_2 使得 $\varepsilon_1 I \leqslant M(q) \leqslant \varepsilon_2 I$ 成立。

2. $C(q,\dot{q})$ 有界，即存在已知正数 c 使得 $|C(q,\dot{q})| \leqslant c\|\dot{q}\|$ 成立。

3. $\dot{M}-2C$ 为斜对称矩阵，即满足 $x^{\mathrm{T}}(\dot{M}-2C)x=0$，$x$ 为向量。

4. 未知扰动有界，即 $\|\tau_d\| \leqslant d$，其中 d 为已知正常数。

7.2.2　模糊控制器设计

定义误差函数

$$\widetilde{q}(t)=q(t)-q_d(t) \tag{7-32}$$

式中，$q_d(t)$ 表示机械臂期望的角度。定义

$$s=\dot{\widetilde{q}}(t)+\Lambda\widetilde{q}(t) \tag{7-33}$$

式中，Λ 为正定对称矩阵。将误差进行转换，定义

$$\dot{q}_r(t)=\dot{q}_d(t)-\Lambda\widetilde{q}(t) \tag{7-34}$$

设计 Lyapunov 函数为

$$V=\frac{1}{2}s^{\mathrm{T}}Ms \tag{7-35}$$

式中，M 为机械臂惯性力矩，为正定对称矩阵。考虑到式（7-29）～式（7-31），有

$$M\dot{s}=M\ddot{q}-M\ddot{q}_r=\tau-C\dot{q}-G-F-M\ddot{q}_r \tag{7-36}$$

又根据机械臂的特性，$s^{\mathrm{T}}\dot{M}s=2s^{\mathrm{T}}Cs$，则

$$\dot{V}=s^{\mathrm{T}}M\dot{s}+\frac{1}{2}s^{\mathrm{T}}\dot{M}s=-s^{\mathrm{T}}(-\tau+C\dot{q}+G+F+M\ddot{q}_r-Cs)$$

$$=-s^{\mathrm{T}}(M\ddot{q}_r+C\dot{q}_r+G+F-\tau) \tag{7-37}$$

需要设计智能控制器 τ 控制系统，但是 F 未知，要用模糊逼近未知的 F。构造模糊系统如下：

$$\hat{F}(q,\dot{q},\ddot{q}\mid\theta)=\begin{bmatrix}\hat{F}_1(q,\dot{q},\ddot{q}\mid\theta_1)\\\hat{F}_2(q,\dot{q},\ddot{q}\mid\theta_2)\\\vdots\\\hat{F}_n(q,\dot{q},\ddot{q}\mid\theta_n)\end{bmatrix}=\begin{bmatrix}\theta_1^{\mathrm{T}}\xi(q,\dot{q},\ddot{q})\\\theta_2^{\mathrm{T}}\xi(q,\dot{q},\ddot{q})\\\vdots\\\theta_n^{\mathrm{T}}\xi(q,\dot{q},\ddot{q})\end{bmatrix} \tag{7-38}$$

式中，$\boldsymbol{\xi}(\boldsymbol{q},\dot{\boldsymbol{q}},\ddot{\boldsymbol{q}})$ 是模糊基函数向量；$\boldsymbol{\theta}$ 表示模糊系统调节权重。设计自适应模糊控制器为

$$\boldsymbol{\tau}=\boldsymbol{M}(\boldsymbol{q})\ddot{\boldsymbol{q}}_r+\boldsymbol{C}(\boldsymbol{q},\dot{\boldsymbol{q}})\dot{\boldsymbol{q}}_r+\boldsymbol{G}(\boldsymbol{q})+\hat{\boldsymbol{F}}(\boldsymbol{q},\dot{\boldsymbol{q}},\ddot{\boldsymbol{q}}\mid\boldsymbol{\theta})-K_D\boldsymbol{s} \tag{7-39}$$

定义模糊逼近的误差：

$$\boldsymbol{\omega}=\boldsymbol{F}(\boldsymbol{q},\dot{\boldsymbol{q}},\ddot{\boldsymbol{q}})-\hat{\boldsymbol{F}}(\boldsymbol{q},\dot{\boldsymbol{q}},\ddot{\boldsymbol{q}}\mid\boldsymbol{\theta}) \tag{7-40}$$

定义 Lyapunov 函数：

$$V_c=\frac{1}{2}\Big(\boldsymbol{s}^{\mathrm{T}}\boldsymbol{M}\boldsymbol{s}+\sum_{i=1}^{n}\widetilde{\boldsymbol{\theta}}_i^{\mathrm{T}}\boldsymbol{\Gamma}_i\widetilde{\boldsymbol{\theta}}_i\Big) \tag{7-41}$$

式中，$\widetilde{\boldsymbol{\theta}}_i=\boldsymbol{\theta}_i^*-\boldsymbol{\theta}_i$，$\boldsymbol{\theta}_i^*$ 表示理想模糊调节权重。考虑式（7-34），对式（7-38）求导，将控制器式（7-36）代入 $\dot{V}_c$，可得

$$\dot{V}_c=-\boldsymbol{s}^{\mathrm{T}}K_D\boldsymbol{s}-\boldsymbol{s}^{\mathrm{T}}\boldsymbol{\omega}+\sum_{i=1}^{n}\big(\widetilde{\boldsymbol{\theta}}_i^{\mathrm{T}}\boldsymbol{\Gamma}_i\dot{\widetilde{\boldsymbol{\theta}}}_i-s_i\widetilde{\boldsymbol{\theta}}_i^{\mathrm{T}}\boldsymbol{\xi}(\boldsymbol{q},\dot{\boldsymbol{q}},\ddot{\boldsymbol{q}})\big) \tag{7-42}$$

设计模糊更新自适应律为

$$\dot{\boldsymbol{\theta}}_i=-\boldsymbol{\Gamma}_i^{-1}s_i\boldsymbol{\xi}(\boldsymbol{q},\dot{\boldsymbol{q}},\ddot{\boldsymbol{q}}),i=1,2,\cdots,n \tag{7-43}$$

则有

$$\dot{V}_c=-\boldsymbol{s}^{\mathrm{T}}K_D\boldsymbol{s}-\boldsymbol{s}^{\mathrm{T}}\boldsymbol{\omega} \tag{7-44}$$

考虑到 $K_d>0$，而逼近误差 $\boldsymbol{\omega}$ 只要足够小，合适选取 K_d 总能够使得 $|\boldsymbol{s}^{\mathrm{T}}\boldsymbol{\omega}|\leqslant\boldsymbol{s}^{\mathrm{T}}K_d\boldsymbol{s}$ 成立，因此有

$$\dot{V}_c=-\boldsymbol{s}^{\mathrm{T}}K_D\boldsymbol{s}-\boldsymbol{s}^{\mathrm{T}}\boldsymbol{\omega}\leqslant0 \tag{7-45}$$

根据 Lyapunov 稳定性理论，控制系统稳定。

7.2.3　仿真实例

以双关节刚性机械臂为例进行仿真，动力学模型如式（7-28）所示，具体表达为

$$\begin{bmatrix}M_{11}(q_2) & M_{12}(q_2)\\ M_{21}(q_2) & M_{22}(q_2)\end{bmatrix}\begin{bmatrix}\ddot{q}_1\\ \ddot{q}_2\end{bmatrix}+\begin{bmatrix}-C_{12}(q_2)\dot{q}_2 & -C_{12}(q_2)(\dot{q}_1+\dot{q}_2)\\ C_{12}(q_2)\dot{q}_1 & 0\end{bmatrix}\begin{bmatrix}g_1(q_1+q_2)g\\ g_2(q_1+q_2)g\end{bmatrix}+$$

$$\boldsymbol{F}(\boldsymbol{q},\dot{\boldsymbol{q}}+\ddot{\boldsymbol{q}})=\begin{bmatrix}\tau_1\\ \tau_2\end{bmatrix} \tag{7-46}$$

式中，

$$M_{11}(q_2)=(m_1+m_2)r_1^2+m_2r_2^2+2m_2r_1r_2\cos(q_2)$$

$$M_{12}(q_2)=M_{21}(q_2)=m_2r_2^2+m_2r_1r_2\cos(q_2)$$

$$M_{22}(q_2)=m_2r_2^2$$

$$C_{12}(q_2)=m_2r_1r_2\sin(q_2)$$

$$\boldsymbol{F}(\boldsymbol{q},\dot{\boldsymbol{q}}+\ddot{\boldsymbol{q}})=F_r(\dot{\boldsymbol{q}})+\boldsymbol{\tau}_d \tag{7-47}$$

令

$$y = \begin{bmatrix} q_1 \\ q_2 \end{bmatrix}, \tau = \begin{bmatrix} \tau_1 \\ \tau_2 \end{bmatrix}, x = \begin{bmatrix} q_1 \\ \dot{q}_1 \\ q_2 \\ \dot{q}_2 \end{bmatrix}$$

取系统参数 $r_1 = 1\text{m}$，$r_2 = 0.8\text{m}$，$m_1 = 1\text{kg}$，$m_2 = 1.5\text{kg}$，控制的目标是使双关节的输出 q_1、q_2，分别跟踪期望轨迹 $q_{d1} = q_{d2} = 0.3\sin t$。模糊隶属函数选择为

$$\mu_{A_i^l}(x_i) = \exp\left(-\left(\frac{x_i - \bar{x}_i^l}{\frac{\pi}{24}} \right)^2 \right) \tag{7-48}$$

式中，$\bar{x}_i^l = \left[-\frac{\pi}{6}, -\frac{\pi}{12}, 0, \frac{\pi}{12}, \frac{\pi}{6} \right]$ $(i = 1,2,3,4,5)$；模糊集合 $A_i = [\text{NB}, \text{NS}, \text{ZO}, \text{PS}, \text{PB}]$；控制器参数选择为 $\lambda_1 = 10$，$\lambda_2 = 10$，$K_D = 20I$，$\Gamma_1 = \Gamma_2 = 0.001$；摩擦的参数选择为 $F_r(\dot{q}) = \begin{bmatrix} 15\dot{q}_1 + 6\text{sgn}(\dot{q}_1) \\ 15\dot{q}_2 + 6\text{sgn}(\dot{q}_2) \end{bmatrix}$；干扰选择为 $\tau_d = \begin{bmatrix} 0.05\sin(20t) \\ 0.1\sin(20t) \end{bmatrix}$。自适应更新律选择为式（7-43），模糊自适应控制器选择为式（7-39），仿真代码如下。

1. 主程序

图 7-6 为 Simulink 仿真主程序，输入量为正弦信号，控制量为 ut，输出量为跟踪信号。利用 S-function 完成了系统方程、控制器的编写，每个模块的具体程序都已在后文中给出。

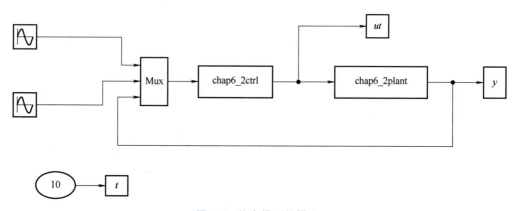

图 7-6　仿真模型的搭建

2. 系统程序

```
function[sys,x0,str,ts]=MIMO_Tong_plant(t,x,u,flag)
switch flag,
case 0,
    [sys,x0,str,ts]=mdlInitializeSizes;
```

```
case 1,
    sys=mdlDerivatives(t,x,u);
case 3,
    sys=mdlOutputs(t,x,u);
case {2,4,9 }
    sys=[ ];
otherwise
    error(['Unhandled flag=',num2str(flag)]);
end
function[sys,x0,str,ts]=mdlInitializeSizes
sizes=simsizes;
sizes.NumContStates   =4;
sizes.NumDiscStates   =0;
sizes.NumOutputs      =6;
sizes.NumInputs       =4;
sizes.DirFeedthrough  =0;
sizes.NumSampleTimes  =0;
sys=simsizes(sizes);
x0=[0 0 0 0];
str=[ ];
ts=[ ];
function sys=mdlDerivatives(t,x,u)
r1=1;r2=0.8;
m1=1;m2=1.5;

D11=(m1+m2)*r1^2+m2*r2^2+2*m2*r1*r2*cos(x(3));
D22=m2*r2^2;
D21=m2*r2^2+m2*r1*r2*cos(x(3));
D12=D21;
D=[D11 D12;D21 D22];

C12=m2*r1*sin(x(3));
C=[-C12*x(4)-C12*(x(2)+x(4));C12*x(1)0];

g1=(m1+m2)*r1*cos(x(3))+m2*r2*cos(x(1)+x(3));
g2=m2*r2*cos(x(1)+x(3));
```

```
G=[g1;g2];
Fr=[15*x(2)+6*sign(x(2));10*x(4)+6*sign(x(4))];
Tao=[0.05*sin(20*t);0.1*sin(20*t)]
tol=[u(1)u(2)]';
S=inv(D)*(tol-C*[x(2);x(4)]-G-Fr);

sys(1)=x(2);
sys(2)=S(1);
sys(3)=x(4);
sys(4)=S(2);
function sys=mdlOutputs(t,x,u)
Fr=[10*x(2);10*x(4)];

sys(1)=x(1);
sys(2)=x(2);
sys(3)=x(3);
sys(4)=x(4);
sys(5)=Fr(1);
sys(6)=Fr(2);
```

3. 控制器程序

```
function[sys,x0,str,ts]=MIMO_Tong_s(t,x,u,flag)
switch flag,
case 0,
    [sys,x0,str,ts]=mdlInitializeSizes;
case 1,
    sys=mdlDerivatives(t,x,u);
case 3,
    sys=mdlOutputs(t,x,u);
case {2,4,9}
    sys=[];
otherwise
    error(['Unhandled flag=',num2str(flag)]);
end
function[sys,x0,str,ts]=mdlInitializeSizes
global nmn1 nmn2 Fai
```

```
nmn1=10;nmn2=10;
Fai=[nmn1 0;0 nmn2];
sizes=simsizes;
sizes.NumContStates   =10;
sizes.NumDiscStates   =0;
sizes.NumOutputs      =4;
sizes.NumInputs       =8;
sizes.DirFeedthrough  =1;
sizes.NumSampleTimes  =0;
sys=simsizes(sizes);
x0=[0.1*ones(10,1)];
str=[];
ts=[];
function sys=mdlDerivatives(t,x,u)
global nmn1 nmn2 Fai
qd1=u(1);
qd2=u(2);
dqd1=0.3*cos(t);
dqd2=0.3*cos(t);
dqd=[dqd1 dqd2]';

ddqd1=-0.3*sin(t);
ddqd2=-0.3*sin(t);
ddqd=[ddqd1 ddqd2]';

q1=u(3);dq1=u(4);
q2=u(5);dq2=u(6);
fsd1=0;
for l1=1:1:5
    gs1=-[(dq1+pi/6-(l1-1)*pi/12)/(pi/24)]^2;
    u1(l1)=exp(gs1);
end
fsd2=0;
for l2=1:1:5
    gs2=-[(dq2+pi/6-(l2-1)*pi/12)/(pi/24)]^2;
    u2(l2)=exp(gs2);
```

```
end
for l1=1:1:5
    fsu1(l1)=u1(l1);
    fsd1=fsd1+u1(l1);
end
for l2=1:1:5
    fsu2(l2)=u2(l2);
    fsd2=fsd2+u2(l2);
end
fs1=fsu1/(fsd1+0.001);
fs2=fsu2/(fsd2+0.001);
e1=q1-qd1;
e2=q2-qd2;
e=[e1 e2]';
de1=dq1-dqd1;
de2=dq2-dqd2;
de=[de1 de2]';

s=de+Fai*e;
Gama1=0.0001;Gama2=0.0001;

S1=-1/Gama1*s(1)*fs1;
S2=-1/Gama2*s(2)*fs2;
for i=1:1:5
    sys(i)=S1(i);
end
for j=6:1:10
    sys(j)=S2(j-5);
end

function sys=mdlOutputs(t,x,u)
global nmn1 nmn2 Fai
q1=u(3);dq1=u(4);
q2=u(5);dq2=u(6);

r1=1;r2=0.8;
```

```
m1=1;m2=1.5;

D11=(m1+m2)*r1^2+m2*r2^2+2*m2*r1*r2*cos(q2);
D22=m2*r2^2;
D21=m2*r2^2+m2*r1*r2*cos(q2);
D12=D21;
D=[D11 D12;D21 D22];

C12=m2*r1*sin(q2);
C=[-C12*dq2-C12*(dq1+dq2);C12*q1 0];

g1=(m1+m2)*r1*cos(q2)+m2*r2*cos(q1+q2);
g2=m2*r2*cos(q1+q2);
G=[g1;g2];

qd1=u(1);
qd2=u(2);
dqd1=0.3*cos(t);
dqd2=0.3*cos(t);
dqd=[dqd1 dqd2]';

ddqd1=-0.3*sin(t);
ddqd2=-0.3*sin(t);
ddqd=[ddqd1 ddqd2]';

e1=q1-qd1;
e2=q2-qd2;
e=[e1 e2]';
de1=dq1-dqd1;
de2=dq2-dqd2;
de=[de1 de2]';
s=de+Fai*e;

dqr=dqd-Fai*e;
```

```
ddqr=ddqd-Fai*de;

for i=1:1:5
    thta1(i,1)=x(i);
end
for i=1:1:5
    thta2(i,1)=x(i+5);
end

fsd1=0;
for l1=1:1:5
    gs1=-[(dq1+pi/6-(l1-1)*pi/12)/(pi/24)]^2;
    u1(l1)=exp(gs1);
end
fsd2=0;
for l2=1:1:5
    gs2=-[(dq2+pi/6-(l2-1)*pi/12)/(pi/24)]^2;
    u2(l2)=exp(gs2);
end

for l1=1:1:5
    fsu1(l1)=u1(l1);
    fsd1=fsd1+u1(l1);
end
for l2=1:1:5
    fsu2(l2)=u2(l2);
    fsd2=fsd2+u2(l2);
end
fs1=fsu1/(fsd1+0.001);
fs2=fsu2/(fsd2+0.001);

Fp(1)=thta1'*fs1';
Fp(2)=thta2'*fs2';

KD=2.0*eye(2);
```

```
W=[0.2 0;0 0.2];

tol=D*ddqr+C*dqr+G+1*Fp'-KD*s-W*sign(s);

sys(1)=tol(1);
sys(2)=tol(2);
sys(3)=Fp(1);
sys(4)=Fp(2);
```

4. 输出程序

```
close all;

figure(1);
subplot(211);
plot(t,0.3*sin(t),'r',t,y(:,1),'k:','linewidth',2);
xlabel('时间(s)');ylabel('角度跟踪1');
subplot(212);
plot(t,0.3*sin(t),'r',t,y(:,3),'k:','linewidth',2);
xlabel('时间(s)');ylabel('角度跟踪2');

figure(2);
subplot(211);
plot(t,y(:,5),'r',t,u(:,3),'k:','linewidth',2);
xlabel('时间(s)');ylabel('F和Fc');
subplot(212);
plot(t,y(:,6),'r',t,u(:,4),'k:','linewidth',2);
xlabel('时间(s)');ylabel('F和Fc');

figure(3);
subplot(211);
plot(t,u(:,1),'k','linewidth',2);
xlabel('时间(s)');ylabel('控制输入1');
subplot(212);
plot(t,u(:,2),'k','linewidth',2);
xlabel('时间(s)');ylabel('控制输入2');
```

仿真结果如图 7-7、图 7-8 和图 7-9 所示。

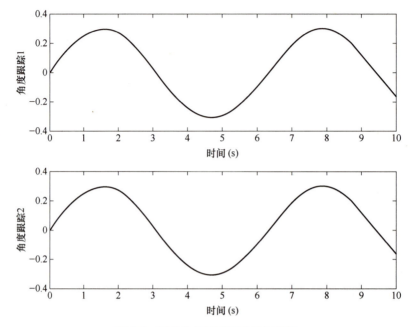

图 7-7　双关节机械臂跟踪控制结果

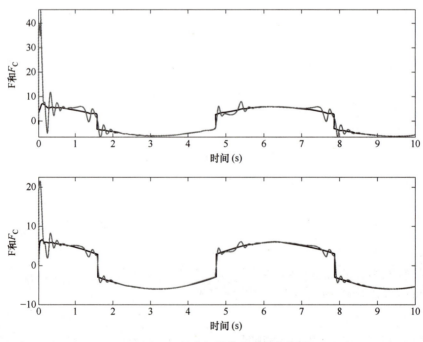

图 7-8　双关节机械臂的摩擦补偿

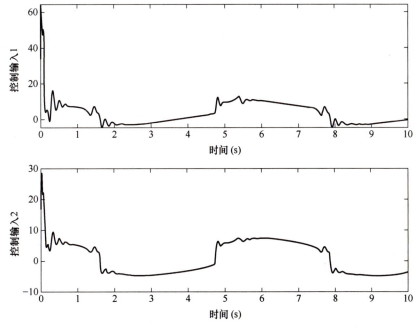

图 7-9　双关节机械臂的控制输入

7-1　机械臂动力学模型的特点是什么？

7-2　本章应用神经网络控制机械臂时，用了 3 个神经网络分别逼近了什么项？如果这些项已知，是否还需要应用神经网络逼近？

7-3　本章模糊更新自适应律是什么？为什么这么选择？

参 考 文 献

[1]　刘金琨. 智能控制理论基础、算法设计与应用 [M]. 北京：清华大学出版社，2019.

[2]　刘金琨. 智能控制 [M]. 4 版. 北京：电子工业出版社，2017.

[3]　HOPFIELD J J，TANK D W，Neural computation of decision in optimization problems，Biological Cybernetics，1985，52：141-152.

[4]　杨杰，黄晓霖，高岳，等. 人工智能基础 [M]. 北京：机械工业出版社，2020.

[5]　刘金琨. RBF 神经网络自适应控制及 MATLAB 仿真 [M]. 2 版. 北京：清华大学出版社，2018.

## 第8章

无人机三维最优路径规划实例

本章以无人机路径规划为例说明强化学习的应用，首先介绍了无人机路径规划 Q-Learning 的算法原理，然后详细讲述了无人机路径规划的实现过程。通过本实例验证了强化学习的使用和设计，有利于加深对 Q-Learning 方法的认识并融会贯通，从而掌握其他强化学习方法。

8.1 无人机路径规划简介

无人机的应用越来越广泛，在多个场合都有所应用，比如抢险救灾中可以察看灾情，农业上可以喷洒农药、检查作物生长等，如果提高无人机的智能性，让其自动完成一些任务，就涉及了路径规划的问题。路径规划是智能控制中的一个重要组成部分，是动态规划的重要应用。随着无人机系统的功能越来越强大，其操纵越来越复杂，而现代飞行任务的难度及强度也在不断增加，良好的三维路径规划成为提高无人机系统任务完成质量和生存概率的重要途径之一。

路径规划的算法有许多种，其中强化学习算法是非常有效的路径规划算法，具有前提条件少、智能性高、规划效果好的特点。基于强化学习的路径规划方法不仅具有与随机线路图法相似的在规划时间和航迹质量之间进行折中的能力，其本身也具有一定的鲁棒性和对动态环境的适应能力。目前，强化学习算法已经在智能机器人导航、路径规划和运动控制领域取得了许多成功的应用。

本章以无人机为例，采用 Q-Learning 算法实现三维路径规划，规划目标如下。

1）通过 C++编写一段程序，采用 Q-Learning 算法实现无人机的智能三维路径规划。

2）定义无人机类，包含飞行半径、最大平飞速度、最小平飞速度、垂直飞行速度、最大飞行高度、最小飞行高度、最大飞行过载等属性。

3）定义仿真环境中的两种环境类，自然环境与静态障碍物，其中自然环境类包括地形、风速、风向、温度、光照等属性，静态障碍物包括位置、大小、轮廓顶点、移动速度、移动路线等属性。定义多种相关的环境类时，使用继承与多态的方法。

4）通过算法和代码实现无人机自动分辨最佳路线，要求避开障碍物，并根据具体环境分析出适合的路线，最后找出一条最佳路线完成目标，到达终点。

8.2　无人机路径规划 Q-Learning 算法原理

无人机的三维路径规划是在综合考虑无人机的飞行时间、燃料消耗、外界威胁等因素的前提下，为无人机规划出一条最优或者是最满意的三维飞行航迹，以保证飞行任务的圆满完成。

无人机通过 Agent（智能体）与环境交互，获得航迹过程的本质是马尔可夫决策过程（Markov Decision Process，MDP），无人机的下一个空间状态只与当前的状态信息有关，与之前的信息状态无关，即无人机航迹规划的过程具有马尔可夫性。MDP 由 $<S, A, P, R, \gamma>$ 五个元素构成。

1）S 表示空间状态的集合，$s \in S$，s_t 表示 t 时刻的空间状态。

2）A 表示动作策略的集合，$a \in A$，a_t 表示 t 时刻的动作策略。

3）P 表示状态转移概率，表示当前状态 s 下，经过动作策略 a 后，状态变为 s' 的概率。

4）R 表示环境根据智能体的状态与动作，给予智能体的奖励，是奖励取值的集合。

5）γ 为"折扣"，表示后续策略对当前状态的影响，γ 为 0 表示只关心当前奖励，γ 越大表示越看重未来奖励。

Q-Learning 算法是策略时序差分价值迭代的无模型算法。算法基于状态 s，采用 ε-贪心策略选择动作 a，在状态 s 下执行当前动作 a，得到新状态 s' 和奖励 R，价值函数 $Q(s,a)$ 更新公式为

$$Q(s,a) = Q(s,a) + \alpha(R + \gamma Q(s',a) - Q(s,a)) \tag{8-1}$$

基于 Q-Learning 的无人机路径规划方法是基于强化学习的路径规划领域最重要的方法之一，然而现有的基于 Q-Learning 的无人机路径规划算法的思想与传统航迹规划算法一样，仍然需要预先定义的代价函数生成一条具有最小代价的航迹。该类算法虽已经取得了大量重要的理论和应用成果，但由于其规划过程中没有考虑诸如无人机的最大爬升/下降率和最小转弯半径等航迹约束条件，使其存在以下两个重要的缺点。

1）算法获得的最小代价航迹不一定满足实际要求，甚至对无人机来说根本无法飞行实施。

2）算法的规划空间离散化过程缺少依据，往往采用较小的离散化步长以保证离散化过程的合理性，这使得最终离散规划问题具有很大的搜索空间，因此其只适用于二维平面内的航迹规划问题。当这类算法在无人机路径规划问题中应用时，由于其无法充分利用无人机的三维飞行能力，故其规划获得的航迹从根本上说就是次优航迹。

本小节介绍的方法在现有的基于 Q-Learning 的航迹规划算法的基础上，设计出一种能够有效完成无人机三维航迹规划任务的路径规划方法。该方法利用无人机的航迹约束条件指导规划空间离散化，不仅减小了最终离散规划问题的规模，也在一定程度上提高规划获得的优化航迹的可用性。

8.3 无人机三维路径规划实现过程

无人机路径规划实现流程如图 8-1 所示。

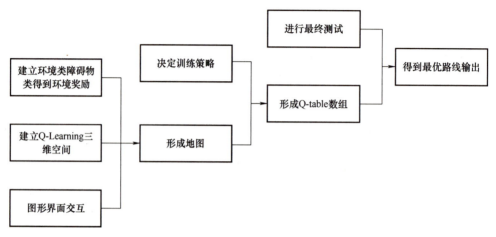

图 8-1　无人机路径规划实现流程图

8.3.1 基于 Q-Learning 的三维模型创建

要实现基于 Q-Learing 的无人机智能航线规划，需建立回报奖励地图，本小节采用对空间进行栅格化，将模拟的现实空间栅格化为 $M×M×M$ 的三维数组模型，对数组中每一栅格进行赋值处理，赋上用环境回报函数所求得的回报奖励，完成对现实空间的模拟。

在程序设计的无人机类中，需要包含飞行半径、最大平飞速度、最小平飞速度、垂直飞行速度、最大飞行高度、最小飞行高度、最大飞行过载这些属性。其中飞行半径用无人机最大可以走的格子数来实现；最大平飞速度和最小平飞速度用于在顺风和逆风环境中与风速相结合，在设置的奖励方程中求环境的奖励；垂直飞行速度用于在高山环境这类在现实中需要做出垂直高度调整的环境中，与风速结合代入设置的奖励方程中求环境的奖励；最大飞行高度和最小飞行高度用于与每个环境的高度、障碍物的大小作比较，考虑到现实情况，当最大飞行高度低于环境高度或最小飞行高度高于环境高度时，在该环境处的值为很小的负值，表示无法通过。

在程序设计的自然环境类中，需要包含地形、风速、风向、温度、光照、环境奖励这些属性，并且对每一种环境设置环境奖励方程，该方程由无人机中有影响的环境类属性组成，用于求该环境的回报奖励。其中，地形主要参数设置为高度，考虑到实际地形作为判断无人机能否通过该环境的首要因素；风速和风向结合，风速分为顺风和逆风两种，用 1 来表示顺风，−1 来表示逆风，作为风速的系数，风速大小用绝对值的大小来体现；温度和光照也作为环境奖励方程中的一部分。

在程序设计的障碍物类中要设置位置、大小、轮廓顶点等属性。其中位置用 x，y，z 来表示，用于确定障碍物在设置的地图中的坐标；大小类似于环境类中的地形，将它设置为高度；轮廓顶点则用于表示该障碍物会占用它自身坐标周围多少个格子数。

在定义多种相关的环境类时需要用到继承和多态。在定义自然环境类时，首先定义一个基类，包含要求的各种基本属性和计算环境回报奖励的虚函数，在这之后定义环境类基类的七个派生类，分别是高山环境类，用以模拟地形过高的环境；平原环境类，用以模拟地形过低的环境；顺风环境类，用以模拟风向为正方向、风速系数为正值的环境；逆风环境类，用以模拟风向为反方向、风速系数为负值的环境；沙漠环境类，用以模拟温度过高、光照过强的环境；极地环境类，用以模拟温度过低、光照过弱的环境；光照异常环境类，用以模拟各处栅格的光照差异过大的环境。在每个派生类中，都依据基类中定义的虚函数进行了函数的重载，以实现在每种派生类中由于模拟的环境的不同导致的对环境奖励回报方程的不同写法，从而实现继承和多态。

8.3.2　训练过程

表 8-1 是训练的参数，其中 i 代表移动方向，由于是三维空间，有 26 个值；G 代表贪心系数，本文取值为 0.2，由贪心系数使得无人机有 G 的概率采取最优行为，也有一定概率探索新的路径；R 代表回报系数，决定了预期收益的权重，本文取值为 0.8；训练次数、最大移动次数，地图边长、地图数量本文分别取值为 3000 次、80 步、5 格、4 个。

表 8-1　训练的参数

参数	数值	单位
移动方向 i	1~26	—
贪心系数 G	0.2	—
回报系数 R	0.8	—
训练次数	3000	次
最大移动次数	80	步
地图边长 M	5（8）	格
地图数量	4（10）	个

Q-table 是一张表，存储着无人机的每一个状态下执行不同行为时的预期奖励。在路径规划训练中，对于固定的一张地图，无人机的状态可以由向量 (x, y, z) 表示其位置，现实世界是不变的，所以不算作状态；在程序设计中，数组 $Q[x][y][z][i]$ 代表智能体在 (x, y) 位置下执行动作 i 时的预期奖励，由于是三维空间，i 有 26 个值。

优化决策的过程由马尔可夫决策过程对 Q-table 进行优化。该过程的核心方程为

$$Q[x][y][z][i] = Q[x][y][z][i] + rate \times (r[x_1][y_1][z_1] + \max(Q[x_1][y_1][z_1][i]))$$

$$(8-2)$$

即执行一个策略之后，无人机从 x，y，z 移动到 x_1，y_1，z_1 点，那么在状态 x，y，z 下执行动作 i 的奖励就是，下一个行为本身的收益加上走到下一个方格之后，最好的预期收益。式（8-2）中，$rate$ 为一个比例系数，决定了预期收益的权重，本算法中取 0.8。

贪心系数 Greedy = 0.2。Q-Learning 本质上是贪心算法，但是如果每次都取预期奖励最高

的行为去做，那么在训练过程中无法探索其他可能的行为，甚至会进入"局部最优"，无法完成游戏。所以，使无人机有 Greedy 的概率采取最优行为，也有一定概率探索新的路径。

无人机路径规划本质上是搜索满足约束条件的最优航迹。在基于强化学习的无人机三维避障路径规划问题中，学习目标即航迹评价指标用回报函数进行形式化表达，回报函数的构造需要综合考虑影响航迹性能的各种指标、指标的量化方法及各项指标权重的选择等。

在本程序中，考虑了风力、山体、温度、光照等环境因素的影响，分别设计了其连续回报函数，其整体形式为

$$\text{Reward} = w1 \times f1 + w2 \times f2 + w3 \times f3 \tag{8-3}$$

式中，$w1 \sim w3$ 为和为 0.5 的非负加权系数；$f1 \sim f3$ 为环境参量，其大小受环境因素影响，在程序中使用 1 和 -1（1 表示环境良好，-1 代表环境较差）来使其量化。

在巡线训练中，无人机经过的每一栅格都有由环境所得的奖励作为该位置的分数。按照如上的训练策略，本例在最终测试前进行 3000 次训练，以得到尽可能准确的 Q-table 表，使得无人机在最终测试时能够走最优航线。

通过训练得到尽可能准确的 Q-table 表以后，就可以测试验证训练结果，输出最终走出的最优路径。由于可能遇到局部最优的问题，所以如果最大的 Q-table 值无法走出，就会原路返回，寻找第二大的 Q-table 值；如此直到走出循环，从而解决局部最优的问题。另外需要注意的问题是 Q-table 值要足够大，否则将无法完成训练。

8.3.3 路径规划实现结果

由于算法得出的结果与训练次数有关，训练次数越多，其规划最优路径的效果越好，所以本例程序中设定训练次数为 3000 次。每一次训练中还包括执行步数，即算法做出的决策及其相应的奖励，本例执行步数设置了上限 80，每次训练走到终点或者走够 80 步时结束，如图 8-2 所示。每次飞行中的飞行方向以及经过地方对应的位置坐标可以记录，如图 8-3 所示。

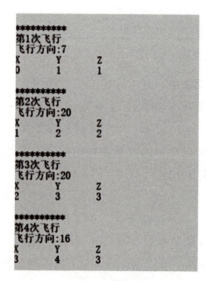

图 8-2　训练步数结果　　　　　　　　图 8-3　飞行路径记录

无人机在点 x，y，z 处执行不同飞行方向所获得的奖励，可以用来进行优化决策，找出相应的最优路径，记录结果如图 8-4 所示。

```
******************
无人机在X、Y、Z处执行不同方向的最终奖励

X       Y       Z
0       0       0
0.000803865     -1.237  -1.212  0.000683678     0.000396479     -1.224  0.136924        -1.235  -1.217  -1.236  -1.229
1.235   0.000356829     -1.223  -1.227  -0.249873       -1.186  -1.248  -1.233  -0.21539        -1.26   -1.222  -1.269
1.215   -1.251  -1.253

X       Y       Z
0       0       1
6.9179e-05      0.000624071     -1.048  -0.0329853      0.0246997       -1.045  0.00042877      -1.032  4.34711e-05
1.041   -1.039  -1.045  -0.0324305      -1.043  -1.055  -0.0759315      -1.057  6.69597e-05     -1.045  -0.0884418
1.05    3.54416e-05     -1.039  -1.034  -1.049  -1.065

X       Y       Z
0       0       2
5.33552e-06     3.9571e-05      -1.023  -0.0519719      0.000228836     -1.034  0.000232557     -1.022  0.0142389
1.021   -1.024  -1.021  -0.0495031      -1.019  -1.021  -0.0199175      -1.022  -0.0339804      -1.024  -0.0264348
1.025   -0.0216175      -1.022  -1.022  -1.024  -1.022
```

图 8-4　决策优化奖励

最终无人机在地图做出的最优规划路径，以符号“@”来表示无人机选择的执行路径。本例中实现了无人机执行五次飞行步骤即可获得最大收益到达终点，执行效果如图 8-5 所示。无人机最优路径规划程序见下节。

```
将三维地图展开，带有 @ 符号的代表无人机选择的路径
[0,0,0] [0,0,1] [0,0,2] [0,0,3] [0,0,4] [0,1,0] [0,1,1]@1       [0,1,2] [0,1,3] [0,1,4] [0,2,0] [0,2,1] [0,2,2] [0,2,3]
[0,2,4] [0,3,0] [0,3,1] [0,3,2] [0,3,3] [0,3,4] [0,4,0] [0,4,1] [0,4,2] [0,4,3] [0,4,4]

[1,0,0] [1,0,1] [1,0,2] [1,0,3] [1,0,4] [1,1,0] [1,1,1] [1,1,2] [1,1,3] [1,1,4] [1,2,0] [1,2,1] [1,2,2]@2       [1,2,3]
[1,2,4] [1,3,0] [1,3,1] [1,3,2] [1,3,3] [1,3,4] [1,4,0] [1,4,1] [1,4,2] [1,4,3] [1,4,4]

[2,0,0] [2,0,1] [2,0,2] [2,0,3] [2,0,4] [2,1,0] [2,1,1] [2,1,2] [2,1,3] [2,1,4] [2,2,0] [2,2,1] [2,2,2] [2,2,3] [2,2,4]
[2,3,0] [2,3,1] [2,3,2] [2,3,3]@3       [2,3,4] [2,4,0] [2,4,1] [2,4,2] [2,4,3] [2,4,4]

[3,0,0] [3,0,1] [3,0,2] [3,0,3] [3,0,4] [3,1,0] [3,1,1] [3,1,2] [3,1,3] [3,1,4] [3,2,0] [3,2,1] [3,2,2] [3,2,3] [3,2,4]
[3,3,0] [3,3,1] [3,3,2] [3,3,3] [3,3,4] [3,4,0] [3,4,1] [3,4,2] [3,4,3]@4       [3,4,4]

[4,0,0] [4,0,1] [4,0,2] [4,0,3] [4,0,4] [4,1,0] [4,1,1] [4,1,2] [4,1,3] [4,1,4] [4,2,0] [4,2,1] [4,2,2] [4,2,3] [4,2,4]
[4,3,0] [4,3,1] [4,3,2] [4,3,3] [4,3,4] [4,4,0] [4,4,1] [4,4,2] [4,4,3] [4,4,4]@5

一共进行了5次飞行方向的选择，就到达终点，此路线为考虑环境与避开障碍物的最佳路径，路径规划成功！
```

图 8-5　无人机最优路径规划结果

8.4　仿真程序

1. main. cpp

```
//主函数
#include<iostream>
#include<graphics.h>
#include"map.h"
using namespace std;
```

```cpp
void initmap(double sc[M][M][M],double sc1[M][M][M]);
void show();
void train();
int main()
{
 show();
ExMessage m;//鼠标
 while(1)
 {
  m=getmessage(EM_MOUSE|EM_KEY);
  switch(m.message)
  {
  case WM_LBUTTONDOWN:

    if(m.x>=200&&m.x<=500&&m.y>=130&&m.y<=430)
     {
cout<<"平原"<<endl;
initmap(score0,score9);
    train();
cout<<"平原地形"<<endl;
cout<<" ******** "<<endl;
    break;
     }
    else if(m.x>=700&&m.x<=1000&&m.y>=450&&m.y<=750)
     {
initmap(score0,score10);
    train();
cout<<"沙漠地形"<<endl;
cout<<" ******** "<<endl;
   break;
     }
    else if(m.x>=700&&m.x<=1000&&m.y>=130&&m.y<=430)
     {
initmap(score0,score9);
    train();
```

```
cout<<"雪地地形"<<endl;
cout<<" ******* "<<endl;
    break;
    }
    else if(m.x>=200&&m.x<=500&&m.y>=450&&m.y<=750)
    {
initmap(score0,score8);
    train();
cout<<"山地地形"<<endl;
cout<<" ******* "<<endl;
    break;
    }
    case WM_KEYDOWN:
    if(m.vkcode==VK_ESCAPE)
    {
closegraph();
    break;
    return 0;
    }
    }
    }
}
```

2. Q-learning.cpp

```
//Q-learning 函数
#include"map.h"
#include<iostream>
#include<cstdlib>
#include<algorithm>
using namespace std;
double rate=0.8;
double greedy=20;
int vis[M+5][M+5][M+5]={ 0 };
double Qtable[M+5][M+5][M+5][30]={ 0.0 };
void set()
```

```
{
 for(int i=0;i<M;i++)
 {
  for(int j=0;j<M;j++)
  {
  //在第一层就不能再向下走
Qtable[0][i][j][down]=S;
Qtable[0][i][j][mid_down_forward]=S;
Qtable[0][i][j][mid_down_backward]=S;
Qtable[0][i][j][mid_down_left]=S;
Qtable[0][i][j][mid_down_right]=S;
Qtable[0][i][j][edge5]=S;
Qtable[0][i][j][edge6]=S;
Qtable[0][i][j][edge7]=S;
Qtable[0][i][j][edge8]=S;


  //在第 M-1 层就不能再向上走
Qtable[M-1][i][j][up]=S;
Qtable[M-1][i][j][mid_up_forward]=S;
Qtable[M-1][i][j][mid_up_backward]=S;
Qtable[M-1][i][j][mid_up_left]=S;
Qtable[M-1][i][j][mid_up_right]=S;
Qtable[M-1][i][j][edge1]=S;
Qtable[M-1][i][j][edge2]=S;
Qtable[M-1][i][j][edge3]=S;
Qtable[M-1][i][j][edge4]=S;


  //在最左面就不能再向左飞
Qtable[i][0][j][left0]=S;
Qtable[i][0][j][mid_up_left]=S;
Qtable[i][0][j][mid_down_left]=S;
Qtable[i][0][j][mid1]=S;
Qtable[i][0][j][mid3]=S;
Qtable[i][0][j][edge1]=S;
Qtable[i][0][j][edge3]=S;
```

```
Qtable[i][0][j][edge5]=S;
Qtable[i][0][j][edge7]=S;

    //在最右面就不能再向右飞
Qtable[i][M-1][j][right0]=S;
Qtable[i][M-1][j][mid_up_right]=S;
Qtable[i][M-1][j][mid_down_right]=S;
Qtable[i][M-1][j][mid2]=S;
Qtable[i][M-1][j][mid4]=S;
Qtable[i][M-1][j][edge2]=S;
Qtable[i][M-1][j][edge4]=S;
Qtable[i][M-1][j][edge6]=S;
Qtable[i][M-1][j][edge8]=S;

    //在最后面就不能再向后飞
Qtable[i][j][0][backword]=S;
Qtable[i][j][0][mid_down_backward]=S;
Qtable[i][j][0][mid_up_backward]=S;
Qtable[i][j][0][mid3]=S;
Qtable[i][j][0][mid4]=S;
Qtable[i][j][0][edge3]=S;
Qtable[i][j][0][edge4]=S;
Qtable[i][j][0][edge7]=S;
Qtable[i][j][0][edge8]=S;

    //在最前面就不能再向前飞
Qtable[i][j][M-1][forward0]=S;
Qtable[i][j][M-1][mid_down_forward]=S;
Qtable[i][j][M-1][mid_up_forward]=S;
Qtable[i][j][M-1][mid1]=S;
Qtable[i][j][M-1][mid2]=S;
Qtable[i][j][M-1][edge1]=S;
Qtable[i][j][M-1][edge2]=S;
Qtable[i][j][M-1][edge5]=S;
Qtable[i][j][M-1][edge6]=S;
```

```
        }
    }
    srand(time(0));
}
void init(int&x,int&y,int&z,int&dend) //初始化位置
{
    x=0;
    y=0;
    z=0;
    dend=0;
}
double get_expected_max_score(int x,int y,int z)
{
    double s=-10000;
    for(int i=1;i<=26;i++)
    {
        s=max(s,Qtable[z][x][y][i]);
    }
    return s;
}
double go(int dir,int&x,int&y,int&z,int&dend)
{
//如果走出了边界,奖励为 0,x、y、z 值不变
    if((z==0&&dir==down)||(z==0&&dir==mid_down_backward)||(z==
0&&dir==mid_down_forward)||(z==0&&dir==edge5)||(z==0&&dir==edge6)
||(z==0&&dir==edge7)||(z==0&&dir==edge8)||(z==0&&dir==mid_down_left)||
(z==0&&dir==mid_down_right))
        return S;
    if((z==M-1&&dir==up)||(z==M-1&&dir==mid_up_backward)||(z==M-
1&&dir==mid_up_forward)||(z==M-1&&dir==mid_up_left)||(z==M-1&&dir
==mid_up_right)||(z==M-1&&dir==edge1)||(z==M-1&&dir==edge2)
||(z==M-1&&dir==edge3)||(z==M-1&&dir==edge4))
        return  S;
    if((x==0&&dir==left0)||(x==0&&dir==mid_down_left)||(x==0&&dir==
mid_up_left)||(x==0&&dir==mid1)||(x==0&&dir==mid3)||(x==0&&dir==
edge1)||(x==0&&dir==edge3)||(x==0&&dir==edge5)||(x==0&&dir==edge7))
```

```
        return  S;
    if((x==M-1&&dir==right0)‖(x==M-1&&dir==mid_down_right)‖(x==
M-1&&dir==mid_up_right)‖(x==M-1&&dir==mid2)‖(x==M-1&&dir==
mid4)‖(x==M-1&&dir==edge2)‖(x==M-1&&dir==edge4)‖(x==M-1&&dir==
edge6)‖(x==M-1&&dir==edge8))
        return  S;
    if((y==0&&dir==backword)‖(y==0&&dir==mid_down_backward)‖(y==
0&&dir==mid_up_backward)‖(y==0&&dir==mid3)‖(y==0&&dir==mid4)
‖(y==0&&dir==edge3)‖(y==0&&dir==edge4)‖(y==0&&dir==edge7)‖(y==
0&&dir==edge8))
        return  S;
    if((y==M-1&&dir==forward0)‖(y==M-1&&dir==mid_down_forward)‖
(y==M-1&&dir==mid_up_forward)‖(y==M-1&&dir==mid1)‖(y==M-1&&dir==
mid2)‖(y==M-1&&dir==edge1)‖(y==M-1&&dir==edge2)‖(y==M-1&&dir==
edge3)‖(y==M-1&&dir==edge4))
        return  S;

    //走到下一步,变更无人机位置
    if(dir==forward0)y++;
    if(dir==mid_up_forward){ z++,y++;}
    if(dir==mid_down_forward){ z--,y++;}
    if(dir==mid1){ x--,y++;}
    if(dir==mid2){ x++,y++;}
    if(dir==edge1){ z++,x--,y++;}
    if(dir==edge2){ z++,x++,y++;}
    if(dir==edge5){ z--,x--,y++;}
    if(dir==edge6){ z--,x++,y++;}
    if(dir==up){ z++;}
    if(dir==mid_up_left){ z++,x--;}
    if(dir==mid_up_right){ z++,x++;}
    if(dir==left0){ x--;}
    if(dir==right0){ x++;}
    if(dir==mid_down_left){ z--,x--;}
    if(dir==mid_down_right){ z--,x++;}
    if(dir==down){ z--;}
    if(dir==mid_up_backward){ z++,y--;}
```

```cpp
if(dir==mid_down_backward){ z--,y--;}
if(dir==mid3){ x--,y--;}
if(dir==mid4){ x++,y--;}
if(dir==edge3){ x--,z++,y--;}
if(dir==edge4){ x++,z++,y--;}
if(dir==edge7){ x--,z--,y--;}
if(dir==edge8){ x++,z--,y--;}
if(dir==backword){ y--;}
//如果走到了终点,返回到达终点的奖励
//地图终点在[M-1,M-1,M-1]
if(x==M-1&&y==M-1&&z==M-1)
{
dend=1;
  return score0[z][x][y];
}
else if(x >=0&&x<M&&y >=0&&y<M&&z >=0&&z<M)
{
  //执行后,得到相应奖励
  double temp=get_expected_max_score(x,y,z);
  return score0[z][x][y]+rate*temp;
}
else
  return 0;
}
```

3. train. cpp

```cpp
//训练
#include<iostream>
#include<cstdlib>
#include<cstring>
#include<cstdio>
#include<ctime>
#include<conio. h>
#include<vector>
#include<algorithm>
```

```
#include<graphics.h>
#include"map.h"
using namespace std;

void game_final_test();
void set();
void init(int&x,int&y,int&z,int&dend);
double get_expected_max_score(int x,int y,int z);
double go(int dir,int&x,int&y,int&z,int&dend);
void initmap(double sc[M][M][M],double sc1[M][M][M]);

void train()
{
  set();
cout<<"***************"<<endl;
cout<<"训练中"<<endl<<endl;
  for(int i=1;i<=3000;i++)
  {
init(x,y,z,dend);
  int op;
  if(i % 100==0)
  {
cout<<"***************"<<endl;
cout<<"第"<<i<<"次训练"<<endl;
  }
  for(int j=0;j<80;j++)
  {
  if(i % 100==0)
cout<<"第"<<j+1<<"步"<<endl;
  int xx=x,yy=y,zz=z;
  if(rand()% 101 > greedy)
   op=rand()% 26+1;
  else
  {
   double maxx=-1000000;
```

```
    for(int m=1;m<27;m++)
maxx=max(maxx+0.0,Qtable[z][x][y][m]);
    for(int m=1;m<27;m++)
      if(maxx==Qtable[z][x][y][m])
        op=m;
    }
    double reward=go(op,x,y,z,dend);
Qtable[zz][xx][yy][op]+=reward / 1000;
    if(i % 100==0)
    {

cout<<"方向 \tX \tY \tZ \t 奖励"<<endl;
cout<<op<<" \t";

cout<<x<<" \t"<<y<<" \t"<<z<<" \t";
cout<<reward<<endl<<endl;
    }

    if(dend==1)break;
    }
    //cout<<endl;
  }
cout<<endl;
cout<<" **************** "<<endl;
cout<<"无人机在 X、Y、Z 处执行不同方向的最终奖励"<<endl<<endl;
for(int i=0;i<M;i++)
{
  for(int j=0;j<M;j++)
  {
    for(int k=0;k<M;k++)
    {
    //cout<<"最终奖励"<<endl;
cout<<"X \tY \tZ"<<endl;
cout<<i<<" \t"<<j<<" \t"<<k<<" \t"<<endl;
    for(int m=1;m<27;m++)
```

```
    {
cout<<Qtable[i][j][k][m]<<"\t";
    }
cout<<endl<<endl;
    }
  }
}
game_final_test();
}
```

4. test. cpp

```cpp
//训练结果测试
#include"map. h"
#include<iostream>
#include<vector>
using namespace std;

vector<int> v;
void init(int&x,int&y,int&z,int&dend);
double go(int dir,int&x,int&y,int&z,int&dend);
int x,y,z,dend;
voidgame_final_test()
{
init(x,y,z,dend);
int q=0;
//当没有走到终点时
while(!(x==(M-1)&&y==(M-1)&&z==(M-1)))
{
int dir;
while(1)
{
  int xx=x,yy=y,zz=z;
  vector<int>::iterator it;
  double maxx=-1000000;
  for(int m=1;m<27&&v. end()==find(v. begin(),v. end(),m);m++)
```

```
maxx=max(maxx+0.0,Qtable[z][x][y][m]);
  for(int m=1;m<27;m++)
    if(maxx==Qtable[z][x][y][m])
dir=m;
    if(dir==forward0)
    {
yy++;
    if(yy==M)
    {
v.push_back(dir);
    continue;
    }
    else
    {
v.clear();
    break;
    }
    }
  if(dir==mid_up_forward)
    {
zz++,yy++;
    if(zz==M||yy==M)
    {
v.push_back(dir);
    continue;
    }
    else
    {
v.clear();
    break;
    }
    }
  if(dir==mid_down_forward)
    {
zz--,yy++;
```

```
        if(zz==-1‖yy==M)
        {
v.push_back(dir);
          continue;
        }
        else
        {
v.clear();
          break;
        }
      }
      if(dir==mid1)
      {
        xx--,yy++;
        if(xx==-1‖yy==M)
        {
v.push_back(dir);
          continue;
        }
        else
        {
v.clear();
          break;
        }
      }
      if(dir==mid2)
      {
        xx++,yy++;
        if(xx==M‖yy==M)
        {
v.push_back(dir);
          continue;
        }
        else
        {
v.clear();
```

```
        break;
    }
}
    if(dir==edge1)
    {
zz++,xx--,yy++;
    if(zz==M‖yy==M‖xx==-1)
    {
v.push_back(dir);
    continue;
    }
    else
    {
v.clear();
    break;
    }
}
if(dir==edge2)
{
zz++,xx++,yy++;
    if(zz==M‖yy==M‖xx==M)
    {
v.push_back(dir);
    continue;
    }
    else
    {
v.clear();
    break;
    }
}
if(dir==edge5)
{
zz--,xx--,yy++;
    if(zz==-1‖yy==M‖xx==-1)
```

```
                    {
v.push_back(dir);
                      continue;
                      }
                      else
                      {
v.clear();
                      break;
                      }
                    }
if(dir==edge6)
{
zz--,xx++,yy++;
                    if(zz==-1‖yy==M‖xx==M)
                      {
v.push_back(dir);
                      continue;
                      }
                      else
                      {
v.clear();
                      break;
                      }
                    }
if(dir==up)
{
zz++;
                    if(zz==M)
                      {
v.push_back(dir);
                      continue;
                      }
                      else
                      {
v.clear();
```

```
        break;
     }
 }
 if(dir==mid_up_left)
 {
 zz++,xx--;
   if(zz==M‖xx==-1)
   {
 v.push_back(dir);
    continue;
   }
   else
   {
 v.clear();
    break;
   }
 }
 if(dir==mid_up_right)
 {
 zz++,xx++;
    if(zz==M‖xx==M)
    {
 v.push_back(dir);
     continue;
    }
    else
    {
 v.clear();
     break;
    }
 }
 if(dir==left0)
 {
   xx--;
   if(xx==-1)
   {
```

```
v.push_back(dir);
  continue;
  }
  else
  {
v.clear();
  break;
  }
}
if(dir==right0)
{
  xx++;
  if(xx==M)
  {
v.push_back(dir);
  continue;
  }
  else
  {
v.clear();
  break;
  }
}
if(dir==mid_down_left)
{
zz--,xx--;
  if(zz==-1‖xx==-1)
  {
v.push_back(dir);
  continue;
  }
  else
  {
v.clear();
  break;
```

```
        }
    }
    if(dir==mid_down_right)
    {
    zz--,xx++;
        if(zz==-1‖xx==M)
        {
    v.push_back(dir);
         continue;
        }
        else
        {
    v.clear();
         break;
        }
    }
    if(dir==down)
    {
    zz--;
        if(zz==-1)
        {
    v.push_back(dir);
         continue;
        }
        else
        {
    v.clear();
         break;
        }
    }
    if(dir==mid_up_backward)
    {
    zz++,yy--;
        if(zz==M‖yy==-1)
        {
    v.push_back(dir);
```

```
          continue;
      }
      else
      {
v.clear();
      break;
      }
}
if(dir==mid_down_backward)
{
zz--,yy--;
      if(zz==-1‖yy==-1)
      {
v.push_back(dir);
       continue;
      }
      else
{
v.clear();
      break;
}
}
if(dir==mid3)
{
xx--,yy--;
if(yy==-1‖xx==-1)
      {
v.push_back(dir);
       continue;
      }
      else
      {
v.clear();
       break;
      }
}
```

```
if(dir==mid4)
{
  xx++,yy--;
  if(yy==-1‖xx==M)
  {
v.push_back(dir);
   continue;
  }
  else
  {
v.clear();
   break;
  }
}
if(dir==edge3)
{
  xx--,zz++,yy--;
  if(zz==M‖yy==-1‖xx==-1)
  {
v.push_back(dir);
   continue;
  }
  else
  {
v.clear();
   break;
  }
}
if(dir==edge4)
{
  xx++,zz++,yy--;
  if(zz==M‖yy==-1‖xx==M)
  {
v.push_back(dir);
   continue;
  }
```

```
        else
        {
v. clear ();
          break;
        }
    }
    if (dir==edge7)
    {
      xx--,zz--,yy--;
      if (zz==-1‖yy==-1‖xx==-1)
      {
v. push_back (dir);
        continue;
        }
        else
        {
v. clear ();
          break;
        }
    }
    if (dir==edge8)
    {
      xx++,zz--,yy--;
      if (zz==-1‖yy==-1‖xx==M)
      {
v. push_back (dir);
        continue;
        }
        else
        {
v. clear ();
          break;
        }
    }
    if (dir==backword)
```

```
            {
            yy--;
              if(yy==-1)
              {
            v.push_back(dir);
                continue;
              }
              else
              {
            v.clear();
                break;
              }
            }


            }
            q++;
            cout<<"**********"<<endl;
            cout<<"第"<<q<<"次飞行"<<endl;
            cout<<"飞行方向:"<<dir<<endl;
            go(dir,x,y,z,dend);
            cout<<"X \tY \tZ"<<endl;
            cout<<x<<" \t"<<y<<" \t"<<z<<endl<<endl;
              //如果走到了一个点,记录这个点的 vis=1,方便输出观察
              vis[x][y][z]=1;
              if(q>=200)
              {
            cout<<"很遗憾,运气不佳,路径规划失败,但这种情况概率极低,关闭界面,重试即
可"<<endl;
                break;
              }
            }
            int m=1;
            if(q<200)
            {
            //输出,带有@符号的代表智能体选择的路径
            cout<<"将三维地图展开,";
```

```
cout<<"带有@符号的代表无人机选择的路径"<<endl;

for(int i=0;i<M;i++)
  {
  for(int j=0;j<M;j++)
  {
   for(int k=0;k<M;k++)
   {
cout<<"["<<i<<","<<j<<","<<k<<"]";
    if(vis[i][j][k]==1)
    {
cout<<'@ '<<m;
   m++;
    }
cout<<" \t";
   }
  }
cout<<endl<<endl;
  }
cout<<"一共进行了"<<m-1<<"次飞行方向的选择,就到达终点,此路线为考虑环境
与避开障碍物的最佳路径,路径规划成功!"<<endl;
  }
}
```

5. environment.cpp

```
//环境类.cpp
#include"environment.h"
double Environment::get_reward(int h_h,int l_h)
{
 {
  if(terrain<h_h&&terrain>l_h)//高度起决定性作用
  {
  reward=-(0.1*wind_direction*wind_speed+0.2*temperature+0.1*
light);//环境获得奖励的计算方程
  }
```

```
else
  reward=-100;
 return reward;
 }
}
Mountain::Mountain()//构造函数,给高山环境的属性赋值
{
 terrain=100;
wind_speed=1;
wind_direction=1;
 light=1;
}
double Mountain::get_reward(int h_h,int l_h,int v_v)/*计算环境获得奖
励的虚函数,传入飞机的最高和最低飞行高度,和飞机垂直方向的速度*/
{
 if(terrain<h_h && terrain>l_h)//高度起决定性作用
 {
  reward=-(0.1 * wind_direction * (wind_speed+v_v)+0.2 * tempera-
ture+0.1 * light);//环境获得奖励的计算方程,和基类一样,该怎么化简呢?
 }
 else
  reward=-100;
 return reward;
}
Plain::Plain()//构造函数,给平原环境的属性赋值
{
  terrain=1;
wind_speed=1;
wind_direction=1;
  light=1;

}
double Plain::get_reward(int h_h,int l_h,int v_v)/*计算环境获得奖励
的虚函数,传入飞机的最高和最低飞行高度*/
{
```

```
if(terrain<h_h && terrain>l_h)//高度起决定性作用
{
 reward=-(0.1 * wind_direction * (wind_speed+v_v)+0.2 * tempera-
ture+0.1 * light);//环境获得奖励的计算方程,和基类一样,该怎么化简呢?
}
else
 reward=-100;
return reward;
}
Against_wind::Against_wind()//构造函数,给环境的属性赋值
{
 terrain=1;
wind_speed=1;
wind_direction=-1;
 light=1;


}
double Against_wind::get_reward(int h_h,int l_h,int h_s)/* 计算环境
获得奖励的虚函数,第三个参数传入飞机水平最大速度 */
{
 if(terrain<h_h && terrain>l_h)//高度起决定性作用
 {
  reward=-(0.2 * wind_direction * (h_s - wind_speed)+0.2 * tempera-
ture+0.1 * light);//环境获得奖励的计算方程,风速乘以风向的系数变大
 }
 else
  reward=-100;
 return reward;
}
With_wind::With_wind()//构造函数,给环境的属性赋值
{
 terrain=1;
wind_speed=1;
wind_direction=1;
 light=1;
```

```
}
   double With_wind::get_reward(int h_h,int l_h)/*计算环境获得奖励的虚
函数,第三个参数传入飞机水平最小速度*/
   {
    if(terrain<h_h && terrain>l_h)//高度起决定性作用
    {
      reward=-(0.2 * (wind_direction+l_h) * wind_speed+0.2 * tempera-
ture+0.1 * light);//环境获得奖励的计算方程,风速乘以风向的系数变大
    }
    else
      reward=-100;
    return reward;
   }
   Desert::Desert()//构造函数,给环境的属性赋值
   {
    terrain=1;
   wind_speed=1;
   wind_direction=1;
    light=1;
   }
   double Desert::get_reward(int h_h,int l_h)//计算环境获得奖励的虚函数
   {
    if(terrain<h_h && terrain>l_h)//高度起决定性作用
    {
      reward=-(0.1 * wind_direction * wind_speed+0.3 * temperature+
0.1 * light);//环境获得奖励的计算方程,温度的系数变大
    }
    else
      reward=-100;
    return reward;
   }
   Polar::Polar()//构造函数,给环境的属性赋值
   {

    terrain=1;
   wind_speed=1;
```

```
wind_direction=1;
 light=1;
}
double Polar::get_reward(int h_h,int l_h)//计算环境获得奖励的虚函数
{
 if(terrain<h_h && terrain>l_h)//高度起决定性作用
 {
   reward=-(0.1 * wind_direction * wind_speed+0.3 * temperature+
0.1 * light);//环境获得奖励的计算方程,温度的系数变大
 }
 else
   reward=-100;
 return reward;
}
Light::Light()//构造函数,给环境的属性赋值
{
 terrain=1;
wind_speed=1;
wind_direction=1;
 light=1;
}
double Light::get_reward(int h_h,int l_h)//计算环境获得奖励的虚函数
{
 if(terrain<h_h && terrain>l_h)//高度起决定性作用
 {
   reward=-(0.1 * wind_direction * wind_speed+0.2 * temperature+
0.2 * light);//环境获得奖励的计算方程,光照的系数变大
 }
 else
   reward=-100;
 return reward;
}
```

6. map.cpp

```
//地图
```

```
#include"map.h"
double r1,r2,r3,r4,r5,r6,r7;
void give_reward()
{
Uav uav1(10,1,1,1,1,1,1);
 Mountain mountain;
 Plain plain;
Against_wind wind1;
With_wind wind2;
 Desert desert;
 Polar polar;
 Light light;
 //配置环境变量的相应值
 r1 = mountain.get_reward(uav1.h_height,uav1.l_height,uav1.v_speed);//高度过高
 r2=plain.get_reward(uav1.h_height,uav1.l_height,uav1.v_speed);//高度过低
 r3=wind1.get_reward(uav1.h_height,uav1.l_height,uav1.v_speed);//逆风
 r4=wind2.get_reward(uav1.h_height,uav1.l_height);//顺风
 r5=desert.get_reward(uav1.h_height,uav1.l_height);//过热
 r6=polar.get_reward(uav1.h_height,uav1.l_height);//过寒
 r7=light.get_reward(uav1.h_height,uav1.l_height);//光照异常
}
 //地图初始化选择模式
void initmap(double sc[M][M][M],double sc1[M][M][M]){
 for(int i=0; i<M; i++){
   for(int j=0; j <M; j++){
   for(int k=0; k <M; k++){
sc[i][j][k]=sc1[i][j][k];
   }
   }
 }
}
double score0[M][M][M]={ 0 };
```

```
//double score1[M][M][M]=
//{
//
// 0,0,-1,
// 0,r1,0,
// 0,0,-1,
//
// -1,0,r2,
// -2,-1,0,
// 0,0,-1,
//
// 0,-5,0,
// -1,0,-1,
// -1,0,30
//};//普通地图
//
//double score2[M][M][M]=
//{
// 0,r2,r2,
// 0,r1,r2,
// r3,r2,-1,
//
// r2,0,-2,
// 0,r2,r1,
// r2,0,r2,
//
// -1,r2,-3,
// r2,r1,0,
// r2,-1,30
//};//高低不平的地图
//
//double score3[M][M][M]=
//{
// 0,r3,-1,
// -2,r4,r3,
```

```
// 0,0,r3,
//
// -2,r3,r4,
// 0,r3,0,
// r4,0,r3,
//
// 0,-1,r3,
// -1,r3,r4,
// 0,0,30
//};//风速较高的地图
//
//double score4[M][M][M]=
//{
// 0,-2,r5,
// -1,0,0,
// r7,0,-1,
//
// r5,r7,0,
// r5,0,0,
// -1,r7,r5,
//
// 0,0,r7,
// r7,r7,r5,
// -2,0,30
//};//温度较高的地图
//
//double score5[M][M][M]=
//{
// 0,-1,r1,
// r6,0,-1,
// r2,0,r6,
//
// r6,0,r7,
// r2,r6,0,
// r2,0,0,
```

```
//
// r7,r6,-3,
// -2,0,r2,
// r2,r6,30
//};//温度较低的地图
//
//double score6[M][M][M] =
//{
// 0,r1,-1,
// r3,0,-2,
// r6,-1,r3,
//
// 0,r7,r4,
// r4,-1,r6,
// -2,0,r4,
//
// -2,r2,r6,
// r7,0,r2,
// 0,-2,30
//};//复杂环境的地图
double score7[5][5][5] =
{
 0,r5,r2,-1,-2,
 0,r5,-1,0,-2,
 r2,-1,r5,r5,0,
 -1,r2,r5,-2,-3,
 r7,r2,r5,r5,r2,

 0,0,r5,r5,-2,
 -2,r5,r3,0,0,
 r5,0,r5,0,r5,
 0,r5,0,r5,r5,

 r5,-1,0,0,-2,
 0,0,r5,0,0,
```

```
r5,r5,0,0,-4,
r2,0,0,r2,0,
0,r2,r5,-3,0,

r5,r2,r2,0,-2,
r2,0,0,-3,r2,
r2,-2,0,0,0,
r5,r5,0,-3,0,
r2,0,r5,0,r2,

0,0,r5,r2,0,
-3,0,0,-1,0,
r2,r2,r5,r5,0,
r2,r5,0,0,- 2,
0,0,r2,r5,30
};   //沙漠地图

double score8[5][5][5]=
{
0,r3,r4,r3,r4,
r4,-1,-2,-1,r4,
r3,-1,-2,r3,r3,
r4,r4,0,0,r3,
r3,r4,r4,r3,0,

r4,r4,0,0,r3,
r4,-1,-2,-1,r4,
0,0,-2,-2,0,
r4,r4,0,0,-2,
r4,r4,r4,r4,0,

r4,r6,0,-2,0,
r4,r6,0,-1,0,
0,0,0,0,-2,
-2,r4,r7,0,-1,
```

```
r4,0,0,r7,-3,

r4,r6,0,-1,0,
r4,-1,-2,-1,r4,
-2,r4,r7,0,-1,
r4,r4,0,0,r3,
r4,r4,0,0,-2,

r4,r4,0,0,-2,
r4,r4,0,0,r3,
r3,r4,r4,r3,0,
-2,r4,r7,0,-1,
r3,r4,r4,r3,30
}; //山地地图
double score9[5][5][5]=
{
0,r3,r4,r3,r4,
r4,-1,-2,-1,r4,
r3,-1,-2,r3,r3,
r4,r4,0,0,r3,
r3,r4,r4,r3,0,

r4,r4,0,0,r3,
r4,-1,-2,-1,r4,
0,0,-2,-2,0,
r4,r4,0,0,-2,
r4,r4,r4,r4,0,

r4,r6,0,-2,0,
r4,r6,0,-1,0,
0,0,0,0,-2,
-2,r4,r7,0,-1,
r4,0,0,r7,-3,

r4,r6,0,-1,0,
```

```
    r4,-1,-2,-1,r4,
    -2,r4,r7,0,-1,
    r4,r4,0,0,r3,
    r4,r4,0,0,-2,

    r4,r4,0,0,-2,
    r4,r4,0,0,r3,
    r3,r4,r4,r3,0,
    -2,r4,r7,0,-1,
    r3,r4,r4,r3,30
};  //平原地图
double score10[5][5][5]=
{
0,0,0,-2,r7,
0,r7,r6,r7,r6,
-1,-2,0,r6,r7,
0,-1,r6,r6,0,
r6,r3,r6,-1,0,

0,-2,-4,r7,r6,
r6,r6,r6,r6,r6,
0,r6,0,0,-2,
0,r6,0,r7,0,
-2,r7,0,0,-4,

r2,r6,r6,r7,0,
r3,r6,0,-2,r4,
r4,r6,r7,0,-2,
r6,-2,0,0,-2,
r3,0,0,r6,-3,

0,r6,0,0,-2,
0,r7,r6,r7,r6,
r4,r6,r7,0,-2,
0,r6,0,r7,0,
```

```
    r6,r3,r6,-1,0,

    -2,r7,0,0,-4,
    0,-1,r6,r6,0,
    0,0,r6,r3,r7,
    0,-2,-1,r6,r6,
    0,0,r7,r6,30
    };  //雪地地图
```

7. obstacles. cpp

```cpp
//障碍物类.cpp
#include"Obstacles.h"
double Obstacles::get_reward(int h_h,int l_h)/*计算获得奖励的虚函数,
传入飞机的最高和最低飞行高度*/
    {
    if(size<h_h && size>l_h)//高度起决定性作用
        {
        reward=-0.1 * size; //获得奖励的计算方程
        }
    else
        reward=-100;
    return reward;
    }
Obstacles1::Obstacles1()
    {
    i=1;
    j=1;
    k=1;
    size=1;
    }
double Obstacles1::get_reward(int h_h,int l_h)/*计算获得奖励的虚函
数,传入飞机的最高和最低飞行高度*/
    {
    if(size<h_h && size>l_h)//高度起决定性作用
        {
```

```
   reward=-0.1 * size; //获得奖励的计算方程
  }
  else
   reward=-100;
  return reward;
 }
 Obstacles2::Obstacles2()
 {
 i=2;
  j=2;
  k=2;
  size=0;
 }
 double Obstacles2::get_reward(int h_h,int l_h)/*计算获得奖励的虚函
数,传入飞机的最高和最低飞行高度*/
 {
  if(size<h_h && size>l_h)//高度起决定性作用//
  {
   reward=-0.1 * size; //获得奖励的计算方程
  }
  else
   reward=-100;
 return reward;
 }
```

8. view.cpp

```
//界面
#include<conio.h>
#include<iostream>
#include<stdlib.h>
#include<graphics.h>
using namespace std;

void show()
{
```

```
  IMAGE img1,img2,img3,img4,img5; //背景图
initgraph(1200,768,EW_SHOWCONSOLE);
 //initgraph(1200,768);
setbkcolor(WHITE);
cleardevice();

loadimage(&img1,L"6.jpg",1200,768,true);
putimage(0,0,&img1);

loadimage(&img2,L"2.jpg",300,300);
putimage(200,130,&img2);

loadimage(&img3,L"3.jpg",300,300);
putimage(700,450,&img3);

loadimage(&img4,L"4.jpg",300,300);
putimage(700,130,&img4);

loadimage(&img5,L"5.jpg",300,300);
putimage(200,450,&img5);

settextcolor(WHITE);
setbkmode(TRANSPARENT);
settextstyle(30,0,_T("宋体"));
outtextxy(325,60,_T("基于Q-learning的无人机三维路径规划"));

settextcolor(WHITE);
settextstyle(30,0,_T("宋体"));
outtextxy(320,400,_T("平原"));

settextcolor(WHITE);
settextstyle(30,0,_T("宋体"));
outtextxy(320,720,_T("山地"));

settextcolor(WHITE);
```

```cpp
settextstyle(30,0,_T("宋体"));
outtextxy(820,400,_T("雪地"));

settextcolor(WHITE);
settextstyle(30,0,_T("宋体"));
outtextxy(820,720,_T("沙漠"));

settextcolor(WHITE);
settextstyle(20,0,_T("宋体"));
outtextxy(20,20,_T("ESC:退出界面"));
outtextxy(20,50,_T("单击图片选择地形"));

HWND hnd=GetHWnd();
SetWindowText(hnd,L"C++");
/*while(1)
{
 m=getmessage(EM_MOUSE | EM_KEY);
 switch(m.message)
 {
 case WM_LBUTTONDOWN:
   if(m.x>=200 && m.x<=500 && m.y>=130 && m.y<=430)
closegraph();
   else if(m.x>=700 && m.x<=1000 && m.y>=450 && m.y<=750)
closegraph();
   else if(m.x>=700 && m.x<=1000 && m.y>=130 && m.y<=430)
closegraph();
   else if(m.x>=200 && m.x<=500 && m.y>=450 && m.y<=750)
closegraph();
   break;
   case WM_KEYDOWN:
   if(m.vkcode==VK_ESCAPE)
    break;
   system("pause");
closegraph();*/
}
```

9. uav. h

```cpp
//无人机类.h
#pragma once
#include<iostream>
using namespace std;
// 空间大小 M * M * M
const int M=5;
// 全局变量
extern int x,y,z,dend;
// 走出边界的负奖励
const int S=-1;
//下一步飞行方向
// 前后、左右、上下
const int forward0=1;
const int backword=2;
const int left0=3;
const int right0=4;
const int up=5;
const int down=6;
// 上下两层的中间 8 个
const int mid_up_forward=7;
const int mid_down_forward=8;
const int mid_up_backward=9;
const int mid_down_backward=10;
const int mid_up_left=11;
const int mid_down_left=12;
const int mid_up_right=13;
const int mid_down_right=14;
// 中间一层的 4 个
const int mid1=15;
const int mid2=16;
const int mid3=17;
const int mid4=18;
// 边缘 8 个,1~4 上面四个
const int edge1=19;
```

```
const int edge2=20;

const int edge3=21;

const int edge4=22;

const int edge5=23;

const int edge6=24;

const int edge7=25;

const int edge8=26;

//设置无人机类

class Uav

{

public:

 int radius; //飞行半径

 int h_speed,l_speed,v_speed; //最大平飞速度、最小平飞速度、最大垂直速度

 int h_height,l_height; //最大、最小飞行高度

 int guozai;//最大负载

Uav(int r,int h_s,int l_s,int v_s,int h_h,int l_h,int gz)

//有参构造函数,留给交互用

 {

   radius=r;

h_speed=h_s;

l_speed=l_h;

v_speed=v_s;

h_height=h_h;

l_height=l_h;

guozai=gz;

 }

};
```

10. obstacle. h

```
//障碍物类.h

#pragma once

#include<string>

//设置障碍物类、轮廓顶点及移动速度

class Obstacles

{
```

```
public:
  int i,j,k; //障碍物的位置
  int size; //大小,算作高度
  double reward;
  virtual double get_reward(int h_h,int l_h);/*计算获得奖励的虚函数,传
入飞机的最高和最低飞行高度*/
  };
  class Obstacles1 :public Obstacles//继承障碍物类实现多态
  {
public:
  Obstacles1();
  virtual double get_reward(int h_h,int l_h);/*计算获得奖励的虚函数,传
入飞机的最高和最低飞行高度*/
  };
  class Obstacles2 :public Obstacles
  {
public:
  Obstacles2();
  virtual double get_reward(int h_h,int l_h); /*计算获得奖励的虚函数,
传入飞机的最高和最低飞行高度*/
  };
```

11. envionment. h

```
//环境类.h
#pragma once
#include<string>
class Environment
{
public:
  int terrain; //地形,实际上设为高度
  int wind_speed,wind_direction;//风向 1 为顺风,-1 为逆风
  int temperature;
  int light;
  double reward;
  virtual double get_reward(int h_h,int l_h); /*计算环境获得奖励的虚函
数,传入飞机的最高和最低飞行高度*/
```

```
    };
    class Mountain :public Environment //作为高度过高的环境
    {
    public:
     Mountain(); //构造函数,给高山环境的属性赋值
     double get_reward(int h_h,int l_h,int v_v); /*计算环境获得奖励的虚函
数,传入飞机的最高和最低飞行高度,和飞机垂直方向的速度*/
    };
    class Plain :public Environment //作为高度过低的环境
    {
    public:
     Plain(); //构造函数,给平原环境的属性赋值

     double get_reward(int h_h,int l_h,int v_v); /*计算环境获得奖励的虚函
数,传入飞机的最高和最低飞行高度*/
    };
    class Against_wind :public Environment //作为逆风的环境
    {
    public:
    Against_wind(); //构造函数,给环境的属性赋值
     double get_reward(int h_h,int l_h,int h_s); /*计算环境获得奖励的虚函
数,第三个参数传入飞机水平最大速度*/
    };
    class With_wind :public Environment //作为顺风的环境
    {
    public:
    With_wind(); //构造函数,给环境的属性赋值
     double get_reward(int h_h,int l_h); /*计算环境获得奖励的虚函数,第三个
参数传入飞机水平最小速度*/
    };
    class Desert :public Environment //作为过热的环境
    {
    public:
     Desert(); //构造函数,给环境的属性赋值
     double get_reward(int h_h,int l_h); //计算环境获得奖励的虚函数
```

```
};
class Polar :public Environment                //作为过寒的环境
{
public:
  Polar();                                     //构造函数,给环境的属性赋值
  double get_reward(int h_h,int l_h);          //计算环境获得奖励的虚函数
};
class Light :public Environment                //作为光照异常的环境
{
public:
  Light();                                     //构造函数,给环境的属性赋值
  double get_reward(int h_h,int l_h);          //计算环境获得奖励的虚函数
};
```

习　　题

验证本章的无人机最优路径规划算法,并自己更改部分参数值,观察结果。

参 考 文 献

［1］ 田茂祥. 无人机三维路径规划方法［D］. 贵阳:贵州民族大学,2021.

［2］ 程传斌,倪艾辰,房翔宇,等. 改进的动态 A * -Q-Learning 算法及其在无人机航迹规划中的应用［J］. 现代信息科技,2021.

［3］ 郝钏钏,方舟,李平. 基于 Q 学习的无人机三维航迹规划算法［J］. 上海交通大学学报,2012, 46（12）:1931-1935.

［4］ 姚玉坤,张本俊,周杨. 无人机自组网中基于 Q-learning 算法的及时稳定路由策略［J］. 计算机应用研究,2022,39（02）:531-536.

［5］ 杨思明,单征,曹江,等. 基于模型的强化学习算法在无人机升空平台路径规划中的应用［J］. 计算机工程,2022,48（12）:255-260,269.

［6］ 在下小吴. 基于 Q-learning 的无人机三维路径规划.［EB/OL］（2022-04-27）［2022-06-01］. https:// blog. csdn. net/weixin_ 54186646/article/details/ 124460696.

## 第 9 章

五子棋自动对弈实例

本章通过五子棋的实例说明深度强化学习中蒙特卡洛树搜索的实现过程。首先根据五子棋的规则建立与"阿尔法狗·零"类似的策略-价值深度神经网络,然后通过蒙特卡洛树搜索实现自动对弈过程,从而加深对深度强化学习的认识,并掌握蒙特卡洛树搜索的设计过程。

9.1 五子棋自动对弈实现原理

2016 年 3 月,阿尔法狗与围棋世界冠军、职业九段棋手李世石进行围棋人机大战,以4︰1的总比分获胜,在当时引起了轩然大波。2017 年 10 月,谷歌公布了新版围棋程序"阿尔法狗·零",与击败李世石的"阿尔法狗"不同,"阿尔法狗·零"在训练过程中没有使用任何人类棋谱,一切从零开始。训练了 72h 后,它就以 100︰0 的成绩完胜前辈"阿尔法狗"。

不同于"阿尔法狗","阿尔法狗·零"将分离的策略网络和价值网络组合在一个策略-价值网络中,五子棋自动对弈也采用这种方法实现。下面将从策略-价值网络的输入与输出以及内部结构等方面对其进行介绍。

由于五子棋棋盘的尺寸为 19×19,所以策略-价值网络接收 19×19×17 的输入 s_t,这个输入代表了棋盘的状态,如图 9-1 所示。s_t 由当前玩家过去的 8 个落子位置特征平面、对手过去的 8 个落子位置特征平面和 1 个代表当前玩家颜色的特征平面组成。假设当前玩家使用黑棋,那么在当前玩家的每一落子位置特征平面中,玩家棋子所在位置的值为 1,其他位置的

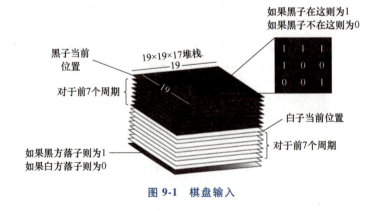

图 9-1 棋盘输入

值为 0，对手的落子位置特征平面同理。对于最后一个颜色特征平面，由于当前玩家使用黑棋，所以特征平面的值为全 1。

　　输入策略-价值网络的 s_t 经过内部的层层处理之后，得到移动概率向量 $p \in R^{362}$ 和当前玩家胜利的概率 v。将 19×19 的棋盘展平为 361 维的棋盘，那么 p 的前 361 维的每一个元素 p_i 代表在 361 维棋盘的第 i 维的落子概率，最后一维代表停一手的概率。

　　策略-价值网络模型结构如图 9-2 所示，由 1 个卷积模块（Convolutional Block）、19 或 39 个残差块（Residual Block）、1 个策略网络模型（Policy Head）和 1 个价值网络模型（Value Head）组成，其中策略网络模型的输出为 p，而价值网络模型的输出为 v。

　　策略-价值网络的第一块是卷积模块，它由 1 个卷积层、1 个批归一化层和 1 个 ReLU 函数组成。由于输入 s_t 的维度为 19×19×17，所以卷积层包含 256 个滤波器组，每个组包含 17 个 3×3 大小的滤波器。在卷积过程中，滤波器的步长为 1，同时为了保持输入的宽高不变，需要置填充（padding）为 1。经过卷积模块、批归一化模块和 ReLU 函数处理后，卷积模块的输出为 19×19×256 的特征图像，其结构如图 9-3 所示。

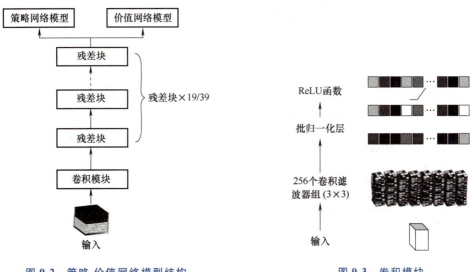

图 9-2　策略-价值网络模型结构　　　　　　图 9-3　卷积模块

　　为了提升网络的特征提取能力并防止出现梯度消失问题，在卷积层下面堆叠着 19 个或 39 个残差块，如图 9-4 所示。每个残差块由 2 个类似于卷积模块的子模块构成，唯一不同的就是在第 2 个子模块的非线性激活之前加上了跳过连接，使输入与批归一化模块的输出相加再输入 ReLU 函数，最终输出 19×19×256 的特征图像。

　　从最后一个残差块输出的特征图像作为策略网络模型的输入，经过策略网络模型内部的卷积层、批归一化层和全连接层的处理之后，得到维度为 19×19+1 = 362 的移动概率向量 p。实际上为了计算误差的方便，全连接层后会有一个 log_softmax 模块，运算得到对数概率 $\log p$，如图 9-5 所示。

　　最后一个残差块的输出还会输入价值网络模型中，与策略网络模型不同的是，价值网络模型里面有两个全连接层：第 1 个全连接层将输入映射为 256 维的向量，第 2 个全连接层再将 256 维的向量变为标量，最后经过 tanh 函数将这个标量压缩到 [−1,1] 区间，得到 v，如图 9-6 所示。

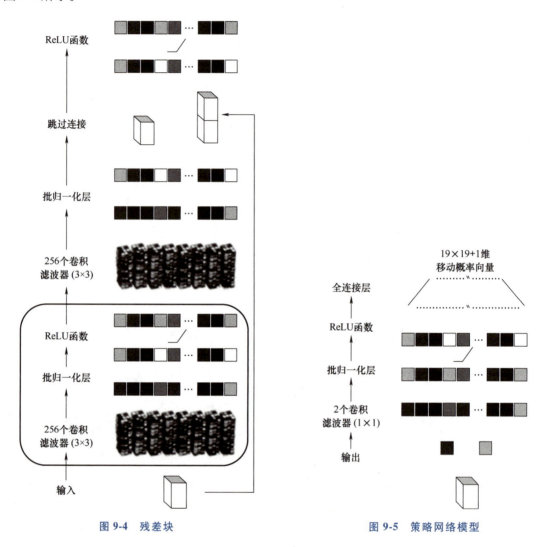

图 9-4　残差块　　　　　　　　　　图 9-5　策略网络模型

由于算力的限制，对以上神经网络做出如下修改：

1）使用 9×9 的棋盘，输入 s_t 只保留当前玩家和对手过去 3 步的落子记录，去掉了代表当前玩家的颜色特征平面，所以 s_t 的维度为 9×9×6；

2）卷积层的输出维度减少 128 维；

3）残差层只有 4 个；

4）p 的维度是 9×9＝81 维，因为五子棋没有停一手的操作；

5）价值网络模型的第一个全连接层将输入向量映射到 128 维，而不是 256 维。

本小节将在简化的神经网络结构上实现五子棋的自动对弈。

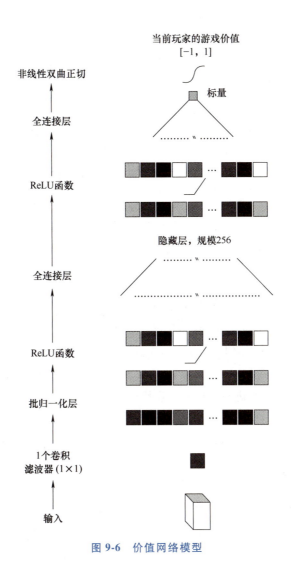

图 9-6　价值网络模型

9.2　蒙特卡洛树搜索

在棋盘上要穷举出所有走法是不太现实的一件事，所以本五子棋实例都使用了蒙特卡洛树搜索（MCTS）算法。如图 9-7 所示，蒙特卡洛树搜索包含四个步骤，分别是选择、拓展与评估、反向传播和演绎。下面详细介绍蒙特卡洛树搜索的各过程。

9.2.1　选择

蒙特卡洛树的每一个节点代表一种棋盘状态 s_i（下面使用状态来命名节点），树上的每一个父节点 s 与其所有子节点的边上都存着一些变量。

1）$P(s,a)$ 代表从父节点 s 进行动作 a 后到达子节点 s_e 的先验概率。

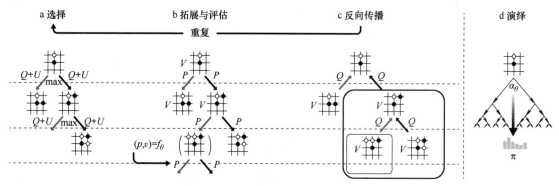

图 9-7　蒙特卡洛树搜索算法

2）$N(s,a)$ 代表对子节点 s_c 的访问次数。

3）$Q(s,a)$ 代表子节点 s_c 上的累计平均奖赏。

4）$U(s,a)=c_{puct}P(s,a)\sqrt{\sum_b N(s,b)}/(1+N(s,a))$，代表在子节点 s_c 上应用上限置信区间算法（Upper Confidence Bound Apply to Tree，UCT）得到的值，其中 c_{puct} 为探索常数，它的值越大，就越有可能探索未被访问或者访问次数较少的子节点。

假设棋盘上当前落子数为 t，棋盘状态表示为 s_t，那么蒙特卡洛树的根节点就对应着这个 s_t。又假设打算对当前局面进行 niters 次蒙特卡洛树搜索，那么每一次搜索都会从根节点出发，根据 $a_t^*=\arg\max_{a_t}\{Q(s_t,a_t)+U(s_t,a_t)\}$ 进行动作 a_t^*（对应一维棋盘上的一个落点）到达子节点 s_{t+1}，接着重复上述步骤直至遇到叶节点 s_L 或者游戏结束为止。

9.2.2　拓展与评估

在选择过程中遇到叶节点 s_L（这个节点对应的游戏还未结束）时，将叶节点对应的棋盘状态输入策略-价值网络，神经网络对棋局进行评估后得到移动概率向量 **p** 和当前玩家获胜的概率 v。需要指出的是，这里的当前玩家可能不是根节点对应的那个玩家，因为每进行一次选择动作，就会切换一次当前玩家。

移动概率向量 **p** 将用来拓展叶节点 s_L，**p** 中的每一个元素分别对应 s_L 的一个子节点的先验概率为 $p(s,a)$，同时需要将所有子节点的访问次数初始化为 0。

9.2.3　反向传播

在拓展与评估步骤中得到了叶节点对应的玩家的获胜概率 v，所谓的反向传播，就是指将这个 v 传播到从根节点到叶节点这一路径的所有节点上（不包含叶节点），可以使用递归做到这一点。由于这些节点的当前玩家一直在切换，所以将 $-v$ 传入递归函数。至此完成一次搜索。

9.2.4　演绎

当完成 niters 次搜索后，根节点的每个子节点都被访问过若干次了。接下来就根据根节点的各个子节点的访问次数 $N(s,a)$，计算选择动作 a 的概率：

$$\pi(a\mid s)=\frac{N(s,a)^{1/\tau}}{\sum_b N(s,b)^{1/\tau}} \tag{9-1}$$

式中，τ 为温度常数。最后根据每个节点的 π 来随机选择一种动作 a^* 并在棋盘上执行。从式（9-1）可以看出，温度常数越小，就越有可能选择 π 最大的动作，即越趋近于仅利用，而温度常数越大，越趋近于仅探索。

9.3　五子棋自对弈训练

本例在实验时总共自对弈了 4400 局，使用自对弈来生成用于训练的数据，其中每一局的过程都是相同的。

1）清空棋盘，初始化三个空列表，即 pi_list、z_list 以及 feature_planes_list 列表，分别用于存储本局中每个动作对应的 π、本局赢家对每一个动作的当前玩家的奖赏值，以及这一局中的每个棋盘状态 s_t。

2）将当前的棋盘状态 s_t 添加到 feature_planes_list 列表中，并根据 s_t 执行 500 次蒙特卡洛树搜索，得到 a^* 和 π，注意这里的 π 是一个向量，维数 $9\times9=81$，代表所有动作的移动概率，将 π 添加到 pi_list 列表中。

3）使用 a^* 更新棋盘并判断游戏是否结束，如果还未结束回到步骤 2，如果结束进行骤 4。

4）根据最后的赢家计算出 z_list 列表中的每一个元素，计算规则为，赢家与玩家的动作相同则为 1，不同为 -1，平局为 0。由于五子棋具有旋转不变性和镜像对称性，所以将做了旋转变换和水平镜像变换的（feature_planes_list，pi_list，z_list）添加到 self-play 数据集中，其中 feature_planes_list 列表中的各 feature_planes 在训练过程中将作为策略-价值网络的输入，pi_list 和 z_list 列表的各元素将作为标签。

5）结束一局自对弈

自对弈前 30 步的温度常数 $\tau=1$，后面的温度常数 $\tau\to0$。同时为了增加探索，在拓展步骤中需要给策略-价值网络的输出 p 添加狄利克雷噪声，使得 $P(s,a)=(1-\varepsilon)p_a+\varepsilon\eta_a$，其中 $\eta_a\sim\mathrm{Dir}(0.03)$，$\varepsilon=0.25$。

当 self-play 数据集的长度超过 start_train_size 时，就可以正式开始训练了，训练步骤如下。

1）从数据集中随机抽出大小为 batch_size 的样本集。

2）将样本集含有的 feature_planes_list 列表作为一个 mini_batch 输入策略-价值网络，输出维度为（batch_size，81）的批量 $\log p$ 和维度为（batch_size，1）的批量 v。

3）根据损失函数 $1=(z-v)^2-\pi^{\mathrm{T}}\log p+c\lVert\theta\rVert$ 更新神经网络的参数，其中 c 是控制 L2 权重正则化水平的参数。

4）结束一次训练

每当完成一次策略-价值网络的训练之后，就可以接着进行一局自对弈以产生新的数据，然后再进行一次训练，就这样一直循环下去。随着训练次数的增加，学习率会逐渐减小，具体变化见表9-1。

表9-1　学习率变化表

训练次数	学习率
0～1500	10^{-2}
1500～2000	10^{-3}
>2000	10^{-4}

五子棋中自对弈数据是由最新的策略-价值网络产生的。虽然不使用历史最优模型来产生数据，但是会定期让当前模型和历史最优模型进行对比，如果当前模型的胜率超过55%，就将历史最优模型更新为当前模型。

五子棋在对弈的过程中可以明显感受到它的水平在一直提高，自对弈到3000局的时候就已经有正常人的水平了。下面看部分自对弈的棋谱。

通过图9-8可以看出没有任何训练的五子棋自对弈还什么都不会，只会乱走，刚开局的时候还很喜欢挑边沿走棋，最后黑方和白方都是靠运气赢得了比赛。图9-9是训练了800次的棋谱，可以看到训练了800次之后，五子棋对弈程序已经初步可以知道规则，开局时往中间走，而且在对方快连成五颗的情况下也知道要去堵。但如图9-9b所示，在白方4、6、8已经连成3颗时，黑方还不会去堵，而且在已经连成4颗棋子的情况下，白方居然没有绝杀黑方，而是下了12这手棋。因此此时的五子棋自动对弈还只会下前几手。

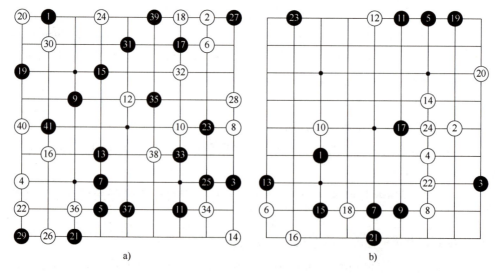

图 9-8　训练 0 次的棋谱

图9-10是训练4400次的结果，可以看到训练4400次之后，五子棋已经掌握了开局和攻守的诀窍。一开始双方就挨得很近，并且都试图阻止对方连成3颗。在黑方的5、7、9连

成 3 颗时，白方也及时堵住；在白方 8、14、10 连成 3 颗时，黑方暂时没有理白方，而是在左下角下了 15，与自己的 1、3、13 连成了 4 颗，企图先下手为强；在白方将其堵住之后，黑方才在右上角下了 17 将其堵住。在此之后双方交替出现连续 3 颗的情况，但是都被对手及时堵住了，说明程序已经学会了堵 3 颗的技巧。下一节给出了五子棋自对弈的主要 Python 程序，全部完整程序请联系本书编著者。

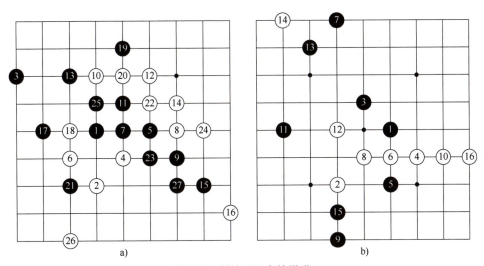

图 9-9　训练 800 次的棋谱

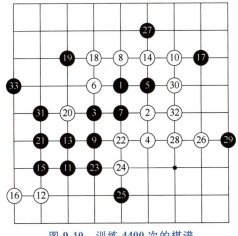

图 9-10　训练 4400 次的棋谱

9.4　仿真程序

1. 基于策略-价值网络的蒙特卡洛树搜索

```
# coding: utf-8
from typing import Tuple,Union
```

```python
import numpy as np

from .chess_board import ChessBoard
from .node import Node
from .policy_value_net import PolicyValueNet


class AlphaZeroMCTS:
    """基于策略-价值网络的蒙特卡洛树搜索 """
    def __init__(self,policy_value_net: PolicyValueNet,c_puct: float=
4,n_iters=1200,is_self_play=False)->None:
        """
        policy_value_net: PolicyValueNet
        策略-价值网络
        c_puct: float
        探索常数
        n_iters: int
        迭代次数
        is_self_play: bool
        是否处于自我博弈状态
        """
        self.c_puct=c_puct
        self.n_iters=n_iters
        self.is_self_play=is_self_play
        self.policy_value_net=policy_value_net
        self.root=Node(prior_prob=1,parent=None)
    def get_action(self,chess_board: ChessBoard)->Union[Tuple[int,
np.ndarray],int]:
        """根据当前局面返回下一步动作
        chess_board: ChessBoard
        棋盘
        action: int
        当前局面下的最佳动作
        pi:'np.ndarray'of shape'(board_len^2,)'
        执行动作空间中每个动作的概率,只在'is_self_play=True'模式下返回
        """
        for i in range(self.n_iters):
```

```
"""复制棋盘"""
 board=chess_board.copy()
"""如果没有遇到叶节点,就一直向下搜索并更新棋盘"""
 node=self.root
  while not node.is_leaf_node():
 action,node=node.select()
 board.do_action(action)
"""判断游戏是否结束,如果没结束就拓展叶节点"""
  is_over,winner=board.is_game_over()
  p,value=self.policy_value_net.predict(board)
  if not is_over:
"""添加狄利克雷噪声"""
 if self.is_self_play:
 p=0.75*p+0.25*np.random.dirichlet(0.03*np.ones(len(p)))
 node.expand(zip(board.available_actions,p))
 elif winner is not None:
 value=1 if winner==board.current_player else -1
 else:
 value=0
"""反向传播"""
 node.backup(-value)
"""计算 π,在自我博弈状态下:游戏的前三十步,温度系数为 1,后面的温度系数趋于
无穷小 """
 T=1 if self.is_self_play and len(chess_board.state)<=30 else 1e-3
 visits=np.array([i.N for i in self.root.children.values()])
 pi_=self.__getPi(visits,T)
"""根据 π 选出动作及其对应节点"""
 actions=list(self.root.children.keys())
 action=int(np.random.choice(actions,p=pi_))
 if self.is_self_play:
"""创建维度为 board_len^2 的 π"""
 pi=np.zeros(chess_board.board_len**2)
 pi[actions]=pi_
"""更新根节点 """
 self.root=self.root.children[action]
```

```
    self. root. parent =None
    return action,pi
  else:
    self. reset_root ()
    return action


    def __getPi(self,visits,T)->np. ndarray:
"""根据节点的访问次数计算 π """
""" pi=visits * * (1/T) / np. sum(visits * * (1/T))会出现标量溢出问题,所
以使用对数压缩 """
    x=1/T * np. log(visits+1e-11)
    x =np. exp(x - x. max())
    pi =x/x. sum()
    return pi


    def reset_root(self):
"""重置根节点 """
    self. root =Node(prior_prob=1,c_puct =self. c_puct,parent =None)


    def set_self_play(self,is_self_play: bool):
"""设置蒙特卡洛树的自我博弈状态 """
    self. is_self_play=is_self_play
```

2. 棋盘

```
# coding: utf-8
from typing import Tuple
from copy import deepcopy
from collections import OrderedDict
import torch
import numpy as np


class ChessBoard:
"""棋盘类 """
  EMPTY =-1
  WHITE =0
```

```python
    BLACK=1

    def __init__(self,board_len=9,n_feature_planes=7):
"""
    board_len: int
棋盘边长
    n_feature_planes: int
特征平面的个数,必须为偶数
"""
    self.board_len=board_len
    self.current_player=self.BLACK
    self.n_feature_planes=n_feature_planes
    self.available_actions=list(range(self.board_len**2))
"""棋盘状态字典,key 为 action,value 为 current_player """
    self.state=OrderedDict()
"""上一个落点 """
    self.previous_action=None


    def copy(self):
"""复制棋盘 """
    return deepcopy(self)
    def clear_board(self):
"""清空棋盘 """
    self.state.clear()
    self.previous_action=None
    self.current_player=self.BLACK
    self.available_actions=list(range(self.board_len**2))


    def do_action(self,action: int):
"""落子并更新棋盘
    action: int
落子位置,范围为'[0,board_len^2 -1]'
    """
    self.previous_action=action
    self.available_actions.remove(action)
    self.state[action]=self.current_player
    self.current_player=self.WHITE+self.BLACK - self.current_player
```

```
    def do_action_(self,pos: tuple)->bool:
"""落子并更新棋盘,只提供给 app 使用
 pos: Tuple[int,int]
落子在棋盘上的位置,范围为'(0,0)~(board_len-1,board_len-1)'
update_ok: bool
是否成功落子
"""
    action=pos[0]*self.board_len+pos[1]
if action in self.available_actions:
  self.do_action(action)
  return True
  return False
    def is_game_over(self)->Tuple[bool,int]:
"""判断游戏是否结束
  is_over: bool
游戏是否结束,分出胜负或者平局则为'True',否则为'False'
  winner: int
游戏赢家,有以下几种:
* 如果游戏分出胜负,则为'ChessBoard.BLACK'或'ChessBoard.WHITE'
* 如果还有分出胜负或者平局,则为'None'
  """
"""如果下的棋子不到 9 个,就直接判断游戏还没结束 """
 if len(self.state)<9:
  return False,None
 n=self.board_len
 act=self.previous_action
 player=self.state[act]
 row,col=act//n,act % n
"""搜索方向 """
 directions=[[(0,-1),  (0,1)],
 """水平搜索 """
 [(-1,0),  (1,0)],
 """竖直搜索 """
 [(-1,-1),(1,1)],
 """主对角线搜索 """
```

```
        [(1,-1),  (-1,1)]]
        """副对角线搜索"""


    for i in range(4):
     count=1
     for j in range(2):
      flag=True
    row_t,col_t=row,col
      while flag:
      row_t=row_t+directions[i][j][0]
      col_t=col_t+directions[i][j][1]
      if 0<=row_t<n and 0<=col_t<n and self.state.get(row_t*n+col_
t,self.EMPTY)==player:
      """遇到相同颜色时 count+1 """
        count+=1
      else:
        flag=False
    """分出胜负 """
     if count>=5:
     return True,player
    """平局 """
      if not self.available_actions:
      return True,None


      return False,None


    def get_feature_planes(self)->torch.Tensor:
     """棋盘状态特征张量,维度为'(n_feature_planes,board_len,board_len)'


     feature_planes: Tensor of shape'(n_feature_planes,board_len,board_
len)'
    特征平面图像
      """
     n=self.board_len
     feature_planes=torch.zeros((self.n_feature_planes,n**2))
    """最后一张图像代表当前玩家颜色 """
```

```
# feature_planes[-1]=self.current_player
"""添加历史信息"""
if self.state:
    actions=np.array(list(self.state.keys()))[::-1]
    players=np.array(list(self.state.values()))[::-1]
    Xt=actions[players==self.current_player]
    Yt=actions[players!=self.current_player]
    for i in range((self.n_feature_planes-1)//2):
        if i<len(Xt):
    feature_planes[2*i,Xt[i:]]=1
    if i<len(Yt):
    feature_planes[2*i+1,Yt[i:]]=1


return feature_planes.view(self.n_feature_planes,n,n)


class ColorError(ValueError):


    def __init__(self,*args: object)->None:
     super().__init__(*args)
```

3. 蒙特卡洛树节点

```
# coding: utf-8
from math import sqrt
from typing import Tuple,Iterable,Dict


class Node:
"""蒙特卡洛树节点"""


    def __init__(self,prior_prob: float,c_puct: float=5,parent=None):
    """
    prior_prob: float
    节点的先验概率'P(s,a)'


    c_puct: float
    探索常数
```

```
        parent: Node
父级节点
"""
    self. Q = 0
    self. U = 0
    self. N = 0
    self. score = 0
    self. P = prior_prob
    self. c_puct = c_puct
    self. parent = parent
    self. children = {}   # type:Dict[int,Node]

    def select(self) ->tuple:
    """返回'score'最大的子节点和该节点对应的 action

    action: int
动作
    child: Node
子节点
    """
    return max(self. children. items(), key = lambda item: item[1]. get_
score())

    def expand(self,action_probs: Iterable[Tuple[int,float]]):
"""拓展节点
    action_probs: Iterable
每个元素都为'(action,prior_prob)'元组,根据这个元组创建子节点,
    'action_probs'的长度为当前棋盘的可用落点的总数
    """
    for action,prior_prob in action_probs:
     self. children[action] = Node(prior_prob,self. c_puct,self)

    def__update(self,value: float):
"""更新节点的访问次数'N(s,a)'、节点的累计平均奖赏'Q(s,a)'

    value: float
```

```
用来更新节点内部数据
"""
self.Q=(self.N * self.Q+value)/(self.N+1)
self.N+=1


def backup(self,value: float):
"""反向传播"""
  if self.parent:
   self.parent.backup(-value)


   self.__update(value)


   def get_score(self):
"""计算节点得分"""
   self.U=self.c_puct * self.P * sqrt(self.parent.N)/(1+self.N)
   self.score=self.U+self.Q
   return self.score


   def is_leaf_node(self):
"""是否为叶节点"""
return len(self.children)==0
```

4. 策略-价值神经网络

```
# coding: utf-8
import torch
from torch import nn
from torch.nn import functional as F
from .chess_board import ChessBoard


class ConvBlock(nn.Module):
"""卷积块"""


   def __init__(self,in_channels: int,out_channel: int,kernel_size,
padding=0):
   super().__init__()
```

```python
        self.conv=nn.Conv2d(in_channels,out_channel,
          kernel_size=kernel_size,padding=padding)
          self.batch_norm=nn.BatchNorm2d(out_channel)


    def forward(self,x):
        return F.relu(self.batch_norm(self.conv(x)))


class ResidueBlock(nn.Module):
    """残差块 """

    def __init__(self,in_channels=128,out_channels=128):
    """

    in_channels: int
输入图像通道数

    out_channels: int
输出图像通道数
    """
    super().__init__()
    self.in_channels=in_channels
    self.out_channels=out_channels
    self.conv1=nn.Conv2d(in_channels,out_channels,
      kernel_size=3,stride=1,padding=1)
    self.conv2=nn.Conv2d(out_channels,out_channels,
      kernel_size=3,stride=1,padding=1)
    self.batch_norm1=nn.BatchNorm2d(num_features=out_channels)
    self.batch_norm2=nn.BatchNorm2d(num_features=out_channels)


    def forward(self,x):
        out=F.relu(self.batch_norm1(self.conv1(x)))
        out=self.batch_norm2(self.conv2(out))
    return F.relu(out+x)


class PolicyHead(nn.Module):
    """策略头 """
```

```python
    def __init__(self,in_channels=128,board_len=9):
"""

   in_channels: int
输入通道数
  board_len: int
棋盘大小
 """

  super().__init__()
  self.board_len=board_len
  self.in_channels=in_channels
  self.conv=ConvBlock(in_channels,2,1)
  self.fc=nn.Linear(2*board_len**2,board_len**2)

  def forward(self,x):
  x=self.conv(x)
  x=self.fc(x.flatten(1))
  return F.log_softmax(x,dim=1)


class ValueHead(nn.Module):
"""价值头 """

  def __init__(self,in_channels=128,board_len=9):
  """

  in_channels: int
输入通道数
  board_len: int
棋盘大小
 """
  super().__init__()
  self.in_channels=in_channels
  self.board_len=board_len
  self.conv=ConvBlock(in_channels,1,kernel_size=1)
  self.fc=nn.Sequential(
  nn.Linear(board_len**2,128),
  nn.ReLU(),
```

```python
        nn.Linear(128,1),
        nn.Tanh()
    )

    def forward(self,x):
        x=self.conv(x)
        x=self.fc(x.flatten(1))
        return x

class PolicyValueNet(nn.Module):
    """策略-价值网络 """
    def __init__(self,board_len=9,n_feature_planes=6,is_use_gpu=
True):
        """
        board_len: int
        棋盘大小
        n_feature_planes: int
        输入图像通道数,对应特征
        """
        super().__init__()
        self.board_len=board_len
        self.is_use_gpu=is_use_gpu
        self.n_feature_planes=n_feature_planes
        self.device=torch.device('cuda:0' if is_use_gpu else 'cpu')
        self.conv=ConvBlock(n_feature_planes,128,3,padding=1)
        self.residues=nn.Sequential(
        *[ResidueBlock(128,128) for i in range(4)])
        self.policy_head=PolicyHead(128,board_len)
        self.value_head=ValueHead(128,board_len)

    def forward(self,x):
        """前馈,输出'p_hat'和'V'
        x: Tensor of shape(N,C,H,W)
        棋局的状态特征平面张量
        p_hat: Tensor of shape(N,board_len^2)
        对数先验概率向量
```

```
        value: Tensor of shape(N,1)
    当前局面的估值
    """
    x=self.conv(x)
    x=self.residues(x)
    p_hat=self.policy_head(x)
    value=self.value_head(x)
    return p_hat,value


    def predict(self,chess_board: ChessBoard):
    """获取当前局面上所有可用'action'和它对应的先验概率'P(s,a)',以及局面
的'value'


    chess_board: ChessBoard
    棋盘
        probs:'np.ndarray'of shape'(len(chess_board.available_actions),)'
    当前局面上所有可用'action'对应的先验概率'P(s,a)'
        value: float
    当前局面的估值
    """
    feature_planes=chess_board.get_feature_planes().to(self.device)
    feature_planes.unsqueeze_(0)
    p_hat,value=self(feature_planes)


    """"将对数概率转换为概率 """
        p=torch.exp(p_hat).flatten()


    """只取可行的落点 """
        if self.is_use_gpu:
        p=p[chess_board.available_actions].cpu().detach().numpy()
    else:
        p=p[chess_board.available_actions].detach().numpy()


        return p,value[0].item()


    def set_device(self,is_use_gpu: bool):
```

```
"""设置神经网络运行设备 """
self.is_use_gpu=is_use_gpu
self.device=torch.device('cuda:0'if is_use_gpu else'cpu')
```

5. 蒙特卡洛树搜索

```python
# coding: utf-8
import random
import numpy as np

from .chess_board import ChessBoard
from .node import Node

class RolloutMCTS:
"""基于随机走棋策略的蒙特卡洛树搜索 """

    def __init__(self,c_puct: float=5,n_iters=1000):
"""
      c_puct: float
探索常数
        n_iters: int
          迭代搜索次数
      """
    self.c_puct=c_puct
    self.n_iters=n_iters
    self.root=Node(1,c_puct,parent=None)

    def get_action(self,chess_board: ChessBoard)->int:
    """根据当前局面返回下一步动作

    chess_board: ChessBoard
棋盘
      """
    for i in range(self.n_iters):
    """复制一个棋盘用来模拟 """
    board=chess_board.copy()
```

```
"""如果没有遇到叶节点,就一直向下搜索并更新棋盘 """
  node = self. root
  while not node. is_leaf_node():
    action, node = node. select()
    board. do_action(action)
"""判断游戏是否结束,如果没结束就拓展叶节点 """
  is_over, winner = board. is_game_over()
  if not is_over:
    node. expand(self. __default_policy(board))


"""模拟 """
  value = self. __rollout(board)
"""反向传播 """
  node. backup(-1 * value)
"""根据子节点的访问次数来选择动作 """
  action = max(self. root. children. items(), key = lambda i: i[1]. N)[0]
"""更新根节点 """
  self. root = Node(prior_prob = 1)
  return action
def __default_policy(self, chess_board: ChessBoard):
  """根据当前局面返回可进行的动作及其概率

action_probs: List[Tuple[int, float]]
    每个元素都为 '(action, prior_prob)' 元组,根据这个元组创建子节点,
    'action_probs'的长度为当前棋盘的可用落点的总数
    """
  n = len(chess_board. available_actions)
  probs = np. ones(n) / n
  return zip(chess_board. available_actions, probs)
def __rollout(self, board: ChessBoard):
  """快速走棋,模拟一局 """
  current_player = board. current_player
  while True:
    is_over, winner = board. is_game_over()
    if is_over:
      break
```

```
            action = random.choice(board.available_actions)
            board.do_action(action)
    """计算 Value,平局为 0,当前玩家胜利则为 1,输为 -1 """
        if winner is not None:
            return 1 if winner == current_player else -1
        return 0
```

6. 自我博弈数据集

```
# coding:utf-8
from collections import deque,namedtuple

import torch
from torch import Tensor
from torch.utils.data import Dataset

SelfPlayData = namedtuple(
    'SelfPlayData',['pi_list','z_list','feature_planes_list'])

class SelfPlayDataSet(Dataset):
    """自我博弈数据集类,每个样本为元组'(feature_planes,pi,z)'"""

    def __init__(self,board_len=9):
        super().__init__()
        self.__data_deque = deque(maxlen=10000)
        self.board_len = board_len

    def __len__(self):
        return len(self.__data_deque)

    def __getitem__(self,index):
        return self.__data_deque[index]

    def clear(self):
    """清空数据集 """
        self.__data_deque.clear()
```

```python
    def append(self,self_play_data: SelfPlayData):
    """向数据集中插入数据"""
    n=self.board_len
    z_list=Tensor(self_play_data.z_list)
    pi_list=self_play_data.pi_list
    feature_planes_list=self_play_data.feature_planes_list
    """使用翻转和镜像扩充已有数据集"""
    for z,pi,feature_planes in zip(z_list,pi_list,feature_planes_list):
        for i in range(4):
        """逆时针旋转 i*90° """
        rot_features=torch.rot90(Tensor(feature_planes),i,(1,2))
        rot_pi=torch.rot90(Tensor(pi.reshape(n,n)),i)
        self.__data_deque.append(
            (rot_features,rot_pi.flatten(),z))

        """对逆时针旋转后的数组进行水平翻转"""
        flip_features=torch.flip(rot_features,[2])
        flip_pi=torch.fliplr(rot_pi)
        self.__data_deque.append(
            (flip_features,flip_pi.flatten(),z))
```

7. 训练

```python
# coding:utf-8
import json
import os
import time
import traceback

import torch
import torch.nn.functional as F
from torch import nn,optim,cuda
from torch.optim.lr_scheduler import MultiStepLR
from torch.utils.data import DataLoader
from .alpha_zero_mcts import AlphaZeroMCTS
```

```python
from.chess_board import ChessBoard
from.policy_value_net import PolicyValueNet
from.self_play_dataset import SelfPlayData,SelfPlayDataSet


def exception_handler(train_func):
"""异常处理装饰器 """
 def wrapper(train_pipe_line,*args,**kwargs):
  try:
   train_func(train_pipe_line)
  except BaseException as e:
    if not isinstance(e,KeyboardInterrupt):
      traceback.print_exc()

    t=time.strftime('%Y-%m-%d_%H-%M-%S',
      time.localtime(time.time()))
     train_pipe_line.save_model(
   f'last_policy_value_net_{t}.pth','train_losses','games')

  return wrapper


class PolicyValueLoss(nn.Module):
"""根据 self-play 产生的'z'和'π'计算误差 """
  def __init__(self):
  super().__init__()

  def forward(self,p_hat,pi,value,z):
"""前馈"""
```

习　　题

自己与五子棋自对弈软件对弈，验证五子棋自对弈水平。

参 考 文 献

[1] 王钦. 基于深度强化学习的五子棋算法研究 [D]. 重庆：重庆大学，2019.

[2] 宫瑞敏，吕艳辉. TD-BP 强化学习算法在五子棋博弈系统中的应用 [J]. 沈阳理工大学学报，2010，

29（4）：30-32+37.

［3］沈雪雁. 基于蒙特卡洛树与神经网络的五子棋算法的设计与实现［D］. 沈阳：沈阳化工大学，2021.

［4］张泽阳. 基于强化学习的完全信息博弈理论研究与实现［D］. 西安：西安电子科技大学，2021.

［5］李大舟，沈雪雁，高巍，等. 一种自学习的智能五子棋算法的设计与实现［J］. 小型微型计算机系统，2020，41（6）：1169-1175.

［6］张效见. 五子棋计算机博弈系统的研究与设计［D］. 合肥：安徽大学，2017.

［7］之一 Yo. 如何使用自对弈强化学习训练一个五子棋机器人 Alpha Gobang Zero［EB/OL］.（2021-04-20）［2022-06-01］. https://www.cnblogs.com/zhiyiYo/p/14683450.html.

第 10 章

图像优化处理实例

本章通过遗传算法和粒子群算法两种不同的进化算法实现图像分割以说明进化算法的实际应用。本章首先介绍了图像处理和分割的基础知识，然后通过实例说明了这两种方法的应用，加深读者对进化算法的认识。

图像处理技术属于模式识别和优化控制的交叉，许多图像处理算法都用到了优化算法，特别是处理对象特征对比不明显的图像，对优化控制的要求更高。本章以图像分割为例，采用遗传算法和粒子群算法对图像进行优化处理，给出了完成的处理过程，说明进化算法在优化控制中的应用。

依托计算机技术的发展，自 20 世纪 60 年代开始，人们不断利用计算机对图像的质量进行改善，逐渐形成了图像处理这一学科。数字图像处理（Digital Image Processing）又被称作计算机图像处理，是一种将图像信号进行数字化后，利用计算机处理的过程。随着计算机科学、电子学和光学研究的逐渐深入，该技术在诸多领域之中的应用越来越广泛，比如人脸识别技术的广泛应用。另外，在工业现场中，作为大型控制系统的一部分，许多其他传感器不能处理的情况也广泛应用图像处理技术，比如港口或码头的装卸、矿山的矿石识别、大型设备的焊接等都用到图像识别技术。

在对图像的研究过程中，人们往往会对其中的某些部分产生兴趣，一般称之为目标或前景，而图像当中的其他部分则被称为背景。例如人脸识别中的人脸、矿石分拣中矿石等都是目标或前景。目标通常对应于图像中特定的、具有独特性质的区域。为了更好地识别和分析目标，需要将与目标有关的区域分离出来，排除背景区域的干扰，以便在此基础上对目标进行特征提取或测量等。

图像边缘能够反映图像的结构特征信息，并将图像分成不同区域，因此图像边缘检测是所有基于边界的图像分割方法的基础。由于图像中的目标与背景往往在灰度上有较大的差异，因此可利用它们在不同区域上灰度值的不同提取阈值来分离出目标。图像分割依据其中各区域的不同性质，如颜色、灰度等，将图像划分成若干具有相同或相似性质的子区域，以便提取对整幅图像的描述信息。本章介绍了有关数字图像处理的基本知识，对多种图像分割方法进行了举例说明，并结合进化算法与图像分割技术进行了实例分析。

10.1 数字图像处理技术简介

10.1.1 基本概念

图像是三维世界在二维平面内的可视化表示，包含了它所表达事物的大部分信息。"图"是物体反射或透射电磁波的分布，而"像"是视觉系统在接收到"图"信息后，在大脑中形成的认识。

根据属性不同，可以对图像进行分类。从颜色上看，图像分为彩色图像、灰度图像和黑白图像等；从获取途径上看，图像分为拍摄类图像和绘制类图像；从内容上看，图像分为人物图像、风景图像等；从功能上看，图像又分为流程图、结构图、电路图和设计图等。

以对景物的图像做处理为例，主要有三步。首先需要用相应的设备或技术将景物转换成数字图像，常用的两种获取方式为利用数字摄像机直接把景物转换成计算机可以接收的数字图像，或是通过数字扫描仪的扫描，把纸质相片或其他材质上的图像转换成计算机可以接收的数字图像。然后，利用计算机对数字图像进行处理，将景物转换成计算机可以接收的数字图像，这一过程称为图像的感知与获取。在这一步骤中，根据应用目的的不同，可以选择高性能的超级计算机，也可以使用普通的计算机。最后选用相应的设备输出处理结果，目前常用的输出设备是彩色显示器，根据应用目的的不同，也可以将处理结果进行打印输出或存储在记录设备上。

10.1.2 研究内容

数字图像处理的研究内容主要包括以下几个方面。

1）图像运算：图像运算的基本思路是通过对图像中的所有像素实施相同的运算，包括点运算、代数运算以及逻辑运算，或对两幅图像进行点对点的灰度值运算，来实现对图像的某种处理和分析。例如对图像灰度值的变换、对图像进行消噪处理、对图像整体形状的改变等。

2）图像变换：图像变换的基本思路是通过对图像实施某种变换，来改变像素的空间关系，以此来改变图像的空间结构，为提高图像处理的效果奠定基础。

3）图像增强：图像增强的基本思路是简单地突出图像中我们所感兴趣的特征，或寻找途径来显现图像中模糊的细节，使图像被更清晰地显示出来，最终达到适宜处理与分析的效果。

4）图像恢复：图像恢复的基本思路是从退化图像的数学模型出发，对图像的外观进行改进，从而使恢复后的图像尽可能地反映出图像的原貌，其目的是获得与目标真实面貌相像的图像。

5）图像分割：图像分割的基本思路是根据图像的某种特征或某种相似性测度，把一幅图像划分成若干个互不交叠且具有相同或相近特征的区域，以便于进一步提取出感兴趣的目标，完成对图像的进一步分析和描述。

6）图像压缩编码：图像压缩编码的基本思路是在不损失图像质量或少损失图像质量的前提下，通过对图像的重新编码，尽可能地减少表示该图像的字节数量，以满足图像存储和实时传输的应用需求。

7）图像特征提取：图像特征提取的基本思路是通过检测和提取出图像的自然特征，如图像的边缘、纹理和形状等，或通过计算出图像的人为特征，比如方差、均值和熵等，为进一步的图像目标识别、图像特征分析和机器视觉应用奠定基础。

8）小波图像处理：小波图像处理以具有变化的频率和有限的持续时间为特征的小波变换为基础，利用小波变换的多分辨率表示与分析优势进行图像处理的方法。

9）形态学图像处理：以集合论为数学工具的形态学图像处理方法的基本思路是用具有一定形态的结构元素探测图像，通过检验结构元素在图像中的可放性和填充方法的有效性，来获取有关图像形态结构的相关信息，从而实现对图像的处理和分析。

10.1.3　应用领域

数字图像处理早期应用于传送数字化的新闻图片，随着技术的演化，逐步运用到多个方面，如空间探测、医学图像、地球遥感监测和天文领域等，都取得了一定成果。时至今日，数字图像处理已经渗透到了各行各业当中，以下是图像处理应用的热门领域。

1）媒体通信，如图像传输、电视电话、卫星通信、数字电视等。

2）遥感技术，如自然灾害监视、环境污染监测、矿产勘探、水文观测、城市规划、地貌及地质构造测绘等。

3）工业生产，如生产过程自动化、零件缺陷检测、弹性力学照片的应力分析、邮政信件的自动分拣、石油勘探、工业机器人视觉的应用与研究。

4）生物医学，如 X 射线检查、超声波图像处理、心电图分析、立体定向放射治疗、显微镜图像分析、内窥镜图、CT 及核磁共振图分析等。

5）军事技术，如航空及卫星照片的判读、导弹制导、侦察照片的判读、声呐图像处理、军事系统仿真等。

6）生活与侦缉破案，如人脸识别的门禁系统、支付系统、不完整图片的复原、指纹识别、人脸鉴别、伪钞识别等。

7）宇宙探索，如卫星遥感技术、其他星系图像的处理等。

10.2　图像分割

10.2.1　技术介绍

图像分割，就是将一幅数字图像分割成不同的区域，在同一区域内的部分具有在一定的准则下可认为是相同的性质，例如灰度、颜色、纹理等，而任何相邻区域之间的性质具有明显的区别。图像分割在很多领域都有着非常广泛的应用，是识别图像特征的基础。

图像分割的研究最早可以追溯到 20 世纪 60 年代，目前国内外学者已经提出了上千种图像分割算法，但仍缺少一种适合于所有图像的通用分割算法。在已提出的算法中，较为经典的算法有边缘检测方法、阈值分割法和区域分割技术。随着近十年来诸如数学形态学、小波分析和模糊数学等理论的成熟，大量学者致力将新的理论和方法用于图像分割，有效地改善了分割效果。图像分割是图像处理、模式识别和人工智能等多个领域中一个十分重要且又十分困难的问题，是计算机视觉技术中首要的、重要的关键步骤。图像分割结果的好坏直接影响对计算机视觉中的图像理解。

阈值分割技术是最经典和流行的图像分割方法之一，也是最简单的一种图像分割方法，如图 10-1 所示。此方法的关键在于寻找适当的灰度阈值，通常是根据图像的灰度直方图来选取，思路是用一个或几个阈值将图像的灰度级进行划分，认为属于同一部分的像素是同一物体，不仅可以极大地压缩数据量，而且也简化了图像信息的分析和处理步骤。阈值分割技术特别适用于子目标和背景处于不同灰度级范围的图像，该方法的最大特点是计算简单，在重视运算效率的应用场合中，得到了广泛的应用。

a) 原始图   b) 分割结果

图 10-1 阈值分割技术

边缘检测技术用于检测图像特性发生变化的位置，如图 10-2 所示。不同的图像灰度不同，边界处会存在明显的边缘，利用此特征可以对图像进行分割。边缘检测分割法就是通过检测出不同区域边界来进行分割的，图像边缘意味着图像当中一个区域的结束和另一个区域的开始，由于边缘总是以强度突变的形式出现，可以定义为图像局部特性的不连续性，如灰度的突变和纹理结构的突变等。图像的边缘包含了物体形状的重要信息，在保留形状重要信息的同时降低了计算的复杂程度。边缘提取和分割是图像分割的经典研究课题之一，直到现在仍然在不断发展。

a) 原始图　　　　　　　　　　b) 边缘检测结果

图 10-2　边缘检测技术

10.2.2　图像分割的定义

图像分割是指依据图像的灰度、颜色、纹理、边缘等特征，把图像分成各自满足某种相似性准则或具有某种同质特征的连通区域集合的过程。对图像分割比较严格的定义可描述如下。

设 R 代表整个图像的区域，对 R 的分割可看作将 R 分成若干个满足以下 5 个条件的非空子集 R_1，R_2，$\cdots$，R_n。

1）$\bigcup_{i=1}^{n} R_i = R$，即分割得到的所有子区域，它们的并集应能构成原来的区域 R。

2）对于所有的 i 和 j 及 $i \neq j$，有 $R_i \cap R_j = \phi$，即分割得到的各子区域互不重叠。

3）对于 $i = 1, 2, \cdots, n$，有 $P(R_i) = \text{TRUE}$，即分割得到的属于同一区域的像素应具有某些相同的特性。

4）对于 $i \neq j$，有 $P(R_i \cup R_j) = \text{FALSE}$，即分割得到的属于不同区域的像素应具有不同的性质。

5）对于 $i = 1, 2, \cdots, n$，R_i 是连通的区域，即同一子区域内的像素应当是连通的。

灰度图像分割是图像分割研究中最主要的内容，其分割的依据是基于相邻像素灰度值的不连续性和相似性，即同一区域内部的像素一般具有灰度相似性，而在不同区域之间的边界上一般具有灰度不连续性，所以灰度图像的各种分割算法据此分为利用区域间灰度不连续基本边界的图像分割算法，以及利用区域内灰度相似性基于区域的图像分割算法。

10.2.3　基于阈值的分割方法

基于阈值的图像分割方法，其思路在于提取物体与背景在灰度上的差异，把图像分为具有不同灰度级的目标区域和背景区域。

1. 基于单一阈值的分割方法

如果一幅图像由较亮的物体和较暗的背景组成，且物体与背景的灰度有较大差异，该图像的灰度直方图会呈现出类似于图 10-3 所示的两个峰值的情况，可以考虑通过图像的全局信息进行分割。假如图像中的背景具有同一灰度值或在整个图像中几乎可看作接近于某一恒定值，而图像中的目标物体为另一确定的灰度值或接近于另一恒定值，二者的灰度级存在明显区别，则可使用一个固定的全局阈值，将图像分割成两个区域，即目标对象和背景对象。例如对于双峰形状的灰度直方图，可选择两峰之间的波谷对应的灰度值作为全局阈值。灰度直方图中，灰度值较大的部分反映了物体的灰度分布，灰度值较小的部分反映了背景的灰度分布。在这种情况下，从背景中提取物体的方法显然是选取位于两个峰值中间的谷底对应的灰度值 T 作为阈值，然后将图像中所有像素的灰度值与这个阈值进行比较，所有大于阈值 T 的像素点被认为是组成物体的点，一般称为目标点；而那些小于等于阈值 T 的像素点被认为是组成背景的点，一般称为背景点。也就是说，对于图像 $f(x,y)$，利用单阈值 T 分割后的图像可定义为

$$g(x,y)=\begin{cases}1, f(x,y)\geqslant T\\0, f(x,y)<T\end{cases} \tag{10-1}$$

用此种方法分割后得到的结果图像 $g(x,y)$ 是一幅二值图像，对应于从暗的背景上分割出亮的物体的情况。反之亦然。

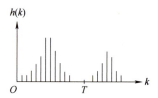

图 10-3　基于单一阈值的分割的灰度直方图

获取图像的灰度直方图，利用 MATLAB 软件，具体的实现代码如下。

```
close all;
clear all;
clc;
I = imread('rice.png');        %读入图像
figure;
subplot(121);
imshow(I);
subplot(122);
imhist(I,200);                 %显示灰度直方图
```

原始图和灰度直方图的显示结果如图 10-4 所示。

利用灰度直方图当中谷点的灰度值作为全局阈值，对图像进行分割，就可以实现分离目标和背景的目的，全局阈值法的 MATLAB 实现代码如下。

a) 原始图

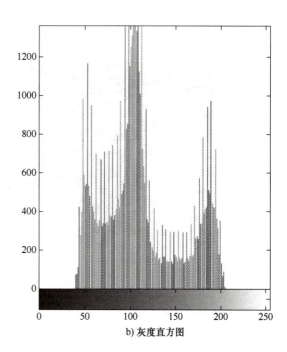

b) 灰度直方图

图 10-4　原始图和灰度直方图

```
close all;
clear all;
clc;
I=imread('rice.png');
T=I>120;
[width,height]=size(I);
for i=1:width
for j=1:height
    if(I(i,j)>140)
        K(i,j)=1;
    else
        K(i,j)=0;
    end
end
end
figure;
subplot(121);imshow(T);
subplot(122);imshow(K);
```

读入图像后，利用全局阈值法对图像进行分割，分割结果如图 10-5 所示。其中，图 10-5a采用的全局阈值为 120，图 10-5b 采用的全局阈值为 140。

a) 阈值为120　　　　　　　　　　　　　　　　b) 阈值为140

图 10-5　全局阈值法的分割结果

2. 基于多阈值的分割方法

假设所要处理的图像是在较暗的背景上有两个较亮的物体，对其进行如下假设。

1）当 $f(x,y) \leq T_1$ 时为背景。

2）当 $T_1 < f(x,y) \leq T_2$ 时为第一个物体。

3）当 $T_2 < f(x,y)$ 时为第二个物体。

推广到一般情形，对于将一幅图像 $f(x,y)$ 按多个阈值分割成多个区域的情况，可将其定义为

$$g(x,y) = \begin{cases} k, T_{k-1} < f(x,y) \leq T_k \\ 1, f(x,y) \leq T_1 \\ 0, T_k < f(x,y) \end{cases} \qquad (10\text{-}2)$$

式中，T_1，T_2，$\cdots$，T_k 为 k 个不同的分割阈值，$L_T = 0$，1，2，$\cdots$，k 为图像被分割后的 $k+1$ 个不同区域。在实际情况当中，如果让不同区域对应不同的灰度值，这样多阈值图像分割的结果图像 $g(x,y)$ 就变为一幅 $k+1$ 值的多值图像；如果让不同灰度级与不同的颜色相对应，这样多阈值图像分割的结果图像 $g(x,y)$ 就变为一幅伪彩色图像。基于多阈值分割的灰度直方图如图 10-6 所示。

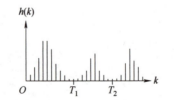

图 10-6　基于多阈值分割的灰度直方图

3. 半阈值化分割方法

图像经阈值化分割后除了可以表示成二值和多值图像外，还有一种非常有意义的形式，

即半阈值化分割方法。半阈值化分割方法是保持比阈值大的亮像素的灰度级不变，而将比阈值小的暗像素变为黑色；或保持比阈值小的暗像素的灰度级不变，而将比阈值大的亮像素变为白色。利用半阈值化分割方法分割后的图像可定义为

$$g(x,y) = \begin{cases} f(x,y), & f(x,y) \geqslant T \\ 0, & f(x,y) < T \end{cases} \tag{10-3}$$

对于上述分割方法，最重要的步骤就是阈值的选取，理想状态下的阈值选用两峰之间的谷底作为临界值，需要注意的是，如果阈值的选取不合适，就可能会导致物体上的点被归类为背景，而背景上的点被归类为物体。

10.2.4　其他分割方法

1. Otsu 算法

最大类间方差法又被称作 Otsu 算法，由日本学者大津于 1979 年提出，其来源于最小二乘法原理，具有统计意义上的最佳分割。对于一幅灰度图像，假设其灰度范围为 $\{0,1,\cdots,L-1\}$，选取合适的阈值 t，将待处理图像分割为目标和背景两个部分，并使得这两个部分之间的方差最大。现假设 p_i 为灰度值为 i 像素出现的概率。

目标部分和背景部分出现的概率分别为

$$\omega_0(t) = \sum_{i=0}^{t} p_i \tag{10-4}$$

$$\omega_1(t) = \sum_{i=t+1}^{L-1} p_i \tag{10-5}$$

目标和背景的平均灰度值分别为

$$\mu_0(t) = \sum_{i=0}^{t} \frac{ip_i}{\omega_0} \tag{10-6}$$

$$\mu_1(t) = \sum_{i=t+1}^{L-1} \frac{ip_i}{\omega_1} \tag{10-7}$$

总平均灰度值为

$$\mu(t) = \sum_{i=0}^{L-1} ip_i \tag{10-8}$$

类间方差公式为

$$d(t) = \omega_0(t)\omega_1(t)(\mu_0(t) - \mu_1(t))^2 \tag{10-9}$$

最佳阈值 T 即使得式（10-9）取得最大值的 t 值。利用 Otsu 算法对 baboon 图像进行分割，得到如图 10-7 所示的分割结果，完整代码如下。

```
close all;clear all;clc;
I = imread('baboon.png');
I = im2double(I);
T = graythresh(I);
```

```
J=im2bw(I,T);
figure;
subplot(121);imshow(I);
subplot(122);imshow(J);
```

a) 原图　　　　　　　　　　　　　　b) 分割结果

图 10-7　Otsu 算法的分割结果

2. 迭代阈值法

迭代阈值法是通过迭代的方式得到图像分割的最佳阈值，具有一定的自适应性，其基本思路是，首先根据图像中物体的灰度分布情况，选取一个近似阈值作为初始阈值，然后通过分割图像和修改阈值的迭代过程获得认可的最佳阈值。阈值选取过程可描述如下。

1) 选取一个初始阈值 T。

2) 利用阈值 T 将待处理图像分割成两部分，分别记为 R_1 和 R_2。

3) 计算 R_1 和 R_2 的均值记作 μ_1 和 μ_2。

4) 依据式（10-10）选择新的阈值 T，并重复步骤 2 ~ 步骤 4，直到均值 μ_1 和 μ_2 不再变化为止：

$$T=\frac{\mu_1+\mu_2}{2} \tag{10-10}$$

利用迭代阈值法对图像进行分割，完整代码如下。

```
close all;
clear all;
clc;
I=imread('fruits.png');
I=im2double(I);
T0=0.01;
T1=(min(I(:))+max(I(:)))/2;
```

```
r1=find(I>T1);
r2=find(I<=T1);
T2=(mean(I(r1))+mean(I(r2)))/2;
while abs(T2-T1)<T0
    T1=T2;
    r1=find(I>T1);
    r2=find(I<=T1);
    T2=(mean(I(r1))+mean(I(r2)))/2;
end
J=im2bw(I,T2);
figure;
subplot(121);imshow(I);
subplot(122);imshow(J);
```

得到的分割结果如图 10-8 所示。

a) 原图 　　　　　　　　　　　　　　　　b) 分割结果

图 10-8　迭代阈值法的分割结果

10.3　基于进化算法的图像分割方法实例

10.3.1　基于遗传算法的图像分割

在第 6 章学习过的遗传算法（Genetic Algorithm，GA）是模拟自然选择的生物进化过程一种模型，能够为许多实际应用提供近似最优解，因此可以将其用于解决图像分割问题。利用基于遗传算法的图像分割方法，将寻找阈值问题转化为一个优化问题，所要达成的目标是最大化类间方差与最小化类内方差。阈值分割后阈值两侧像素的差异越大越好，而 Otsu 算法定义了类内方差和类间方差两个指标，其中类内方差是指阈值两侧区域内各自方差的加权之和，表征的是区域内部数据的离散程度，显然属于同一区域内部的数据越相近越好，即类内方差越小越好；而类间方差是指阈值两侧数据各自均值距离总均值的加权方差，其表征的是阈值两侧数据的离散程度，显然目标和背景差异越大，类间方差越大，分割效果越好。

遗传算法的特点是在对参数编码运算的过程中无须任何先验知识，只需要选择合适的适应度函数，可以沿多条路线进行平行搜索且不易陷入局部最优。但在不同的图像当中，目标像素灰度的变化，将有可能导致分割效果变差。

迭代过程中解的个数被称为种群大小，解用染色体来表示，每一条染色体都由基因组成。对于种群大小为 N 的遗传算法，从某个随机解开始，选择最优解杂交产生新的解；同时将产生的最优解添加到下一次迭代过程当中，舍弃不够理想的结果；通过不断地进行迭代，可以实现收敛至接近最优解。

需要特别注意的是，染色体和基因的表示会影响收敛过程，通常会简化基因编码工作。从旧解中产生新解的机制有很多，最常用的是交叉和变异，从种群中选择两个个体作为父方和母方，利用二者的染色体交叉得到子代，之后对子代的染色体进行变异操作；过程中选择合适的适应度函数，来对得到的解进行评价。结合遗传算法的阈值分割主要有以下三个步骤。

1）初始化。创建随机解，并利用适应度函数对每条染色体的适应度进行计算。

2）产生新种群。其中包含有选择、交叉和变异多个步骤。

3）终止。当满足设置的终止条件时，结束运算。

遗传算法的详细过程可参考第 6 章相关内容，以 baboon 图像为例验证遗传算法图像分割，并采用 MATLAB 实现分割过程。仿真实例中，算法的种群规模设置为 $N = 100$，最大迭代次数设置为 $G = 100$，交叉概率设置为 $p_1 = 0.6$，变异的概率设置为 $p_2 = 0.001$，利用轮盘赌方法对个体进行选择，最后选用最大类间方差法对解的质量进行评估。

基于遗传算法的图像分割方法仿真程序如下。

1. 主程序

```matlab
tic;
clear all;close all;clc;
Imag=imread('baboon.png');
Imag=rgb2gray(Imag);
Image_OTSU=Imag;
popsize=100;
chromlength=8;          %二进制编码长度
pc=0.6;                 %交叉概率
pm=0.001;               %变异概率
%初始种群
pop=initpop(popsize,chromlength);
ger=100;                %最大迭代次数
```

```
iter=1;
record=zeros(ger,1);

while iter <=ger
    %计算适应度值
    objvalue=cal_objvalue(pop);
    fitvalue=objvalue;
    %选择操作
    newpop=selection(pop,fitvalue);
    %交叉操作
    newpop=crossover(newpop,pc);
    %变异操作
    newpop=mutation(newpop,pm);
    %更新种群
    pop=newpop;
    %寻找最优解
    [bestindividual,bestfit]=best(pop,fitvalue);

    record(iter)=bestfit;
    iter=iter+1;
end
    figure(3);
     plot(record);
     xlabel('迭代次数');
     ylabel('适应度值');
     title('迭代优化过程')

    threshold1=binary2decimal(bestindividual(:,:,1));
    threshold2=binary2decimal(bestindividual(:,:,2));
    [height,length]=size(Image_OTSU);
    for i=1:length
       for j=1:height
       if Image_OTSU(j,i)>=threshold2
           Image_OTSU(j,i)=255;
       elseif Image_OTSU(j,i)<=threshold1
```

```
        Image_OTSU(j,i)=0;
    else
        Image_OTSU(j,i)=125;
    end
    end
end
ym=zeros(1,2);
ym(1)=threshold1;
ym(2)=threshold2;
figure(4);
imshow(Image_OTSU);
xlabel(['最大类间差法阈值',num2str(ym)]);
    xlabel(['最大类间差法阈值',num2str(bestfit)]);
toc;
```

2. 二进制种群生成

```
function pop=initpop(popsize,chromlength)
    pop=round(rand(popsize,chromlength,2));
    [px,py,pz]=size(pop);
    for i=1:px
        for j=1:py
            if pop(i,j,1)==0 &&   pop(i,j,2)==1
                continue
            end
            if pop(i,j,1)==1 && pop(i,j,2)==0
                pop(i,j,2)=1;
            end
        end
    end
end
```

3. 返回对应十进制

```
function pop2=binary2decimal(pop)
[px,py,pz]=size(pop);
for j=1:pz
    for i=1:py
```

```
    pop1(:,i,j)=2.^(py-i).*pop(:,i,j);
    end
end
temp=sum(pop1,2);
pop2=temp;
end
```

4. 计算适应度函数

```
function objvalue=cal_objvalue(pop)
    Imag=imread('baboon.png');
    Imag=rgb2gray(Imag);
    [height,length]=size(Imag);
    totalNum=height*length;

    pixelCount=zeros(1,256);
    for i=1:length
        for j=1:height
            number=Imag(j,i)+1;
            pixelCount(number)=pixelCount(number)+1;
        end
    end
    pi=pixelCount/totalNum;

    a=1:256;
    objvalue=zeros(1,100);
    for i=1:100
        m=binary2decimal(pop(i,:,1));
        n=binary2decimal(pop(i,:,2));
        w0=sum(pi(1:m));
        w1=sum(pi(m+1:n));
        w2=sum(pi(n+1:256));
        if w0 >0 && w1 >0 && w2 >0
            mean0=sum(pi(1:m).*a(1:m))/w0;
            mean1=sum(pi(m+1:n).*a(m+1:n))/w1;
            mean2=sum(pi(n+1:256).*a(n+1:256))/w2;
```

```
objvalue(i)=w0*w1*(mean0-mean1)^2+w0*w2*(mean0-mean2)^2+w1*
w2*(mean1-mean2)^2;
        end
        end
        end
```

5. 选择新个体

```
function [newpop]=selection(pop,fitvalue)
[px,py,pz]=size(pop);
totalfit=sum(fitvalue);
p_fitvalue=fitvalue/totalfit;
p_fitvalue=cumsum(p_fitvalue);
ms=sort(rand(px,1));
fitin=1;
newin=1;
while newin<=px
    if(ms(newin))<p_fitvalue(fitin)
        newpop(newin,:,:)=pop(fitin,:,:);
        newin=newin+1;
    else
        fitin=fitin+1;
    end
end
end
```

6. 交叉

```
function [newpop]=crossover(pop,pc)
[px,py,pz]=size(pop);
newpop=ones(size(pop));
for z=1:pz
    for i=1:2:px-1
    if(rand<pc)
        cpoint=round(rand*py);
        newpop(i,:,z)=[pop(i,1:cpoint,z),pop(i+1,cpoint+1:py,z)];
        newpop(i+1,:,z)=[pop(i+1,1:cpoint,z),pop(i,cpoint+1:py,z)];
```

```
    else
        newpop(i,:,z)=pop(i,:,z);
        newpop(i+1,:,z)=pop(i+1,:,z);
    end
    end
end
end
```

7. 变异

```
function [newpop]=mutation(pop,pm)
[px,py,pz]=size(pop);
newpop=ones(size(pop));
for z=1:pz
for i=1:px
    if(rand<pm)
        mpoint=round(rand*py);
        if mpoint <=0
            mpoint=1;
        end
        newpop(i,:)=pop(i,:);
        if newpop(i,mpoint,z)==0
            newpop(i,mpoint,z)=1;
        else
            newpop(i,mpoint,z)=0;
        end
    else
        newpop(i,:,z)=pop(i,:,z);
        end
end
end
end
```

8. 种群最优

```
function [bestindividual,bestfit]=best(pop,fitvalue)
[px,py,pz]=size(pop);
```

```
bestindividual=pop(1,:,:);
bestfit=fitvalue(1);
 for i=2:px
   if fitvalue(i)>bestfit
       bestindividual=pop(i,:,:);
       bestfit=fitvalue(i);
   end
  end
end
```

图像分割结果如图 10-9 所示。

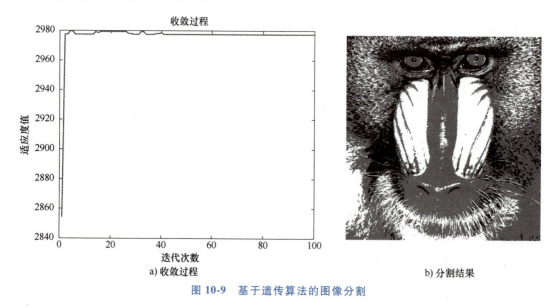

a) 收敛过程   b) 分割结果

图 10-9　基于遗传算法的图像分割

利用遗传算法完成图像分割任务，从图 10-9a 中可以看到，算法的收敛过程较稳定，分割效果较好。

10.3.2　基于粒子群算法的图像分割

因为可以将图像分割问题转化为优化问题，所以第 6 章学习的进化算法基本都可以应用于图像分割，本节以粒子群优化算法为例说明进化算法在图像分割中的应用。

粒子群优化算法（Particle Swarm Optimization，PSO）作为进化算法中的一种，其核心在于通过群体中个体之间的协作和信息共享来寻找最优解。与遗传算法不同，粒子群算法无须编码，直接选用粒子的位置来表示自变量，而每个粒子的位置由自变量的个数和取值范围决定，速度由自变量的个数和速度限制决定。

需要注意的是，应用粒子群算法处理图像分割问题，需要考虑每次更新完速度和位置后将其限制在规定的范围内，可以采取将超约束的数据约束到边界的方法，即当位置或者速度超出初始化限制时，将其拉回靠近的边界处。算法的基本流程如下。

1）初始化。设置种群规模 N、最大迭代次数 G、局部学习因子 c_1、全局学习因子 c_2 等相关参数，随机生成粒子的初始速度和初始位置，个体的最佳位置定义为 p_{best}，种群最优位置定义为 g_{best}。

2）适应度评价。利用 Otsu 算法计算粒子的适应度值，并选取个体最优位置和种群最优位置。

3）速度和位置的更新。根据如下公式更新粒子的速度和位置：

$$v_i^{g+1} = \omega(t) \times v_i^g + c_1 r_1 \left(p_{\text{best}}^g - x_i^g \right) + c_2 r_2 \left(g_{\text{best}}^g - x_i^g \right) \tag{10-11}$$

$$x_i^{g+1} = x_i^g + v_i^{g+1} \tag{10-12}$$

式中，g 为当前的迭代次数；r_1 和 r_2 为 0 到 1 的随机数。

4）检查终止条件。若达到最大迭代次数或最优解不再变化时，终止迭代；否则返回第二步。

粒子群算法的具体内容可参考第 6 章内容，仍然以 baboon 图像为例验证粒子群图像分割算法，采用 MATLAB 仿真实现粒子群图像分割过程。仿真实例当中，种群规模 $N = 100$，维数（阈值个数）$d = 2$，最大迭代次数 $G = 50$，惯性权重 $\omega = 0.9$，学习因子 $c_1 = 1.5$、$c_2 = 2$，适应度依然采用 Otsu 算法进行计算。基于粒子群算法的图像分割方法仿真程序如下。

1. 主程序

```
close all;clear all;clc;
Imag = imread('baboon.png');
Imag = rgb2gray(Imag);
Image_OTSU = Imag;

N = 15;
d = 2;
ger = 30;
plimit = [1,256];
vlimit = [-2.5,2.5;-2.5,2.5];
w = 0.8;
c1 = 1.5;
c2 = 2;
tic;
x = zeros(N,2);
for i = 1:N
    x(i,1) = floor(plimit(1) + (plimit(2) - plimit(1)) * rand);
    x(i,2) = floor(x(i,1) + (plimit(2) - x(i,1)) * rand);
end
```

```
v=rand(N,d);
xm=x;
ym=zeros(1,d);
fxm=zeros(N,1);
fym=-inf;
iter=1;
times=1;
record=zeros(ger,1);

while iter <=ger
fx=f(x);
    for i=1:N
        if fxm(i)<fx(i)
            fxm(i)=fx(i);
            xm(i,:)=x(i,:);
        end
    end
if fym <max(fxm)
        [fym,nmax]=max(fxm);
        ym=xm(nmax,:);
end
v=v * w+c1 * rand * (xm - x)+c2 * rand * (repmat(ym,N,1)- x);
%速度更新公式
  for i=1:d
        for j=1:N
        if v(j,i)>vlimit(i,2)
            v(j,i)=vlimit(i,2);
        end
        if v(j,i)<vlimit(i,1)
            v(j,i)=vlimit(i,1);
        end
        end
end
x=floor(x+v);               %位置更新公式
for j=1:N
```

```
        if  x(j,1)>plimit(2)
            x(j,1)=plimit(2);
        end
        if  x(j,1)<plimit(1)
            x(j,1)=plimit(1);
        end
        if  x(j,2)>plimit(2)
            x(j,2)=plimit(2);
        end
        if  x(j,2)<x(j,1)
            x(j,2)=x(j,1);
        end
    end
    record(iter)=fym;
    iter=iter+1;
end

figure(3);
plot(record);
%title('收敛过程')
xlabel('迭代次数');
ylabel('适应度值');
title('迭代优化过程');
threshold1=ym(1);
threshold2=ym(2);
[height,length]=size(Image_OTSU);
for i=1:length
    for j=1:height
        if Image_OTSU(j,i)>=threshold2
            Image_OTSU(j,i)=255;
        elseif Image_OTSU(j,i)<=threshold1
            Image_OTSU(j,i)=0;
        else
            Image_OTSU(j,i)=(threshold1+threshold2)/2;
        end
```

```
        end
    end
    figure(4);
    imshow(Image_OTSU);
    toc;
```

2. 适应度函数

```
function fx=f(x)
Imag=imread('baboon.png');
Imag=rgb2gray(Imag);
[height,length]=size(Imag);
totalNum=height * length;

pixelCount=zeros(1,256);
for i=1:length
    for j=1:height
        number=Imag(j,i)+1;
        pixelCount(number)=pixelCount(number)+1;
    end
end

pi=pixelCount/totalNum;
a=1:256;
fx=zeros(1,15);
for i=1:15
    m=x(i,1);
    n=x(i,2);
    w0=sum(pi(1:m));
    w1=sum(pi(m+1:n));
    w2=sum(pi(n+1:256));
    mean0=sum(pi(1:m). * a(1:m))/w0;
    mean1=sum(pi(m+1:n). * a(m+1:n))/w1;
    mean2=sum(pi(n+1:256). * a(n+1:256))/w2;

    fx(i)=w0 * w1 * (mean0-mean1)^2+w0 * w2 * (mean0-mean2)^2+w1 * w2
* (mean1-mean2)^2;
```

```
    end
    end
```

分割效果如图 10-10 所示。

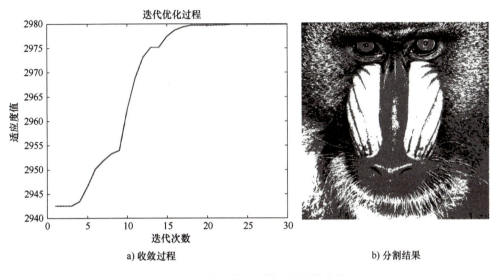

a) 收敛过程　　　　　　　　　　　　　b) 分割结果

图 10-10　基于粒子群算法的图像分割

对比图 10-9a 和图 10-10a，可以看出遗传算法在本次图像分割中具有更快的收敛速度。

10-1　数字图像处理的研究内容是什么？

10-2　遗传算法应用于图像分割时是如何将其转化为优化问题的？

10-3　应用粒子群算法进行图像分割的步骤是什么？

参 考 文 献

[1] 杨丹，赵海滨，龙哲. MATLAB 图像处理实例详解 [M]. 北京：清华大学出版社，2013.

[2] 李俊山，李旭辉. 数字图像处理 [M]. 3 版. 北京：清华大学出版社，2017.

[3] 韦苗苗，江铭炎. 基于粒子群优化算法的多阈值图像分割 [J]. 山东大学学报（工学版），2005（6）：118-121.

[4] 阮秋琦. 数字图像处理学 [M]. 北京：电子工业出版社，2001.

[5] 章毓晋. 图像分割 [M]. 北京：科学出版社，2001.